ÉLÉMENTS

DE GÉOMÉTRIE

Paris. — Imprimé chez Bonaventure et Ducessois,
55, quai des Augustins.

ÉLÉMENTS

DE

GÉOMÉTRIE

RÉDIGÉS

CONFORMÉMENT AUX PROGRAMMES DES LYCÉES

Et aux programmes pour l'examen du Baccalauréat ès-sciences

du 7 août 1857

PAR

M. DE SALVE

Professeur adjoint de Sciences mathématiques au Lycée Louis-le-Grand.

DEUXIÈME ÉDITION

REVUE ET AUGMENTÉE DE CENT PROBLÈMES DONNÉS AUX EXAMENS
DU BACCALAURÉAT DE LA FACULTÉ DES SCIENCES DE PARIS

PARIS

DEZOBRY, E. MAGDELEINE ET Cie, LIBRAIRES-ÉDITEURS

RUE DU CLOÎTRE-SAINT-BENOIT, N° 10

(Quartier de la Sorbonne, près de l'hôtel Cluny).

TABLE
DE CONCORDANCE

DES PROGRAMMES DE LA PARTIE SCIENTIFIQUE DE L'EXAMEN

DU BACCALAURÉAT ÈS-SCIENCES

PRESCRITS PAR ARRÊTÉ DU 7 AOUT 1857

AVEC LES PROGRAMMES

DE L'ENSEIGNEMENT SCIENTIFIQUE DES LYCÉES

ET LE PROGRAMME MÉTHODIQUE

POUR L'EXAMEN DU MÊME BACCALAURÉAT

DEUXIÈME SÉRIE

MATHÉMATIQUES PURES ET APPLIQUÉES

N. B. Les renvois aux pages se rapportent aux cours publiés par MM. de Salve et Philippon.

Concordance avec les numéros du Programme méthodique du 7 septembre 1852	GÉOMÉTRIE Texte du Programme du 7 août 1857. N° 1 comprenant : *Arithmétique* et *Géométrie*.	Indication des PAGES et des PARAGRAPHES.	Concordance avec les PROGRAMMES des LYCÉES du 7 septembre 1852.
		Pages. §	
n° 43	Définition de la parabole par la propriété du foyer et de la directrice......	151 (381)	Classe de Rhétorique Leçons 5 et 6.
	Tracé de la courbe par points; par un mouvement continu. Axe. Sommet. Rayon vecteur..............................	152 (382)	
	La tangente fait des angles égaux avec la parallèle à l'axe, et le rayon vecteur, menés par le point de contact..........	155 (388)	
	Mener la tangente à la parabole : 1° par un point pris sur la courbe; 2° par un point extérieur...................	157 (390)	
	Normale. Sous-normale............	158 (393)	
	Le carré d'une corde perpendiculaire à l'axe est proportionnel à la distance de cette corde au sommet............	159 (396)	

Concordance avec les numéros du Programme méthodique du 7 septembre 1852.	**GÉOMÉTRIE** **Texte du Programme du 7 août 1857.** **N° 2** comprenant : *Arithmétique* et *Géométrie*.	Indication des PAGES et des PARAGRAPHES.	Concordance avec les PROGRAMMES des LYCÉES du 7 septembre 1852.
		Pages. §	
n° 42	Définition de l'ellipse, par la propriété des foyers	142 (359)	Classe de Rhétorique Leçons 1, 2, 3 et 4.
	Tracé de la courbe par points; par un mouvement continu	143 (361)	
	Axes.— Sommets.— Rayons vecteurs.	144 (363)	
	Définition générale de la tangente à une courbe	146 (372)	
	Les rayons vecteurs menés des foyers à un point de l'ellipse font, avec la tangente en ce point et d'un même côté de cette ligne, des angles égaux	147 (374)	
	Mener la tangente à l'ellipse, 1° par un point pris sur la courbe; 2° par un point extérieur	148 (377)	
	Normale à l'ellipse	151 (380)	
	N° 3 comprenant : *Arithmétique* et *Géométrie*.		
n° 36	Des polyèdres	96 (251)	Classe de seconde Leçons 8 et 9.
	Parallélipipède	97 (252)	
	Mesure du volume du parallélipipède rectangle, du parallélipipède quelconque, du prisme triangulaire, du prisme quelconque	100 (263)	
n° 37	Pyramide	104 (272)	Id. Leçons 10 et 11.
	Mesure du volume de la pyramide triangulaire, de la pyramide quelconque.	107 (277)	
	Volume du tronc de pyramide à bases parallèles	108 (280)	
	Applications numériques	110 (282)	
	N° 4 comprenant : *Arithmétique*, *Trigonométrie rectiligne* et *Géométrie*.		
n° 35	Définition et génération des angles dièdres	89 (234)	Classe de seconde Leçon 5.
	Angle dièdre droit	90 (235)	
	Angle plan correspondant à l'angle dièdre	90 (237)	
	Le rapport de deux angles dièdres est le même que celui de leurs angles plans.	91 (241)	

Concordance avec les numéros du Programme méthodique du 7 septembre 1852.	**GÉOMÉTRIE** **Texte du Programme du 7 août 1857.** **N° 4** (suite)	Indication des PAGES et des PARAGRAPHES. Pages. §	Concordance avec les PROGRAMMES des LYCÉES du 7 septembre 1852.
n° 35	Plans perpendiculaires entre eux.....	93 (243)	Classe de seconde Leçon 6.
	Si deux plans sont perpendiculaires à un troisième, leur intersection commune est perpendiculaire à ce troisième......	94 (247)	
	Angles trièdres....................	95 (248)	Id. Leçon 7.
	Chaque face d'un angle trièdre est plus petite que la somme des deux autres...	95 (250)	
	Si l'on prolonge les arêtes d'un angle trièdre au delà du sommet, on forme un nouvel angle trièdre qui ne peut lui être superposé, bien qu'il soit composé des mêmes éléments. (*Nota. On se bornera à cette simple notion.*).............	95 (249)	
	N° 5 comprenant : *Algèbre* et *Géométrie.*		
n° 38	Polyèdres semblables [1]............	111 (284)	Classe de seconde Leçon 12.
	En coupant une pyramide par un plan parallèle à sa base, on détermine une pyramide partielle semblable à la première.	112 (285)	
	Deux pyramides triangulaires qui ont un angle dièdre égal, compris entre deux faces semblables et semblablement placées, sont semblables. (*Nota. On se bornera à ce seul cas de similitude.*).......	112 (287)	
	Décomposition des polyèdres semblables en pyramides triangulaires semblables..	113 (288)	Id. Leçon 13.
	Rapport de leurs volumes...........	115 (291)	
	Applications numériques...........	116 (293)	
	N° 6 comprenant : *Algèbre* et *Géométrie.*		
n° 39	Cône droit à base circulaire.........	116 (294)	Classe de seconde Leçons 14 et 15.
	Sections parallèles à la base.........	117 (296)	
	Surface latérale du cône, du tronc de cône à bases parallèles...............	118 (298)	
	Volume du cône, du tronc de cône à bases parallèles [2]..................	120 (301)	

1. On appelle ainsi ceux qui sont compris sous un même nombre de faces semblables chacune à chacune, et dont les angles polyèdres homologues sont égaux.

2. L'aire du cône (ou du cylindre) sera considérée, sans démonstration, comme la limite vers laquelle tend l'aire de la pyramide inscrite (ou du prisme inscrit), à mesure que ses faces diminuent indéfiniment.

Concordance avec les numéros du Programme méthodique du 7 septembre 1852.	GÉOMÉTRIE Texte du Programme du 7 août 1857. N° 6 (suite)	Indication des PAGES et des PARAGRAPHES.	Concordance avec les PROGRAMMES des LYCÉES du 7 septembre 1852.
		Pages. §	
n° 39	Cylindre droit à base circulaire.....	122 (304)	Classe de seconde. Leçon 16.
	Mesure de la surface latérale et du volume..........................	122 (307)	
	Extension aux cylindres droits à base quelconque........................	123 (310)	
	N° 7 comprenant : *Algèbre* et *Géométrie*.		
n° 40	Sphère.—Sections planes; grands cercles; petits cercles..................	123 (314)	Classe de seconde Leçons 17 et 18.
	Pôles d'un cercle..................	125 (318)	
	Etant donnée une sphère, trouver son rayon....................	126 (323)	
	Plan tangent.....................	126 (324)	
	Mesure de la surface engendrée par une ligne brisée régulière, tournant autour d'un axe mené dans son plan et par son centre...................... ..	127 (328)	Id. Leçon 19.
	Aire de la zone; de la sphère entière.	128 (331)	
n° 41	Mesure du volume engendré par un triangle, tournant autour d'un axe mené dans son plan, par un de ses sommets..	129 (336)	Id. Leçon 20.
	Application au secteur polygonal régulier, tournant autour d'un axe mené dans son plan et par son centre............	131 (337)	
	Volume du secteur sphérique; de la sphère entière......................	132 (339)	
	N° 8 Il ne contient pas de *Géométrie*.		
	N° 9 comprenant : *Géometrie* et *Trigonométrie rectiligne*.		
n° 25	Mesure des angles..................	29 (94)	Classe de troisième Leçon 15.
	Angles inscrits...	31 (99)	
n° 26	Usage de la règle et du compas dans les constructions sur le papier.—Vérification de la règle..................	33 (102)	Id. Leçon 16.
	Problèmes élémentaires sur la construction des angles et des triangles....	34 (104)	

Concordance avec les numéros du Programme méthodique du 7 septembre 1852.	GÉOMÉTRIE Texte du Programme du 7 août 1857. N° 9 (suite)	Indication des PAGES et des PARAGRAPHES. Pages §	Concordance avec les PROGRAMMES des LYCÉES du 7 septembre 1852.
n° 26	Tracé des perpendiculaires et des parallèles..........................	36 (109)	Classe de troisième Leçon 17.
	Abréviations des constructions au moyen de l'équerre et du rapporteur. — Vérification de l'équerre.............	37 (110)	
n° 27	Division d'une droite et d'un arc en deux parties égales..................	39 (113)	Id. Leçons 18 et 19.
	Décrire une circonférence qui passe par trois points donnés.................	40 (114)	
	D'un point donné hors d'un cercle mener une tangente à ce cercle..........	40 (115)	
	Mener une tangente commune à deux cercles..........................	41 (117)	
	Décrire sur une ligne donnée un segment de cercle capable d'un angle donné.	42 (118)	
	N° 10 comprenant : *Géométrie* et *Trigonométrie rectiligne.*		
n° 28	Lignes proportionnelles [1]. — Toute parallèle à l'un des côtés d'un triangle divise les deux autres côtés en parties proportionnelles. Réciproque............	43 (119)	Classe de troisième Leçon 20.
	Propriété de la bissectrice de l'angle d'un triangle......................	45 (124)	
	Polygones semblables...............	46 (125)	Id. Leçons 21 et 22.
	En coupant un triangle par une parallèle à l'un de ses côtés, on détermine un triangle partiel semblable au premier..........................	46 (126)	
	Conditions de similitude des triangles.	46 (127)	
	Décomposition des polygones semblables en triangles semblables..........	48 (131)	
	Rapport des périmètres............	49 (133)	

1. En conservant les énoncés habituels, on devra remplacer, dans les démonstrations, l'algorithme des proportions par l'égalité des rapports.

Concordance avec les numéros du Programme méthodique du 7 septembre 1852.	GÉOMÉTRIE Texte du Programme du 7 août 1857. **N° 11** comprenant : *Géométrie* et *Mathématiques appliquées.*	Indication des PAGES et des PARAGRAPHES. Pages. §	Concordance avec les PROGRAMMES des LYCÉES du 7 septembre 1852.
n° 29	Relations entre la perpendiculaire abaissée du sommet de l'angle droit d'un triangle rectangle sur l'hypoténuse, les segments de l'hypoténuse, l'hypoténuse elle-même et les côtés de l'angle droit..	50 (134)	Classe de troisième Leçons 23 et 24.
	Relations entre le carré du nombre qui exprime la longueur du côté d'un triangle opposé à un angle droit, aigu ou obtus, et les carrés des nombres qui expriment les longueurs des deux autres côtés...	50 (135)	
	Si, d'un point pris dans le plan d'un cercle, on mène des sécantes, le produit des distances de ce point aux deux points d'intersection de chaque sécante avec la circonférence est constant, quelle que soit la direction de la sécante. — Cas où elle devient tangente....................	52 (137)	
n° 30	Diviser une droite donnée en parties égales, ou en parties proportionnelles à des lignes données..................	53 (139)	Id. Leçons 25 et 26.
	Trouver une quatrième proportionnelle à trois lignes; une moyenne proportionnelle entre deux lignes..............	53 (141)	
	Construire, sur une droite donnée, un polygone semblable à un polygone donné.	54 (143)	
	N° 12 comprenant : *Géométrie* et *Mathématiques appliquées.*		
n° 31	Le rapport des périmètres de deux polygones réguliers, d'un même nombre de côtés, est le même que celui des rayons des cercles circonscrits [1].............	58 (154)	Classe de troisième Leçon 27.
	Le rapport d'une circonférence à son diamètre est un nombre constant......	58 (155)	

1. La longueur de la circonférence du cercle sera considérée, sans démonstration, comme la limite vers laquelle tend le périmètre d'un polygone inscrit dans cette courbe, à mesure que les côtés diminuent indéfiniment

Concordance avec les numéros du Programme méthodique du 7 septembre 1852.	GÉOMÉTRIE Texte du Programme du 7 août 1857. N° 12 (suite)	Indication des PAGES et des PARAGRAPHES. Pages. §	Concordance avec les PROGRAMMES des LYCÉES du 7 septembre 1852.
n° 31	Inscrire dans un cercle de rayon donné un carré, un hexagone régulier.......	59 (157)	Classe de troisième Leçons 28 et 29.
	Manière d'évaluer le rapport approché de la circonférence au diamètre, en calculant les périmètres des polygones réguliers de 4, 8, 16, 32... côtés, inscrits dans un cercle de rayon donné........	61 (166)	
	N° 13 comprenant : *Géométrie* et *Mathématiques appliquées.*		
n° 32	Mesure de l'aire du rectangle ; du parallélogramme ; du triangle ; du trapèze ; d'un polygone quelconque. — Méthodes de la décomposition en triangles et en trapèzes rectangles..................	62 (169)	Classe de troisième Leçons 30 et 31.
	Relations entre le carré construit sur le côté d'un triangle, opposé à un angle droit ou aigu ou obtus, et les carrés construits sur les deux autres côtés.......	67 (181)	Id. Leçon 32.
n° 33	Le rapport des aires de deux polygones semblables est le même que celui des carrés des côtés homologues...........	70 (191)	Id. Leçon 33.
	Aire d'un polygone régulier.........	72 (194)	Id. Leçon 34.
	Aire d'un cercle, d'un secteur et d'un segment de cercle...................	73 (195)	
	Rapport des aires de deux cercles de rayons différents..................	74 (200)	

Remarques. — Le programme ci-dessus énoncé ne mentionne pas les matières suivantes : *Définitions et notions élémentaires sur les droites et les angles, Propriétés fondamentales des triangles, des lignes droites, des figures quadrilatérales, du cercle et des lignes qui s'y rattachent* (Classe de troisième, Leçons 1 à 14); *Définitions concernant les plans et les droites dans l'espace* (Classe de seconde, Leçons 1 à 4); *L'Hélice et ses propriétés.*

Tous les élèves doivent comprendre que, sauf cette dernière question, les autres sont implicitement contenues dans les questions énoncées, puisqu'il est impossible d'y répondre sans avoir parfaitement appris ces notions fondamentales. L'étude de l'hélice continue à faire partie des programmes suivis dans les Lycées.

PARIS. — IMPRIMERIE DE J. CLAYE, RUE SAINT-BENOIT, 7

MATHÉMATIQUES

GÉOMÉTRIE.

Première partie. — Figures planes.

N° 21

DU PROGRAMME POUR LE BACCALAURÉAT ÈS SCIENCES.

(Nos 1, 2, du programme de géométrie pour la classe de 5e, section des sciences.)

DÉFINITIONS.

1—La *surface* d'un corps est ce qui le termine, ce qui le sépare de l'espace environnant.

Le lieu où deux surfaces se rencontrent est une *ligne ;* le lieu où deux lignes se coupent est un *point.*

On peut concevoir la surface, la ligne et le point indépendamment des corps auxquels ils appartiennent.

L'espace occupé par un corps peut être considéré comme étendu en trois sens principaux ou en *trois dimensions*, que l'on appelle ordinairement *longueur*, *largeur* et *épaisseur*. — Une surface n'a que deux dimensions ; une ligne n'en a qu'une seule ; un point n'en a aucune.

Les surfaces et les lignes se désignent sous le nom commun de *figures.*

2—Deux *figures* sont *égales* lorsqu'elles peuvent s'appliquer l'une sur l'autre de manière à se confondre dans tous leurs points, ou à *coïncider.*

3—La *géométrie* a pour objet la mesure de l'étendue des figures et l'étude de leurs propriétés.

DES LIGNES.

On distingue plusieurs sortes de lignes.

4—Une *ligne droite* est la trace d'un point qui serait mû de manière à tendre toujours vers un seul et même point ; elle est le plus court chemin entre deux quelconques de ses points (fig. 1).

Fig. 1.

Entre deux points on ne peut mener qu'une seule ligne droite, et on doit regarder comme évident que deux lignes droites indéfinies, qui ont deux points communs, se confondent dans toute leur étendue.

5—Une *ligne brisée* est une ligne composée de lignes droites.

6—Une *ligne courbe* est une ligne composée d'une infinité de portions de lignes droites infiniment petites, ou, en d'autres termes, une ligne dont aucune partie appréciable n'est rigoureusement droite. Telle est MN (fig. 2).

Fig. 2.

7—Une ligne brisée ou courbe est *convexe* lorsqu'elle est tout entière d'un même côté des portions de lignes droites, indéfiniment prolongées, qui la forment. Telles sont les lignes ABCDE, MN (fig. 3 et 4).

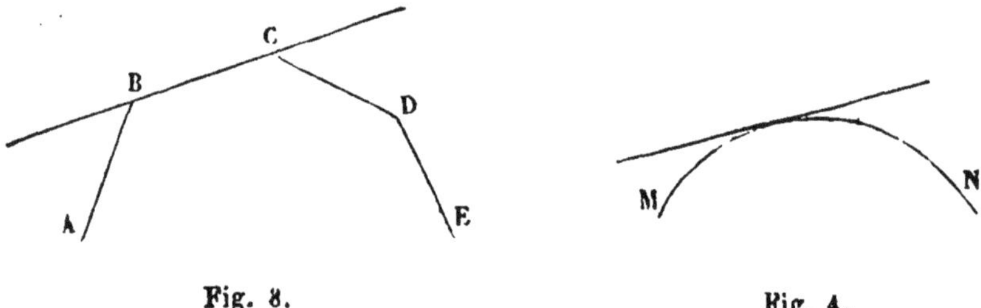

Fig. 3. Fig. 4.

Une ligne convexe ne peut être rencontrée en plus de deux points par une ligne droite.

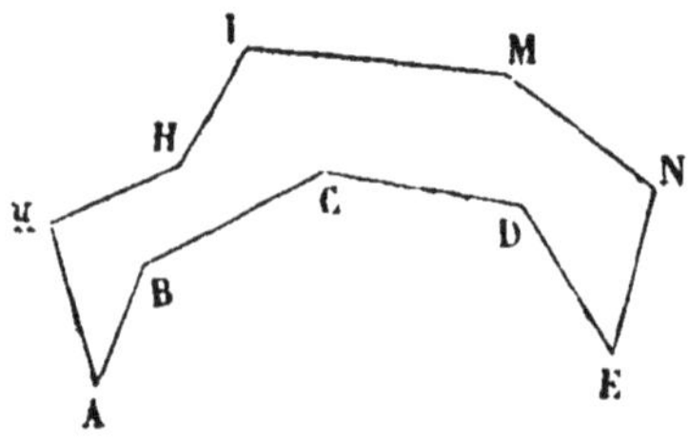

Fig. 5.

8—Nous admettrons comme évident qu'une ligne convexe ABCDE est plus courte qu'une ligne AKHI MNE qui l'enveloppe et se termine aux mêmes extrémités A, E (fig. 5).

DE LA SURFACE PLANE.

9—Une *surface plane* ou un *plan* est une surface dans laquelle prenant deux points à volonté et les joignant par une droite, cette ligne est tout entière dans la surface. Telles sont les surfaces d'une glace polie, d'une eau tranquille qui n'a pas une grande étendue, etc.

DES ANGLES.

10—Lorsque deux droites AB, AC partent d'un même point A, suivant des directions différentes, elles forment une figure qu'on appelle *angle*.

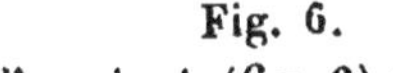

Fig. 6.

Le point A est le *sommet* de l'angle, les lignes AB, AC en sont les *côtés* (fig. 6).

On désigne un angle par la seule lettre de son sommet ou par trois lettres, en plaçant celle du sommet au milieu, suivant que cet angle est seul ou qu'il s'en trouve plusieurs réunis autour du même sommet. Ainsi on dira l'angle A (fig. 6) et les angles ABC, CBD, ABD (fig. 7).

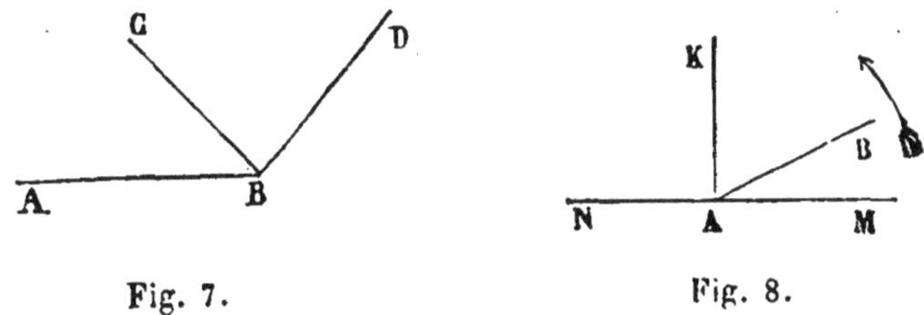

Fig. 7. Fig. 8.

11—Concevons qu'une droite AB, d'abord appliquée sur AM, se relève, en tournant autour du point A, dans le sens indiqué par la flèche (fig. 8); des deux angles que fait AB avec MN, l'un, BAM, augmentera, l'autre, BAN, diminuera, d'une manière continue. Il arrivera un instant où AB, ayant la position AK, par exemple, ne penchera pas plus vers AM que vers AN, c'est-à-dire fera avec MN des angles KAM, KAN égaux entre eux; dans cette position, AK sera dite *perpendiculaire* sur MN.

Chacun des angles égaux KAM, KAN, que forme avec MN la la droite AK, qui lui est perpendiculaire, s'appelle un *angle droit*, ou simplement un *droit*.

12—Une droite AB (fig. 8), qui en rencontre une autre MN, en formant avec elle des angles BAM, BAN, inégaux entre eux, est *oblique* sur MN.

13—Un angle BAM, plus petit qu'un angle droit, est un *angle aigu*; un angle BAN, plus grand qu'un droit, est *obtus*.

14—On appelle ***angles adjacents*** deux angles tels que BAC, CAD, qui ont même sommet A, un côté commun AC, et qui sont placés de part et d'autre de ce côté commun (fig. 9).

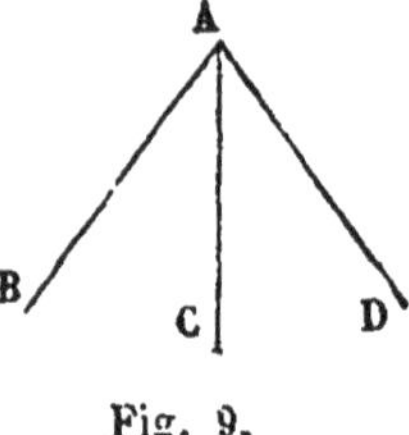

Fig. 9.

15—Deux ***angles opposés par le sommet*** sont deux angles tels que COB, AOD, ou bien AOC, BOD, formés par les prolongements des mêmes droites (fig 10).

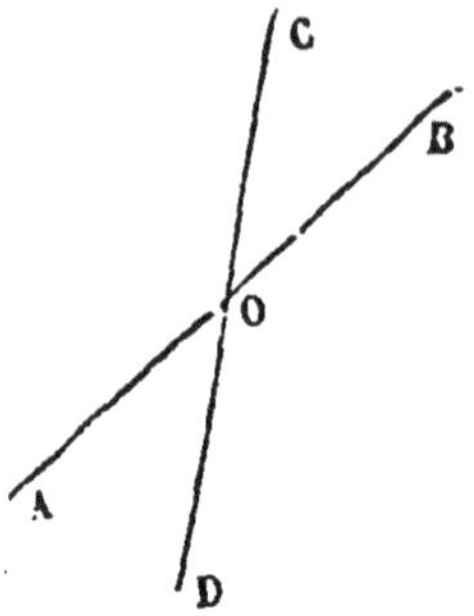

Fig. 10.

16—On nomme ***théorème*** un principe à démontrer ; le mot ***corollaire*** est employé comme synonyme de conséquence. — Un ***problème*** est une question à résoudre ou dont ***on demande la solution.***

De la ligne droite et des polygones.

THÉORÈME.

17—*Par un point pris sur une droite, on ne peut élever qu'une seule perpendiculaire à cette droite* (fig. 11).

Ainsi, soit CK perpendiculaire sur la droite AB, c'est-à-dire formant avec elle des angles adjacents égaux, ACK, KCB ; toute autre ligne droite CD, menée par le point C, fera avec AB des angles inégaux et sera une oblique. En effet, l'angle BCD est plus grand que BCK ou que son égal ACK ; l'angle ACD est plus petit que ACK, donc les deux angles ACD, DCB sont inégaux.

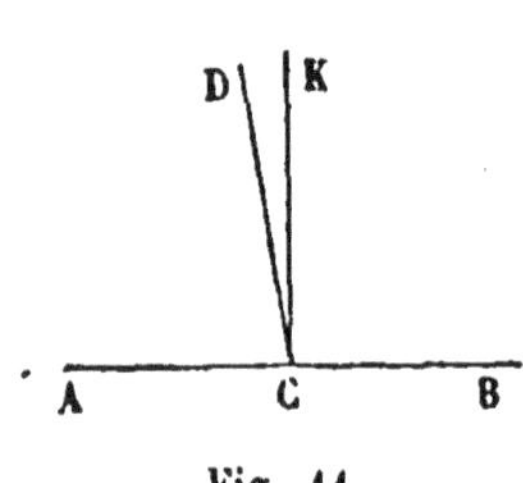

Fig. 11.

18 — *Corollaire.* — ***Tous les angles droits sont égaux*** (fig. 12).

Soit CD perpendiculaire sur AB, et GH perpendiculaire sur EF ;

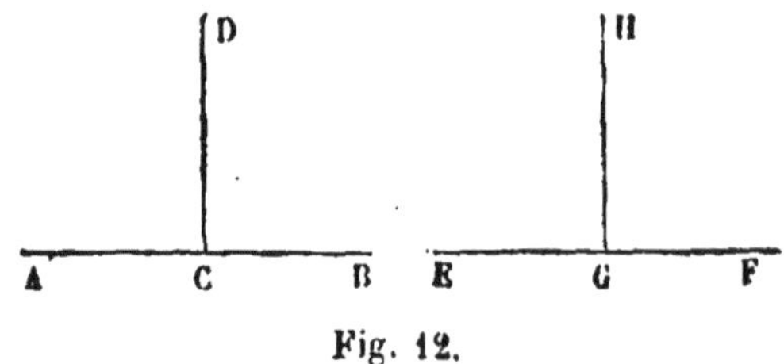

Fig. 12.

je dis que les angles droits de l'une de ces deux figures sont égaux aux angles droits de l'autre.

En effet, si nous transportons EF sur AB, de manière que le point G tombe en C, la ligne GH, perpendiculaire sur EF, qui coïncide avec AB, devra se confondre avec CD, puisque du point C on ne peut mener qu'une seule perpendiculaire sur une droite AB.

THÉORÈME.

19 — *Toute ligne droite* CD, *qui en rencontre une autre* AB, *fait avec celle-ci deux angles adjacents* ACD, BCD, *dont la somme est égale à deux angles droits* (fig. 13).

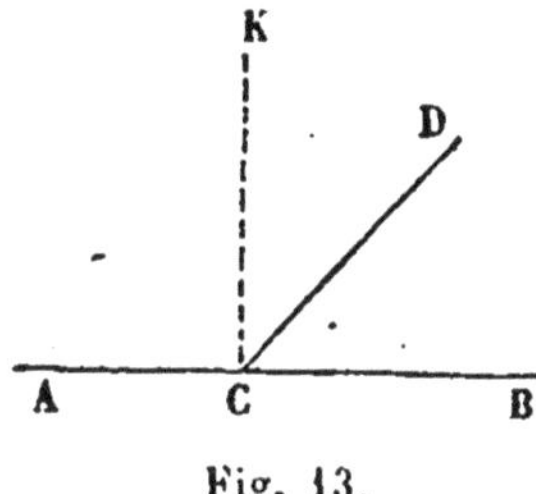

Fig. 13.

En effet, si au point C on élève CK perpendiculaire sur AB, il est évident que la somme des deux angles ACD, DCB est égale à celle des deux angles droits ACK, KCB.

Remarque. — Deux angles tels que ACD, DCB, dont la somme vaut deux droits sont dits *supplémentaires ;* deux angles, tels que KCD, DCB, dont la somme vaut un droit sont *complémentaires.*

20 — *Corollaire* 1. — *La somme des angles consécutifs* ACD DCE, ECF, FCB; *formés du même côté de la ligne* AB, *vaut deux angles droits*, car cette somme est égale à celle des angles ACF, FCB (fig. 14).

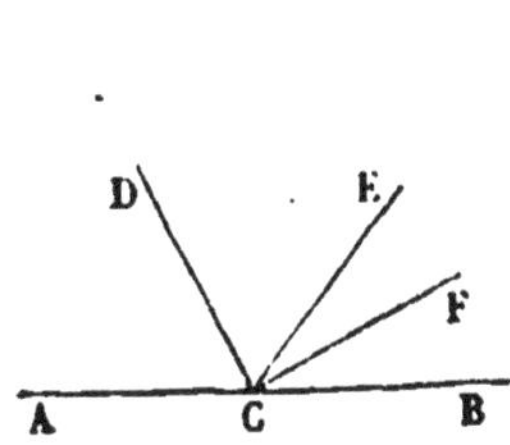

Fig. 14.

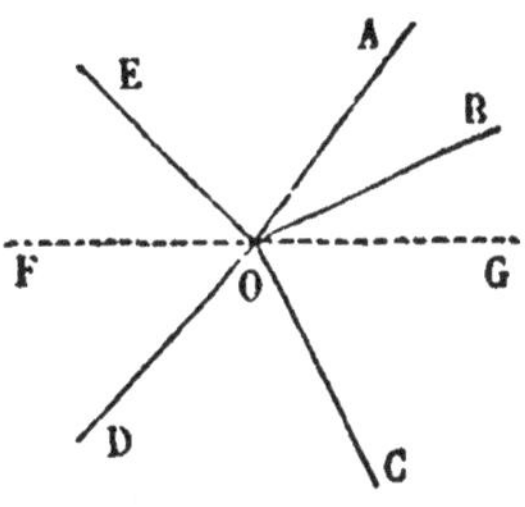

Fig. 15.

21 — *Corollaire* 2. — *La somme des angles consécutifs* AOB, BOC, COD, DOE, EOA *formés autour d'un point* O *par plusieurs droites* OA, OB, OC, OD, OE, *est égale à* 4 *angles droits ;* car si l'on mène par le point O une droite quelconque FG, la somme des angles formés au-dessus de cette ligne vaut deux droits, ainsi que la somme des angles formés au-dessous (fig. 15).

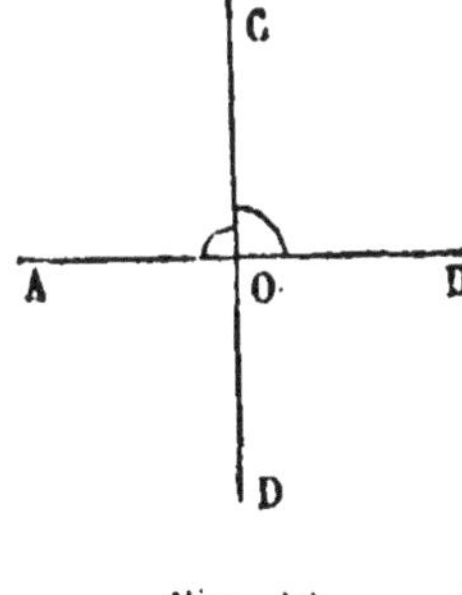

Fig 16.

22 — *Corollaire 3.* — *Lorsque deux lignes droites se rencontrent, si l'un des quatre angles adjacents qu'elles forment*, AOC, *est droit, les trois autres* COB, BOD, DOA *sont aussi droits* (fig. 16).

THÉORÈME.

23 — *Lorsque deux angles adjacents* ACD, DCB, *valent en somme deux angles droits, leurs côtés extérieurs* AC, CB *sont en ligne droite* (fig. 17).

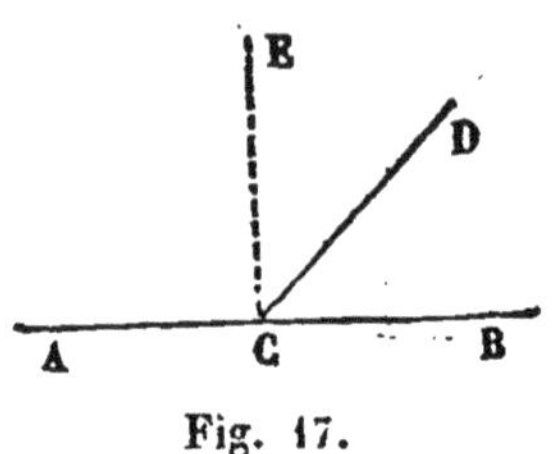

Fig. 17.

Par le point C je conçois CE perpendiculaire sur AC; le prolongement de AC sera également perpendiculaire sur CE (nº 22). Mais la somme des angles ACE, ECB, égale à celle des angles ACD, DCB, vaut deux droits, et l'un d'eux, ACE, étant droit, l'autre, ECB est droit aussi; donc CB est perpendiculaire sur CE et forme le prolongement de AC.

THÉORÈME.

24 — *Deux angles* BOD, AOC, *opposés par le sommet, sont égaux* (fig. 18).

La ligne AB étant droite, la somme des deux angles AOD, DOB est égale à deux angles droits; de même la ligne CD étant droite, la

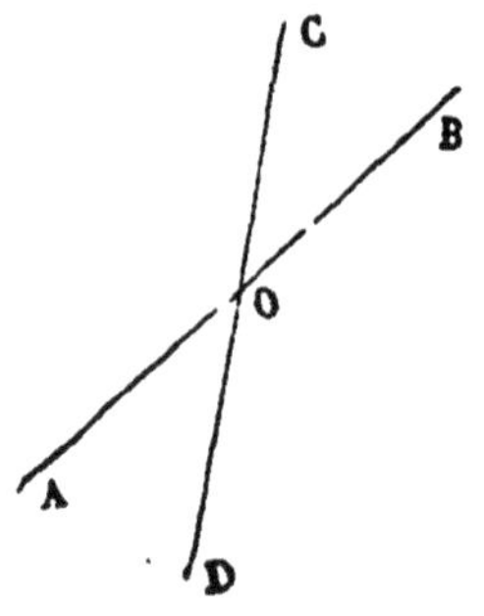

Fig. 18.

somme des angles AOD, AOC est égale à deux angles droits (nº 19). Les deux angles DOB, AOC, ajoutés séparément au même angle AOD, donnent des sommes égales; donc ils sont égaux entre eux.

N° 22.

(3, 4, 5, 6)

Des polygones.

DÉFINITIONS.

25—Une surface plane ABCDEF, terminée de toutes parts par des lignes droites, se nomme *polygone* (fig. 20).

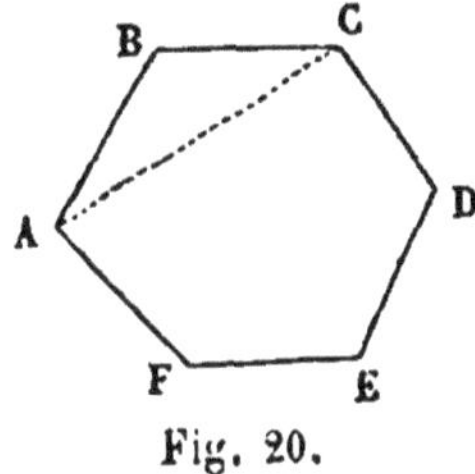

Fig. 20.

Les lignes qui terminent cette surface sont, individuellement, les *côtés* du polygone ; leur ensemble en est le *contour* ou *périmètre*. Les points où se rencontrent les côtés, deux à deux, sont les *sommets* du polygone. Toute droite AC, qui joint deux sommets non consécutifs, est une *diagonale*.

Un *polygone est convexe* lorsque son contour ou périmètre est une ligne convexe (n° 7).

26 — Le polygone de 3 côtés se nomme *triangle*, celui de 4 côtés *quadrilatère*, celui de 5 côtés *pentagone*, celui de 6 côtés *hexagone*, celui de 10 côtés *décagone*, etc.

DES TRIANGLES.

On distingue plusieurs espèces de triangles (fig. 21).

27 — Un triangle est dit *équilatéral* lorsque ses trois côtés sont égaux entre eux, *équiangle* lorsque ses 3 angles sont égaux, *isocèle* lorsque deux de ses côtés sont égaux, *rectangle* lorsqu'il a un angle droit.

Fig. 21.

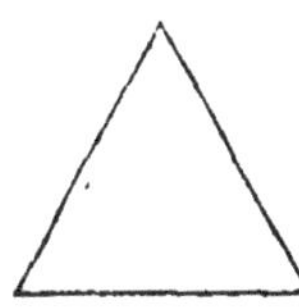
Triangle équilatéral et équiangle.

Triangle isocèle.

Triangle rectangle

Dans un triangle isocèle, le côté qui n'est pas égal aux deux autres s'appelle *base*.

Dans un triangle rectangle, le côté opposé à l'angle droit prend le nom d'*hypoténuse*.

Égalité des triangles.

THÉORÈME.

28—*Deux triangles sont égaux lorsqu'ils ont un angle égal* A = D, *compris entre deux côtés égaux chacun à chacun*, AB = DE, et AC = DF (fig. 22).

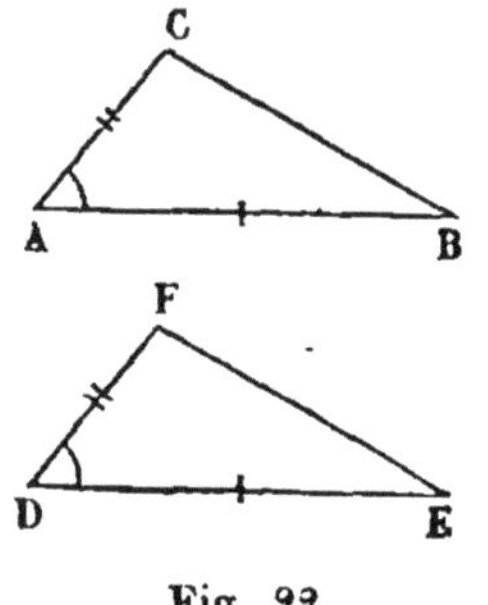

Fig. 22.

En effet, si j'applique le côté DE sur son égal AB de façon que le point E tombe en B et le point D en A, comme l'angle D est égal à l'angle A, le côté DF prendra la direction de AC; mais ces deux côtés sont égaux, donc le point F s'arrêtera en C. Les deux côtés EF, BC, ayant leurs extrémités communes, se confondront, ainsi que les deux triangles ABC, DEF.

Remarque.—De ce que 3 parties sont égales dans deux triangles, savoir, l'angle A = D, le côté AB = DE, et le côté AC = DF, on peut conclure que les 3 autres sont aussi égales, savoir, BC = EF, l'angle C = F, et l'angle B = E.

THÉORÈME.

29—*Deux triangles sont égaux lorsqu'ils ont un côté égal* AB = DE, *adjacent à deux angles égaux chacun à chacun*, A = D et B = E (fig. 23).

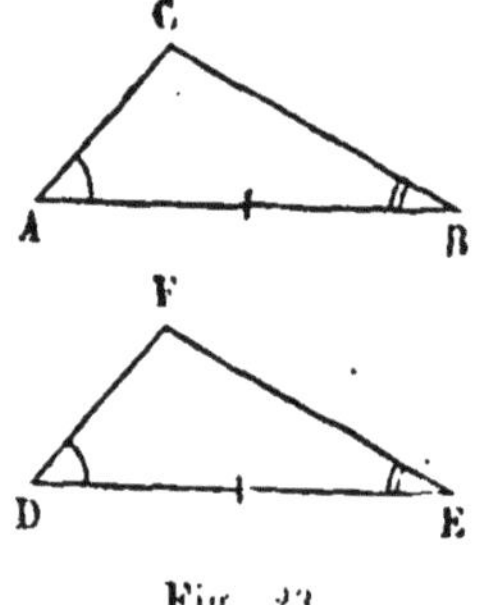

Fig. 23.

Si je place le côté DE sur son égal AB, de manière que le point D tombe en A et le point E en B, comme l'angle D est égal à l'angle A, le côté DF prendra la direction du côté AC, et le point F tombera en quelque point de AC. De même, comme l'angle E est égal à l'angle B, le côté EF prendra la direction de BC, et le point F tombera en quelque point de BC. Le point F, devant se trouver à la fois sur AC et sur BC, tombera sur le point C; donc les trois côtés des deux triangles se confondront deux à deux, et les triangles seront égaux.

Remarque.—De ce que trois parties sont égales dans deux triangles, savoir, AB = DE, A = D, B = E, on peut conclure que les trois autres sont aussi égales, savoir, C = F, BC = EF, AC = DF.

THÉORÈME.

30 — *Deux triangles* ABC, BCD *sont égaux lorsqu'ils ont les trois côtés égaux chacun à chacun.*

Soient BC un côté commun, AB = BD et AC = CD. Les deux triangles pourraient se superposer si on savait que l'angle BAC est égal à l'angle BDC.

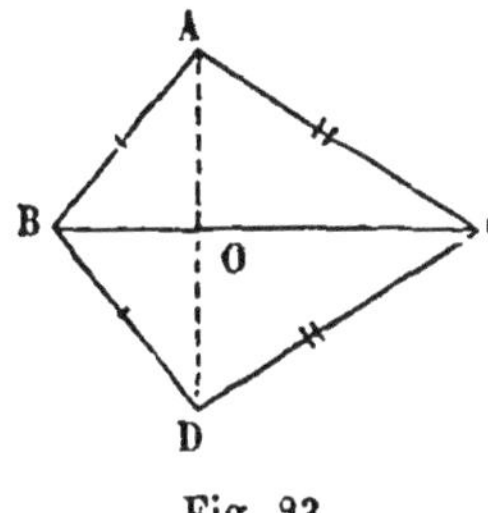

Fig. 23.

Pour démontrer cette égalité, je trace AD et je partage la somme des deux angles ABC, CBD en deux parties égales par une droite qui rencontrera AD en un point quelconque O. Les deux triangles ABO, DBO seront égaux nº 28), et par conséquent les deux angles BAO, BDO. On prouverait de même l'égalité des deux angles CAO, CDO. Donc l'angle BAC est égal à l'angle BDC.

Remarque. — Dans ces triangles égaux, ABC, BCD, les angles opposés aux côtés égaux sont égaux entre eux.

THÉORÈME.

31 — *Lorsque deux triangles* (ABC, ABD) *ont deux côtés égaux chacun à chacun* (AC = AD et AB, commun), *et l'angle formé par les deux côtés du premier plus grand que l'angle formé par les deux côtés du second* (l'angle CAB > DAB), *le troisième côté du premier triangle est plus grand que le troisième côté du second* (BC > BD) (fig. 24).

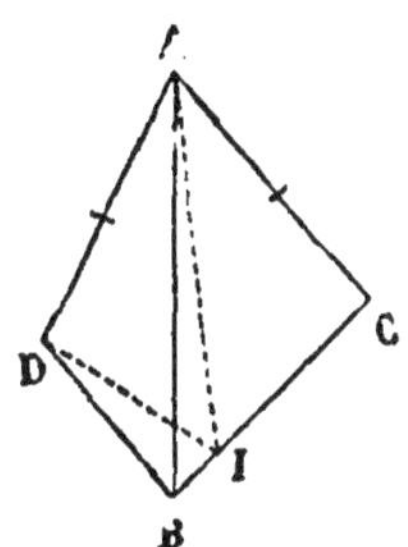

Fig. 24.

Concevons que l'on partage la somme des deux angles CAB, BAD en deux parties égales par la ligne AI, qui tombera dans le plus grand des angles inégaux CAB, DAB, et menons la ligne DI. Nous formerons deux triangles CAI, DAI, égaux entre eux, puisqu'ils ont un angle égal compris entre côtés égaux, savoir, l'angle CAI = DAI, le côté AI commun et le côté AC = DA ; donc le côté CI = DI. Mais la ligne brisée DI + IB est plus grande que la ligne droite DB (nº 4) ; remplaçant DI par CI, qui lui est égale, on a

$$CI + IB > BD \text{ ou bien } CB > BD.$$

ce qu'il fallait démontrer.

Propriétés du triangle isocèle.

THÉORÈME.

32 — *Dans un triangle isocèle, les angles opposés aux côtés égaux sont égaux* (fig. 26).

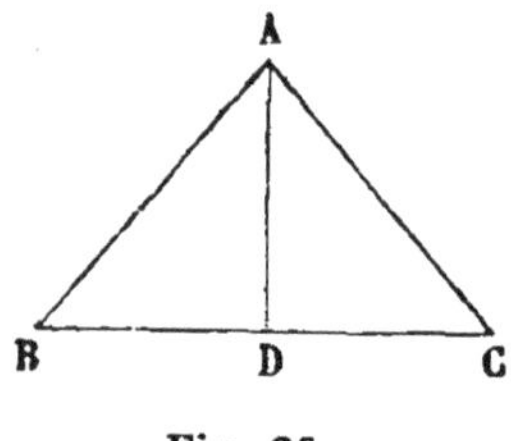

Fig. 26.

Soit le côté AB = AC, je dis que l'angle C = B.

En effet, si je prends le point D, milieu de la base BC, et que je le joigne au sommet A, les deux triangles ABD, ACD auront les trois côtés égaux chacun à chacun, savoir, AD commun, AB = AC par hypothèse et BD = DC par construction; donc ces deux triangles sont égaux (nº 30), et l'angle B = C.

33 — *Corollaire* 1. — ***Un triangle équilatéral est en même temps équiangle.***

34 — *Corollaire* 2. — L'égalité des deux triangles ABD, ACD prouve en même temps que l'angle BAD = CAD, et aussi que l'angle ADB = ADC, d'où l'on conclut que AD est perpendiculaire sur BC (nº 11); donc :

Dans tout triangle isocèle, la ligne menée du sommet au milieu de la base, 1º partage l'angle du sommet en deux parties égales; 2º elle est perpendiculaire sur cette base.

THÉORÈME.

35 — *Lorsque dans un triangle*, ABC, *deux angles* B, ACB *sont égaux, les côtés opposés* AC, AB *sont aussi égaux et le triangle est isocèle.*

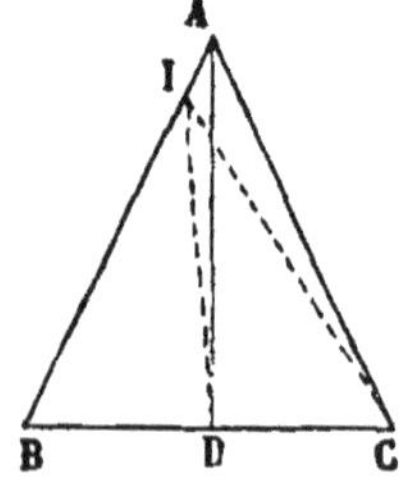

Fig. 27.

Par le milieu D de la base j'élève une perpendiculaire à BC; soit I le point où cette ligne rencontre un des deux autres côtés, BA, par exemple; je mène IC. Les deux triangles BDI, IDC auront un angle égal compris entre côtés égaux, et seront égaux. Donc l'angle DCI doit être égal à l'angle B et, par suite, à l'angle DCA; par conséquent CI doit se confondre avec CA, la perpendiculaire DI avec DA et les triangles égaux sont BDA, ADC. Donc AB = AC.

De la perpendiculaire et des obliques.

THÉORÈME.

36 — *D'un point* O, *pris hors d'une droite* AB, *on ne peut abaisser qu'une seule perpendiculaire* OC *sur cette droite* (fig. 28).

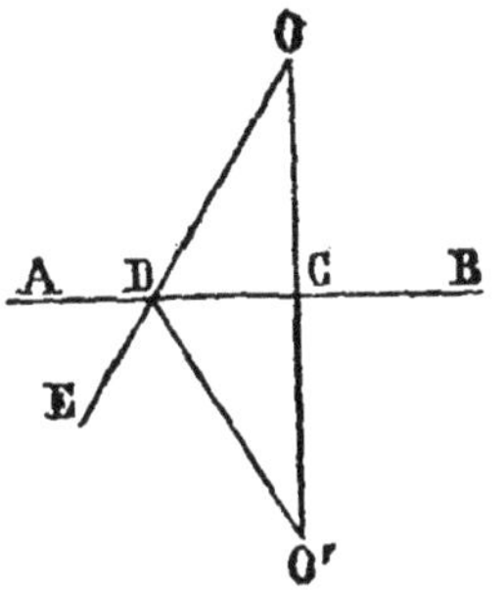

Fig. 28.

Ainsi toute autre droite ODE forme avec AB des angles ODC, ODA, inégaux entre eux.

En effet, si je prolonge OC d'une longueur CO′ = CO, et que je mène DO′, les deux triangles OCD, O′CD auront le côté DC commun, CO′ = CO et l'angle droit OCD = O′CD. Donc ces deux triangles seront égaux et l'angle ODC = O′DC. L'angle ODA est aussi égal à l'angle EDB (n° 21). Or l'angle O′DC est moindre que EDB; donc l'angle $ODC < ODA$.

THÉORÈME.

37 — *Si d'un point* A, *pris hors d'une droite* MN, *on mène à cette droite la perpendiculaire* AB *et différentes obliques*, AC, AE, AK...

1° *La perpendiculaire* AB *est plus courte que toute oblique ;*

2° *Deux obliques* AC, AE, *menées de part et d'autre de la perpendiculaire, à des distances égales*, BC, BE, *sont égales ;*

3° *De deux obliques* AC, AK ou AE, AK, *celle qui s'écarte le plus de la perpendiculaire est la plus longue* (fig. 29).

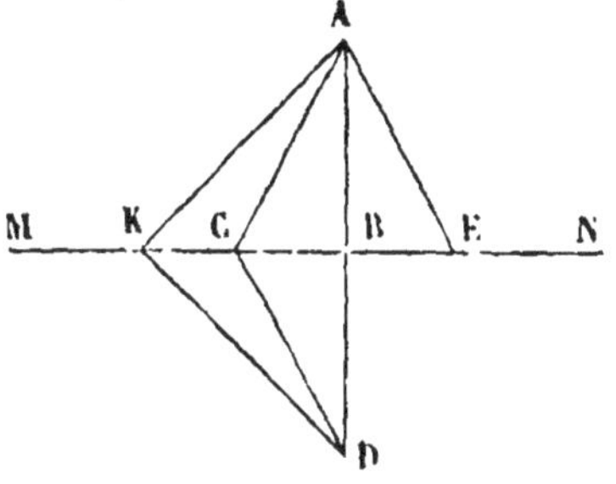

Fig. 29.

Prolongeons la perpendiculaire d'une longueur BD = AB, et menons CD.

1° Les deux triangles ABC, CDB, sont égaux (n° 36), donc AC = CD. Mais la ligne droite AD est plus courte que la ligne brisée AC + CD, donc la moitié de la ligne droite, ou AB, est plus courte que la moitié de la ligne brisée, ou AC.

Remarque. La perpendiculaire étant plus courte que toute oblique, mesure la distance du point A à la droite MN.

2° En supposant BC = BE, les deux triangles ABC, ABE, qui ont déjà le côté AB commun et l'angle droit ABC = ABE, sont égaux; donc AC = AE.

3° BC étant plus petit que BK, je dis que AC < AK. En effet, en menant KD, on a AK = KD, par la même raison que AC = CD. Mais la ligne convexe AC + CD est plus petite que AK + KD (n° 8), donc AC, moitié de AC + CD, est moindre que AK, moitié de AK + KD.

38 — *Corollaire* 1. *D'un même point on ne peut mener à une droite plus de deux obliques égales,* car on n'en peut mener que deux s'écartant également de la perpendiculaire.

39 — *Corollaire* 2. *Deux obliques égales* AC, AE *s'écartent également de la perpendiculaire* AB; car dans le triangle isocèle ACE, la ligne menée du sommet au milieu de la base étant perpendiculaire sur cette base doit se confondre avec AB (n° 36).

Égalité des triangles rectangles.

THÉORÈME.

40 — *Deux triangles rectangles sont égaux lorsqu'ils ont l'hypoténuse égale et un côté égal* (fig. 30).

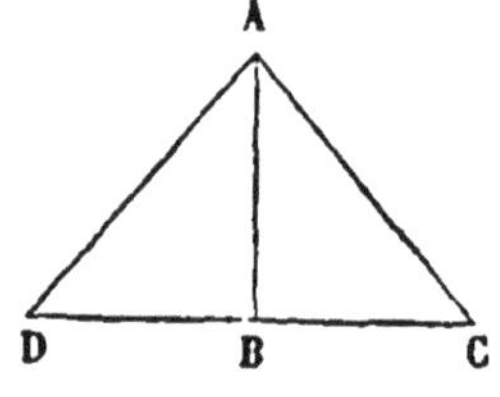

Fig. 30.

Soient ABC, ABD, deux triangles rectangles dans lesquels l'hypoténuse AC = AD et le côté AB est commun. Comme les deux angles ABC, ABD sont droits, DBC est une ligne droite (n° 23) sur laquelle est perpendiculaire AB. Or les deux obliques AC, AD sont égales, donc elles s'écartent également de la perpendiculaire et BC = BD. Par suite les deux triangles sont égaux (n° 30).

THÉORÈME.

41 — *Deux triangles rectangles sont égaux lorsqu'ils ont l'hypoténuse égale et un angle, autre que l'angle droit, égal* (fig. 31).

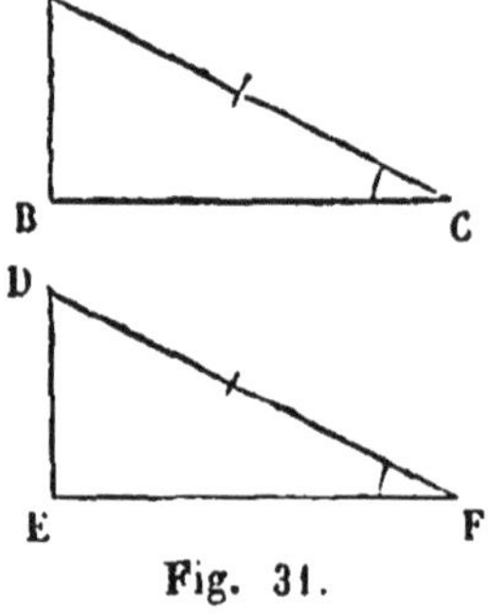

Fig. 31.

Soit AC = DF et l'angle C = F; je porte le triangle DEF sur ABC de manière que l'hypoténuse DF s'applique sur AC. Comme l'angle F est égal à l'angle C, le côté FE prendra la direction de CB; en même temps DE, perpendiculaire sur EF, devra prendre la direction de AB, perpendiculaire sur BC, puisque du point A on ne peut mener qu'une perpendiculaire sur la droite BC.

Donc les deux triangles coïncideront.

N° 23.

(7, 8, 9, 10)

Droites parallèles.

42 — *Définition.* Deux droites *parallèles* sont deux droites qui, situées dans un même plan, ne peuvent se rencontrer, à quelque distance qu'on les prolonge.

THÉORÈME.

43 — *Deux droites* AB, CD, *perpendiculaires sur une même droite* EF, *sont parallèles entre elles* (fig. 32).

Elles ne peuvent se rencontrer, puisque par tout point du plan on ne peut mener qu'une seule perpendiculaire sur EF.

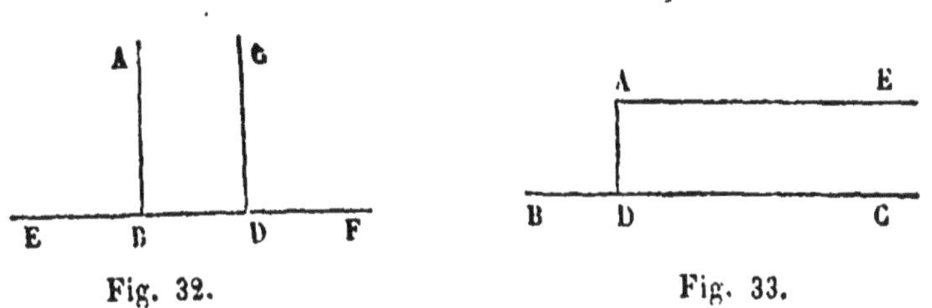

Fig. 32. Fig. 33.

44 — *Corollaire* 1. Il résulte de là que *d'un point* A *on peut toujours mener une parallèle à une droite donnée* BC (fig. 33). Car de ce point A on pourra toujours abaisser une perpendiculaire AD sur BC, puis élever AE perpendiculaire sur AD, et AE sera parallèle à BC.

Nous admettrons que *du point* A *on ne peut mener qu'une seule parallèle à* BC.

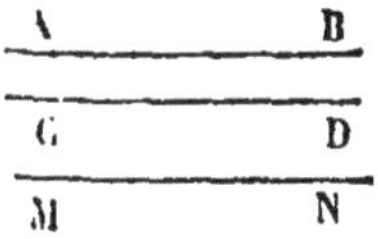

A B
C D
M N

Fig. 34.

45 — *Corollaire* 2. *Deux droites* AB, CD, *parallèles à une troisième* MN, *sont parallèles entre elles* (fig. 34). Car par aucun point du plan on ne peut mener deux parallèles à la droite MN.

46 — *Corollaire* 3. *Lorsque deux droites sont parallèles, toute droite qui rencontre l'une d'elles rencontre aussi l'autre.*

THÉOREME.

47 — *Réciproquement, lorsque deux droites,* AB, CD *sont parallèles, toute perpendiculaire,* EK, *sur l'une d'elles,* AB, *est perpendiculaire sur l'autre,* CD (fig. 35).

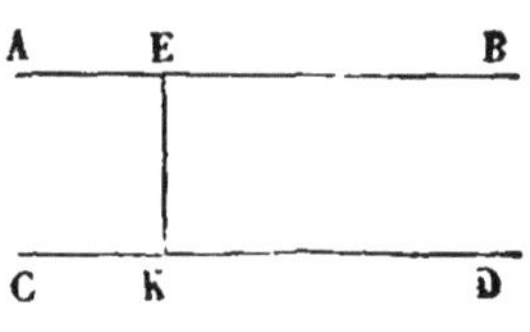

Fig. 35.

Car si d'un point quelconque de la droite CD je mène une perpendiculaire sur EK, elle sera parallèle à la droite AB (nº 43); donc cette perpendiculaire se confondra avec la droite CD (nº 44).

THÉORÈME.

48 — *Lorsque deux parallèles sont rencontrées par une sécante : 1º les quatre angles aigus qui en résultent sont égaux entre eux, ainsi que les quatre angles obtus; 2º deux angles, l'un aigu, l'autre obtus, sont supplémentaires.*

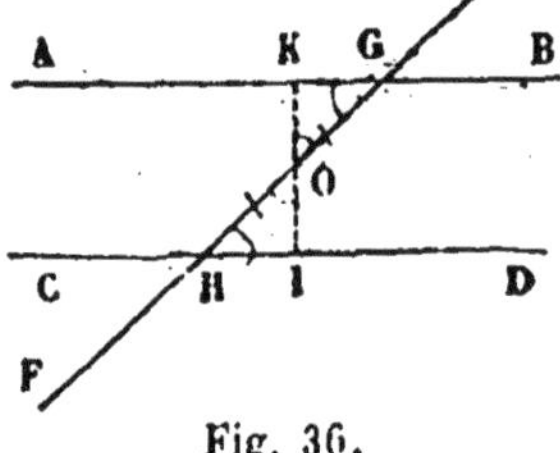

Fig. 36.

Soient AB, CD, deux droites parallèles, coupées par une *sécante* EF (fig. 36).

1º Les quatre angles aigus EGB, AGH, GHD, CHF, sont égaux entre eux.

Il suffit de démontrer que l'angle AGH = GHD. Or, si du milieu O, de la ligne GH, j'abaisse KI perpendiculaire sur CD, elle sera aussi perpendiculaire sur sa parallèle AB (nº 47). Les deux triangles rectangles OKG, OIH, ont l'hypoténuse OG = OH, et l'angle KOG = HOI (nº 24) : donc ils sont égaux (nº 41), et l'angle OGK = OHI.

Les quatre angles obtus AGE, BGH, CHG, DHF, sont aussi égaux, car deux d'entre eux, BGH et CHG, par exemple, sont les suppléments des angles égaux AGH, GHD.

2º Deux angles AGH, CHG, l'un aigu, l'autre obtus, sont supplémentaires.

Car l'angle CHG est le supplément de GHD (nº 19), qui est égal à AGH.

DÉFINITIONS.

49. — Les huit angles formés autour des points de rencontre de deux droites, AB, CD, coupées par une troisième ou *sécante*, EF, ont reçu divers noms (fig. 37).

Les quatre angles AGH,HGB,GHD,GHC, situés entre les deux droites AB, CD, sont appelés angles *internes*; les quatre autres AGE,EGB,DHF.FHC, situés en dehors de ces droites, sont dits *externes*.

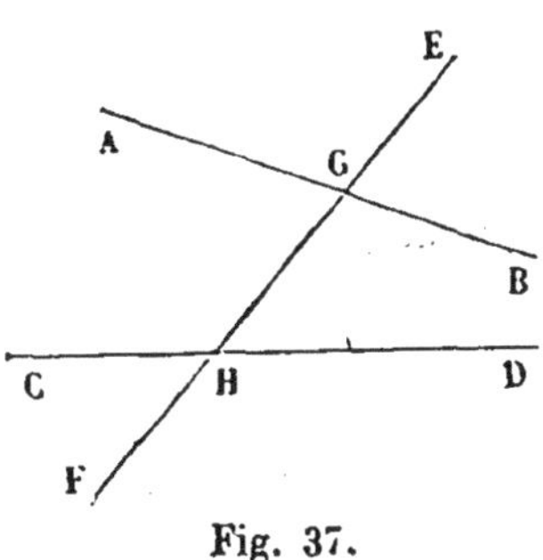

Fig. 37.

Deux angles tels que AGH,GHD placés, entre les deux droites AB, CD, de chaque côté de la sécante, et non adjacents, sont dits *alternes internes*.

On nomme *alternes externes* deux angles tels que AGE, DHF, externes, non adjacents et situés de part et d'autre de la sécante.

Enfin, deux angles tels que EGB.GHD, l'un interne, l'autre externe, non adjacents et placés d'un même côté de la sécante, sont appelés *correspondants*.

Ces dénominations permettent d'énoncer ainsi le théorème précédent :

50 — *Lorsque deux droites parallèles sont rencontrées par une sécante :*

1° *Les angles alternes internes sont égaux ;*

2° *Les angles alternes externes sont égaux ;*

3° *Les angles correspondants sont égaux ;*

4° *Les angles intérieurs ou extérieurs, placés d'un même côté de la sécante, sont supplémentaires.*

THÉORÈME.

51 — *Réciproquement, lorsque deux droites rencontrées par une sécante font :*

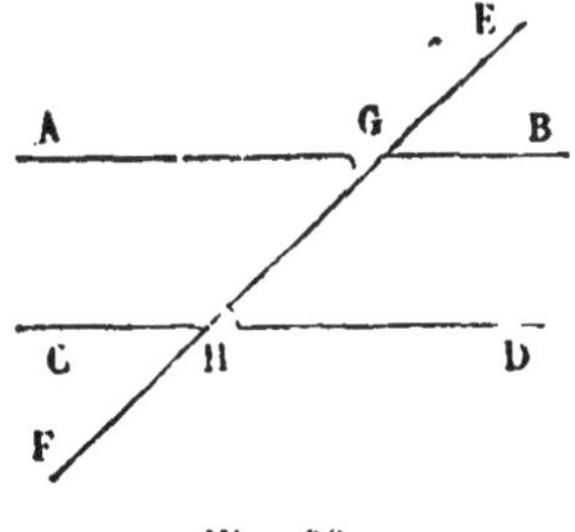

Fig. 38.

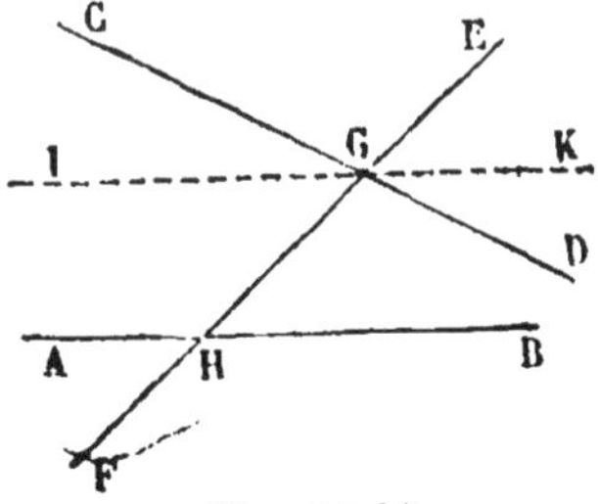

Fig. 38 bis.

Des angles alternes internes égaux,

Ou des angles alternes externes égaux,

Ou des angles correspondants égaux,

Ou des angles, soit intérieurs, soit extérieurs, d'un même côté de la sécante, dont la somme est égale à deux angles droits,

Ces droites sont parallèles (fig. 38).

Si, par exemple, les deux angles GHD, AGH sont égaux entre eux, les deux droites AB, CD sont parallèles.

Car si je mène, par le point G, une parallèle à CD, elle formera avec GH un angle égal à l'angle GHD (n° 50) et se confondra, par conséquent, avec AG (n° 44).

52 — *Corollaire. Lorsque deux droites*, AB, CD, *rencontrées par une sécante* EF, *forment deux angles intérieurs tels que* BHG, HGD, *dont la somme est différente de deux droits, ces lignes se rencontrent* (fig. 38 bis).

Car si l'on forme au point G un angle HGK, supplément de BHG, la droite GK sera parallèle à AB et on ne peut mener, par le point G, qu'une seule parallèle à AB.

THÉORÈME.

53 — *Deux angles qui ont leurs côtés parallèles sont égaux ou supplémentaires* (fig. 39).

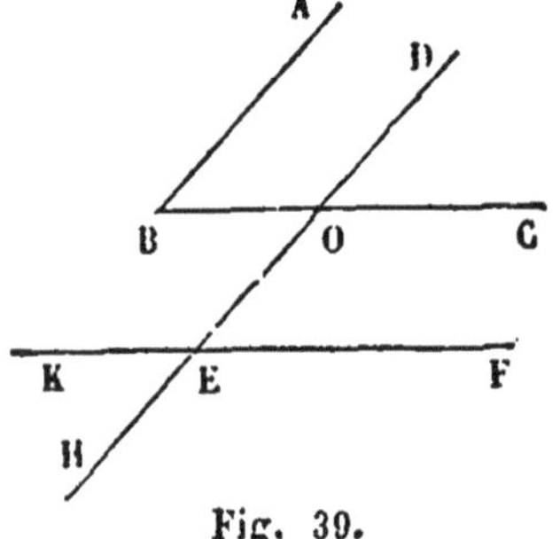

Fig. 39.

AB et DH sont parallèles, ainsi que BC, KF. Je vais comparer l'angle B à chacun des quatre angles formés autour du point E.

1° Les deux angles B, DEF, qui ont les côtés parallèles et dirigés dans le même sens, sont égaux. En effet, les deux droites AB, DO étant parallèles, les angles correspondants B, DOC sont égaux (n° 50); les deux droites EF, CO étant parallèles, DOC = DEF par la même raison : donc B = DEF.

2° Les angles B et KEH, qui ont leurs côtés parallèles et dirigés en sens contraires, sont égaux, car KEH = DEF qui est égal à B.

3° Deux angles B, KED, dont les côtés sont parallèles, mais dirigés deux dans le même sens, ED, AB, deux en sens contraire, BO, EK, sont supplémentaires. Car KED est le supplément de DEF, qui est égal à B.

THÉORÈME.

54 — *Deux angles qui ont leurs côtés perpendiculaires sont égaux ou supplémentaires* (fig. 40).

Soient le côté ED perpendiculaire sur BA et le côté EF perpendiculaire sur BC ; je dis que les deux angles B et DEF sont égaux ou supplémentaires.

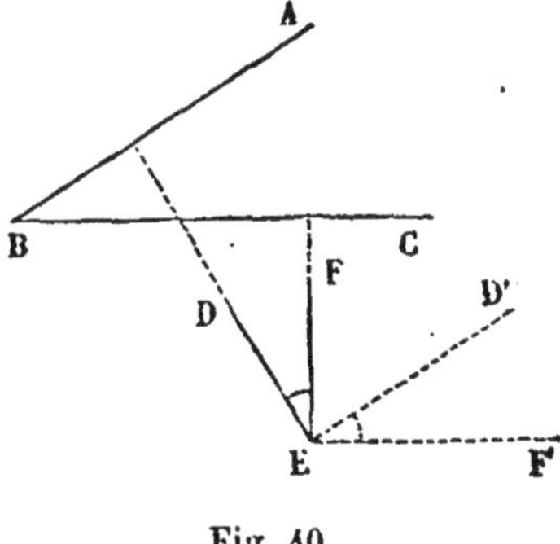

Fig. 40.

Je fais tourner l'angle DEF autour de son sommet E, de manière que chacun de ses côtés, ayant décrit un angle droit, vienne prendre une direction perpendiculaire à sa direction primitive, le côté ED en ED' et le côté EF en EF'. L'angle DEF aura alors la position D'EF' et ses côtés seront parallèles à ceux de l'angle B (nº 43) : donc ces angles sont égaux ou supplémentaires (nº 53).

Somme des angles d'un triangle et d'un polygone quelconque.

THÉORÈME.

55 — *La somme des trois angles d'un triangle est égale à deux angles droits* (fig. 41).

Prolongeons le côté AB et menons par le point B la droite BE, parallèle à AC. Les angles correspondants A et DBE sont égaux ; les angles alternes internes C et CBE sont égaux, puisque les droites AC, BE sont parallèles (nº 50) : donc la somme des trois angles A, C, ABC du triangle est égale à la somme des trois angles DBE, CBE, ABC ; mais cette dernière somme est égale à deux angles droits (nº 21) : donc la somme des trois angles du triangle vaut aussi deux angles droits.

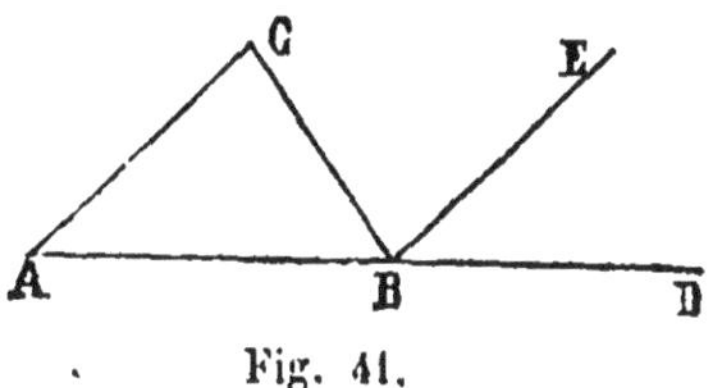

Fig. 41.

56 — *Corollaire* 1. L'*angle* CBD, *extérieur au triangle* et formé par l'un de ses côtés, BC, et le prolongement BD, d'un autre côté, *est égal à la somme des deux angles* A et C, *non adjacents.*

57 — *Corollaire* 2. Un triangle ne peut avoir qu'un seul angle droit, et à plus forte raison qu'un seul angle obtus.

58 — *Corollaire* 3. Un angle d'un triangle est le supplément de la somme des deux autres, et dans un triangle rectangle les deux angles aigus sont le complément l'un de l'autre.

59 — *Corollaire* 4. *Lorsque deux triangles ont deux angles égaux* *chacun à chacun, le troisième angle de l'un est égal au troisième angle de l'autre.*

THÉORÈME.

60 — *La somme des angles intérieurs d'un polygone convexe est égale à autant de fois deux angles droits qu'il y a de côtés moins deux.*

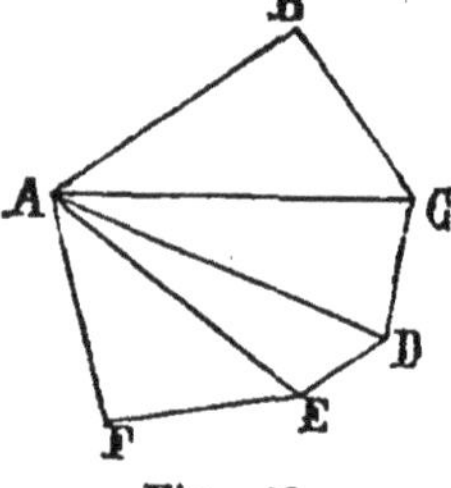

Fig. 42.

Joignons un sommet A à tous les sommets non adjacents par des diagonales ; nous décomposerons le polygone donné en autant de triangles qu'il y a de côtés moins deux ; car chaque triangle ACD correspond à un côté CD, excepté les deux triangles extrêmes ABC, AFE, dont chacun comprend deux côtés du polygone. De plus, la somme des angles de tous ces triangles est égale à la somme des angles intérieurs du polygone : donc cette dernière somme vaut autant de fois deux angles droits qu'il y a de triangles, ou qu'il y a, dans le polygone, de côtés moins deux.

Remarque. La somme des angles d'un quadrilatère est égale à $2 \times 2 = 4$ angles droits.

Du parallélogramme.

DÉFINITIONS.

61 — On nomme *parallélogramme*, ou *rhombe*, un quadrilatère dont les côtés opposés sont parallèles (fig. 1, 2, 3, 4).

On distingue dans les parallélogrammes :

1° Le *rectangle* (2) dont les quatre angles sont égaux et droits par conséquent (n° 60).

2° Le *losange* (3) dont les quatre côtés sont égaux (on démontrera qu'ils sont parallèles).

3° Le *carré* (4) dont les quatre angles sont égaux, ainsi que les quatre côtés.

THÉORÈME.

62 — *Deux parallélogrammes sont égaux lorsqu'ils ont un angle égal* A = A', *compris entre deux côtés égaux* AB = A'B' et AD = A'D' (fig. 43)

J'applique l'angle A′ sur son égal A, de manière que les trois points D′, A′, B′ tombent respectivement sur les trois points D, A, B ; le côté

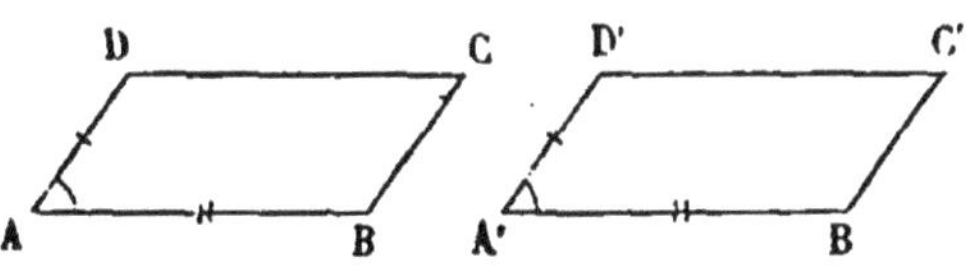

Fig. 43.

D′C′, parallèle à A′B′, prendra la direction de DC, parallèle à AB, et le côté B′C′ la direction de BC : donc le point C′ tombera sur le point C et les deux parallélogrammes coïncideront.

63 — *Corollaire. Deux rectangles sont égaux lorsqu'ils ont deux côtés adjacents égaux chacun à chacun. Deux carrés qui ont un côté égal sont égaux.*

THÉORÈME.

64 — *Dans un parallélogramme, les angles opposés sont égaux, ainsi que les côtés opposés* (fig. 44).

1° Les angles opposés B, D sont égaux, car ils ont les côtés parallèles et dirigés deux à deux en sens contraire.

2° Les côtés opposés sont égaux. En effet, si je mène la diagonale AC, les deux triangles ABC, ADC seront égaux comme ayant un côté commun AC, l'angle CAB = ACD, à cause des deux parallèles AB, CD, et l'angle DAC = ACB, à cause des deux parallèles AD, CB (n° 50) : donc le côté AB, opposé à l'angle BCA, est égal au côté CD, opposé à l'angle DAC ; et le côté CB, opposé à l'angle CAB, est égal au côté AD, opposé à l'angle ACD.

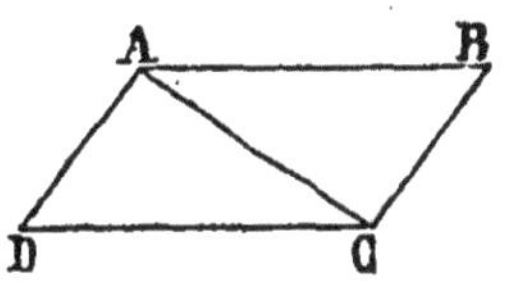

Fig. 44.

65 — *Corollaire 1. Deux parallèles* AD, BC, *comprises entre deux autres parallèles, sont égales.*

66 — *Corollaire 2. Deux parallèles* AB, CD *sont partout également distantes* (fig. 45).

Car si, de deux points quelconques E, F, de AB, j'abaisse des perpendiculaires EG, FH sur CD, ces perpendiculaires seront parallèles entre elles (n° 43) et égales comme comprises entre deux autres parallèles.

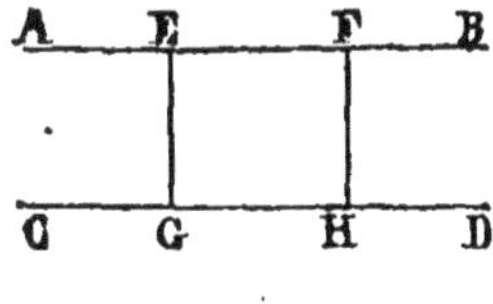

Fig. 45.

THÉORÈME.

67 — *Un quadrilatère* ABCD *est un parallélogramme lorsque ses côtés opposés sont égaux deux à deux*, AB = DC et AD = BC (fig. 46).

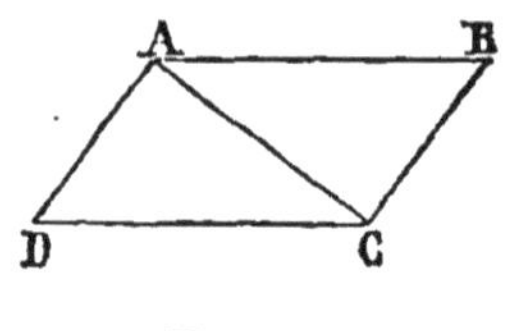

Fig. 46.

Si je mène la diagonale AC, les deux triangles ABC, ACD ont les trois côtés égaux chacun à chacun et sont égaux : donc l'angle CAB, opposé au côté CB, est égal à l'angle ACD, opposé au côté AD ; mais par position, ces angles égaux sont alternes internes : donc les lignes AB, DC sont parallèles (n° 51).

De même AD est parallèle à BC et le quadrilatère est un parallélogramme.

68 — *Corollaire. Un quadrilatère dont les quatre côtés sont égaux, c'est-à-dire un losange, est un parallélogramme.*

THÉORÈME.

69 — *Un quadrilatère* ABCD *est un parallélogramme lorsque deux côtés opposés*, AB, CD, *sont égaux et parallèles.*

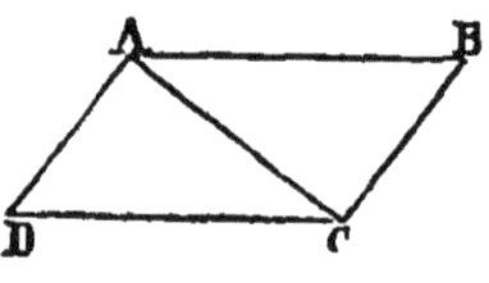

Fig. 47.

Les deux triangles ABC, ADC ont le côté AB = DC, le côté AC commun et les angles CAB, ACD égaux comme alternes internes, formés par deux droites parallèles AB, CD et la sécante AC : donc ces deux triangles sont égaux et l'angle ACB, opposé au côté AB, est égal à l'angle CAD, opposé au côté CD ; comme ces angles sont alternes internes, les droites AD, BC sont parallèles (n° 51).

THÉORÈME.

70 — *Les diagonales d'un parallélogramme se coupent mutuellement en deux parties égales.*

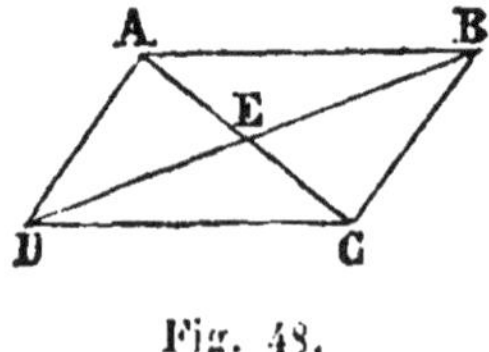

Fig. 48.

Les deux triangles ABE, CDE ont le côté AB = DC (n° 65), l'angle BAE = ECD, comme alternes internes, formés par les parallèles AB, CD et la sécante AC ; de même l'angle ABE = EDC : donc ces triangles sont égaux et le côté AE, opposé à l'angle ABE, est égal au côté CE, opposé à l'angle CDE ; de même DE = EB.

71 — *Corollaire* 1. *Dans un rectangle, les deux diagonales* AC, BD *sont égales*, car les deux triangles ACD, BDC sont égaux (fig. 49).

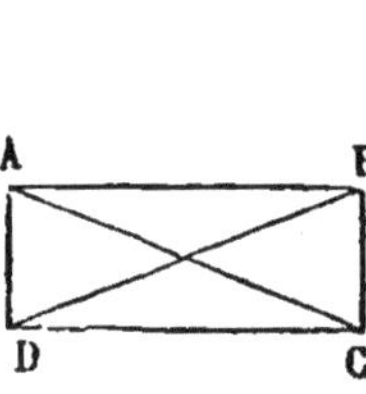

Fig. 49.

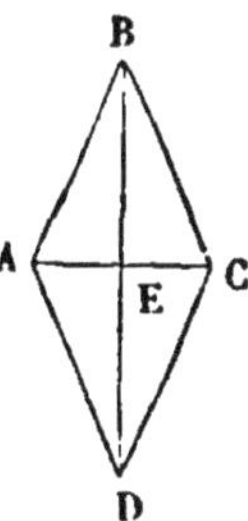

Fig. 50.

72 — *Corollaire* 2. *Dans un losange, les deux diagonales sont perpendiculaires l'une sur l'autre* (fig. 50), car le triangle ABC est isocèle et la ligne BE, qui joint le sommet au milieu de la base AC, est perpendiculaire sur cette base (nº 34).

73 — *Corollaire* 3. *Dans un carré, les deux diagonales sont égales et perpendiculaires l'une sur l'autre.*

Nº 24.

(11, 12, 13, 14).

De la circonférence du cercle.

DÉFINITIONS.

74 — La *circonférence du cercle* est une ligne courbe dont tous les points sont également distants d'un point intérieur, appelé *centre*.

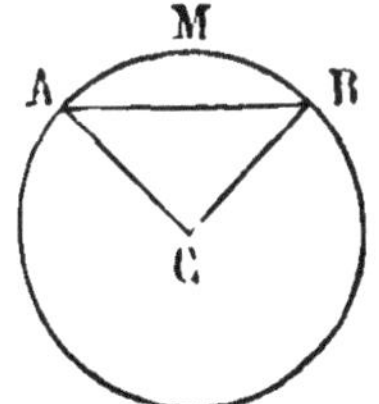

Fig. 51.

Le *cercle* est la portion de plan terminée à la circonférence (fig. 51).

Toute droite CA, menée du centre à la circonférence, est un *rayon*. Tous les rayons d'un même cercle sont égaux.

Toute portion AMB de la circonférence d'un cercle se nomme *arc*. La droite AB, qui joint deux points de la circonférence, est une *corde*. On dit que l'arc AMB est *soustendu* par la corde AB, qui joint ses extrémités, ou que la corde AB *sous-tend* l'arc AMB. Toute corde sous-tend deux arcs, dont la somme forme la circonférence.

Une corde passant par le centre se nomme *diamètre*. Les diamètres d'un cercle sont doubles du rayon et égaux entre eux.

THÉORÈME.

75 — 1° *Le diamètre est la plus grande corde du cercle; 2° il divise le cercle et la circonférence en deux parties égales* (fig. 52).

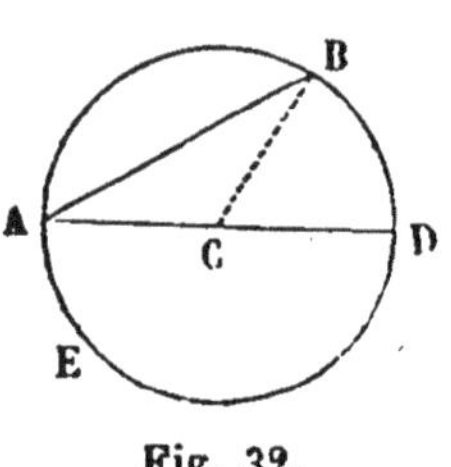

Fig. 32.

1° Soit AB une corde quelconque et AD un diamètre; menons le rayon CB : la ligne droite AB est plus courte que AC + CB ou que AC + CD.

2° Faisons tourner la portion de cercle AED autour de AD jusqu'à ce qu'elle s'applique sur la portion de plan située au-dessus de AD : tous les points de la ligne AED devront tomber sur la ligne ABD, puisque ces deux lignes ont tous leurs points également éloignés du centre C. Donc le diamètre AD partage le cercle entier et sa circonférence en deux parties égales.

THÉORÈME.

76 — *Dans le même cercle ou dans des cercles égaux : 1° deux arcs égaux* AEB, FGH *sont sous-tendus par des cordes égales* AB, FH; 2° *réciproquement, deux cordes égales sous-tendent des arcs égaux* (fig. 53).

1° J'applique la demi-circonférence FHK sur la demi-circonférence égale ABD, de manière que les centres coïncident et que le point F tombe sur le point A. Puisque l'arc FGH = AEB, le point H tombera sur le point B, et les lignes droites FH, AB se confondront.

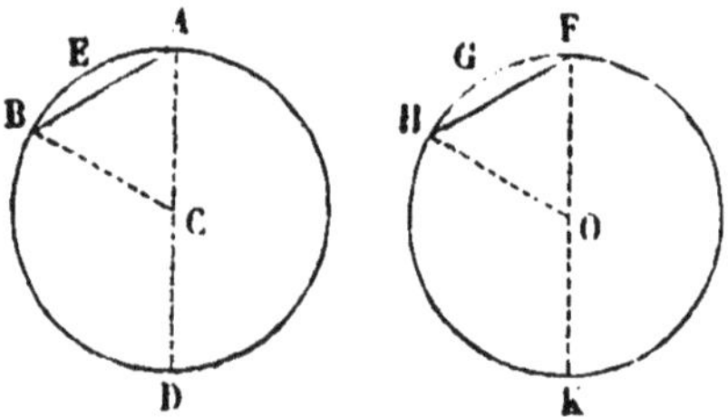

Fig. 53.

2° Réciproquement, si la corde FH = AB, je dis que l'arc FGH est égal à l'arc AEB.

En effet, si je mène les rayons OH, CB, les deux triangles FHO, ABC auront les trois côtés égaux, chacun à chacun, et par conséquent l'angle FOH = ACB. Cela étant, si j'applique le demi-cercle FHK sur son égal ABD, de manière que les diamètres coïncident et que le point F tombe en A, la ligne OH prendra la direction de CB, puisque l'angle FOH = ACB, et le point H tombera en B. Donc l'arc FGH = AEB.

THÉORÈME.

77 — *Dans le même cercle ou dans des cercles égaux : 1° un plus grand arc est sous-tendu par une plus grande corde; 2° réciproquement, une plus grande corde sous-tend un plus grand arc* (fig. 54).

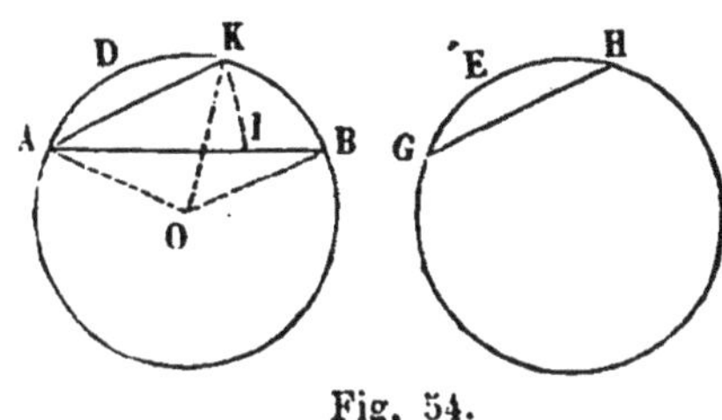

Fig. 54.

1° Si l'arc ADB > GEH, on aura la corde AB > GH. Dans l'arc ADB je prends l'arc ADK = GEH, la corde AK sera égale à la corde GH.

Si je mène les rayons OA, OK, OB, comme le point K est placé entre A et B, l'angle AOB est plus grand que l'angle AOK. D'ailleurs, le côté OB du triangle AOB est égal au côté OK du triangle AOK, et le côté AO est commun : donc (n° 31) le côté AB du triangle AOB est plus grand que le côté AK du triangle AOK, ou bien AB > GH.

2° Réciproquement, si la corde AB > GH, on aura l'arc ADB > GEH.

Je prends sur AB une longueur AI = GH et du point A, avec un rayon égal à AI, je décris un arc de cercle qui rencontrera l'arc ADB en un point K, placé entre A et B. L'arc ADK sera égal à l'arc GEH et plus petit que l'arc ADB.

Remarque. Si, au lieu de considérer des arcs moindres qu'une demi-circonférence, on considérait des arcs plus grands, la propriété contraire aurait lieu.

THÉORÈME.

78 — *Tout diamètre* DE, *perpendiculaire sur une corde* AB, *partage en deux parties égales cette corde et chacun des arcs* ADB, AEB *qu'elle sous-tend* (fig. 55).

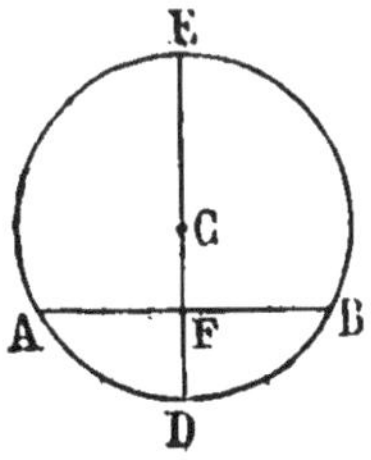

Fig. 55.

Si nous faisons tourner le demi-cercle DBE autour du diamètre ED pour le faire coïncider avec le demi-cercle DAE, la droite FB, perpendiculaire sur le diamètre, prendra la direction de FA, et puisque la demi-conférence DBE se confondra avec DAE, le point B tombera sur le point A. Donc :

FB=AF, l'arc DB= l'arc DA, et l'arc BE= l'arc AE.

79 — *Corollaire.* — *Toute perpendiculaire élevée sur le milieu d'une corde passe par le centre du cercle.*

THÉORÈME.

80 — *Par trois points* A, B, C, *non en ligne droite, on peut faire passer une circonférence et on n'en peut faire passer qu'une* (fig. 56).

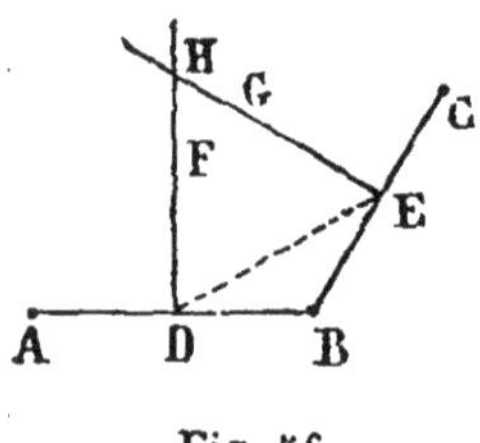

Fig. 56.

Par les points D, E, milieux des droites AB, BC, j'élève des perpendiculaires DF, EG à ces droites. Ces perpendiculaires se rencontreront; car chacune d'elles fait avec la sécante DE un angle aigu (nº 52).

Soit H le point de concours de ces perpendiculaires : les obliques HA, HB, s'écartant également du pied de la perpendiculaire HD, sont égales; par une raison semblable, les lignes HB, HC, obliques par rapport à la perpendiculaire HE, sont égales. Donc les trois lignes HA, HB, HC sont égales entre elles, et si, du point H, comme centre, avec l'une d'elles pour rayon, je décris une circonférence, elle passera par les trois points A, B, C.

Le centre de toute circonférence passant par ces trois points, devra se trouver à la fois sur chacune des perpendiculaires DH, EH, et sera situé à leur intersection; par conséquent, il n'y a qu'un centre, qu'un rayon et on ne peut tracer qu'une circonférence par les trois points A, B, C.

81 — *Corollaire.* — *Les perpendiculaires élevées sur les milieux des trois côtés d'un triangle se rencontrent en un même point,* qui est le centre de la circonférence passant par les trois sommets du triangle.

THÉORÈME.

82 — *Dans le même cercle ou dans des cercles égaux : 1º deux cordes égales sont également éloignées du centre ; 2º de deux cordes inégales, la plus grande est la plus rapprochée du centre.*

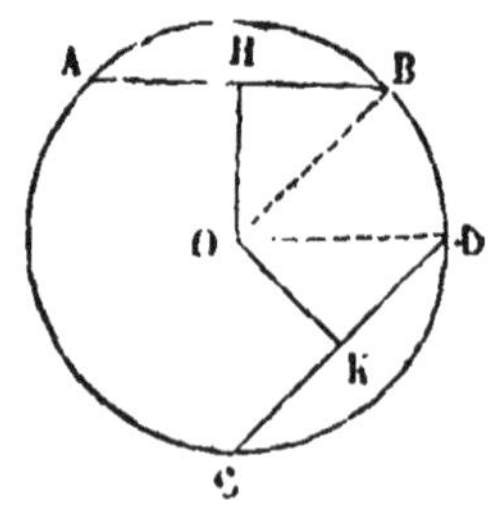

Fig. 57.

1º Si la corde AB = CD, la perpendiculaire OH sur AB sera égale à la perpendiculaire OK sur CD (fig. 57).

Je mène les rayons OB, OD : les deux triangles rectangles OHB, OKD ont l'hypoténuse OB = OD et le côté HB, moitié de la corde AB (n° 78), égal au côté KD, moitié de CD. Donc ces triangles sont égaux et OH = OK.

2° Si la corde BG > DC, la perpendiculaire OF sur BG sera plus petite que la perpendiculaire OK sur CD (fig. 58).

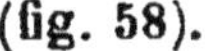

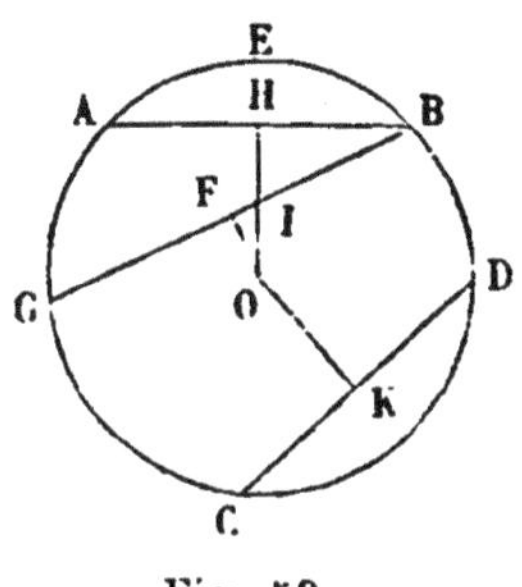

Fig. 58.

En effet, dans l'arc BEG, plus grand que l'arc DC, je prends une partie BEA égale à l'arc DC : la corde BA sera égale à la corde DC et également éloignée du centre; ainsi, la perpendiculaire OH sur AB sera égale à la perpendiculaire OK. La droite OH rencontre la corde BG en un point I et l'on a OF < OI (n° 37) ; à plus forte raison a-t-on OF < OH, ou que son égale OK.

DE LA TANGENTE A LA CIRCONFÉRENCE.

83 — Une droite DEF qui rencontre la circonférence en deux points est appelée *sécante* (fig. 59).

Une droite AB, qui n'a qu'un point C commun avec la circonférence, est dite *tangente* à la circonférence en ce point C.

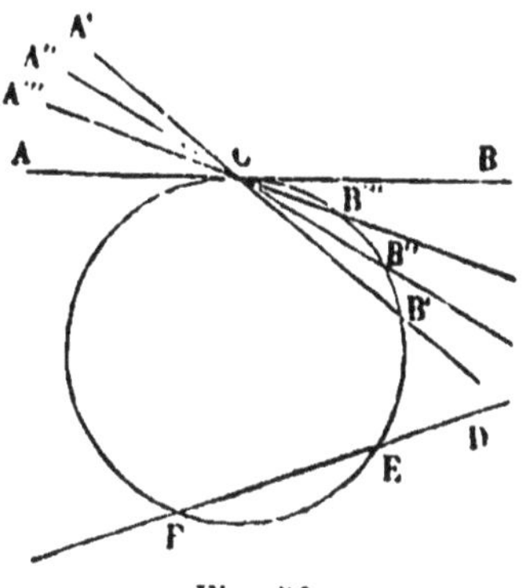

Fig 59.

Le point où la tangente touche la circonférence est appelé *point de contact* ou de *tangence*.

On peut regarder la tangente ACB comme la limite des positions A'CB', A''CB'', A'''CB'''..... que prend une sécante qui tourne autour d'un point C de la circonférence jusqu'à ce que le second point d'intersection B', B'', B'''..... vienne se confondre avec le premier C.

THÉORÈME.

84 — 1° *Toute perpendiculaire* BD, *menée à l'extrémité d'un rayon* AC, *est tangente à la circonférence; 2° réciproquement, toute tangente est perpendiculaire a l'extrémité du rayon mené au point de contact* (fig. 60).

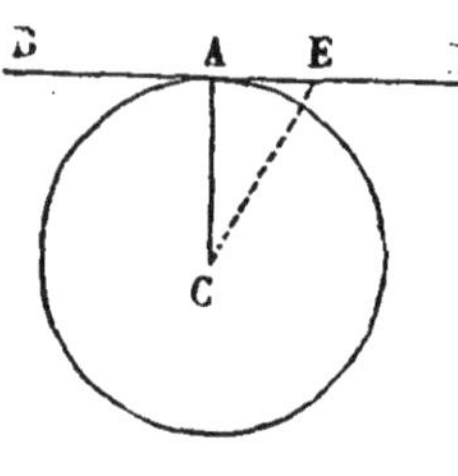

Fig. 60.

1° Prenons un point quelconque E de la ligne BD, autre que le point A, et joignons-le au centre : la ligne CE, oblique sur BD, est plus grande que la perpendiculaire CA; donc le point E est situé hors de la circonférence. Tous les points de la ligne BD, autres que le point A, sont donc placés hors de la circonférence, et par conséquent cette ligne est tangente.

2° Soit BD une tangente, c'est-à-dire une droite n'ayant que le point A sur la circonférence. Tout point E de cette ligne, autre que A, étant placé hors de la circonférence, est plus éloigné du centre que le point A, donc la ligne CA est la plus courte qu'on puisse mener du point C sur BD; donc elle est perpendiculaire sur BD (n° 37).

85 — *Corollaire. — Par un point* A *sur la circonférence, on peut toujours mener une tangente et on n'en peut mener qu'une seule.*

THÉORÈME.

86 — *Deux parallèles interceptent sur la circonférence des arcs égaux* (fig. 61).

1° Soient les deux parallèles BC, DE, sécantes l'une et l'autre. Je mène le diamètre AH perpendiculaire sur BC; il sera aussi perpendiculaire sur DE, et le point A sera le milieu de chacun des arcs BAC, DAE (n° 78). Donc l'arc DB, différence des arcs DA et BA, est égal à l'arc EC, différence des arcs EA, CA.

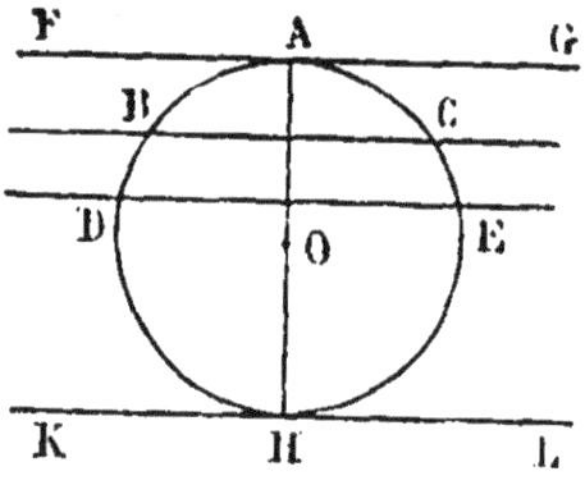

Fig. 61.

2° Si les deux parallèles BC, FG sont l'une sécante, l'autre tangente, le diamètre AH, mené au point de tangence A, sera perpendiculaire sur la tangente, ainsi que sur sa parallèle BC; donc l'arc BA est égal à l'arc AC.

3° Enfin, si les deux parallèles FG, KL sont tangentes l'une et l'autre, en menant une sécante DE qui leur soit parallèle, on aura, d'après le deuxième cas,

arc DA = AE et arc DH = EH : donc arc ADH = AEH.

Conditions du contact et de l'intersection de deux circonférences[1].

THÉORÈME.

87 — *Lorsque deux circonférences ont un point* A *commun, hors de la ligne* CO *qui joint leurs centres* C, O, *elles ont un second point commun* D, *situé sur la perpendiculaire* AB *à cette ligne et à la même distance que le premier* (fig. 62).

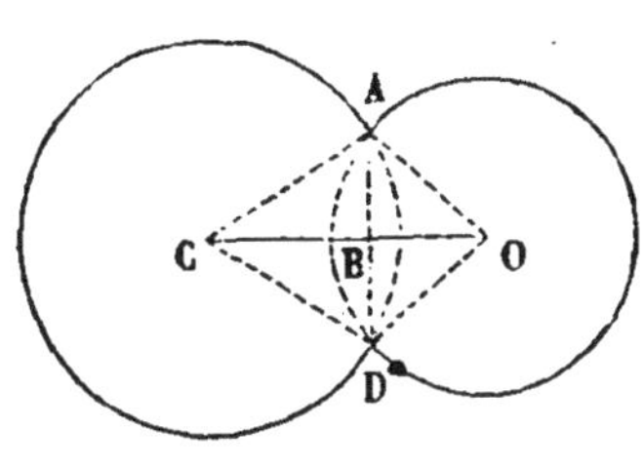

Fig. 62.

En effet, si je prends sur le prolongement de AB une longueur BD = BA, les obliques CA, CD seront également éloignées du pied B de CB, perpendiculaire sur AD, et égales entre elles; donc la circonférence décrite du point C, comme centre, avec CA pour rayon, passe par le point D. Par une raison semblable, la circonférence décrite de O comme centre, avec AO pour rayon, passe par le point D.

88 — *Corollaire* 1. — *Quand deux circonférences se coupent, la ligne qui joint leurs centres est perpendiculaire sur la corde commune et la partage en deux parties égales.*

89 — *Corollaire* 2. — *Lorsque deux circonférences n'ont qu'un point commun ou sont tangentes, ce point est situé sur la ligne des centres.*

THÉORÈME.

90 — *Lorsque deux circonférences sont extérieures, la distance des centres* CO *est plus grande que la somme des rayons* R r, *et réciproquement.*

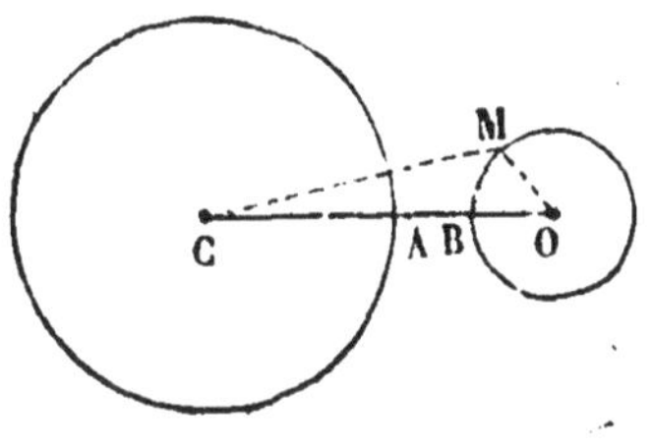

Fig. 63.

1° Car CO se compose de CA + OB + AB, ou de R + r + AB.

2° Réciproquement si CO > R + r, en prenant CA = R et OB = r, le point B sera placé entre A et O. Mais M étant un point quelconque de la circonférence OB, on a CM + MO > CO, ou bien CM > CB et, à plus forte raison, CM > CA. Donc tous les points de la circonférence OB sont extérieurs au cercle CA.

1. Si l'on désire plus de développements sur cette théorie on pourra consulter la géométrie de M. Lionnet.

THÉORÈME.

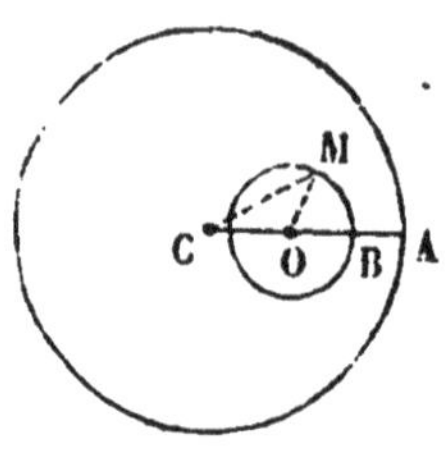

Fig 46.

91 — *Lorsque deux circonférences sont intérieures, la distance des centres,* CO, *est plus petite que la différence des rayons* R r, *et réciproquement.*

1° Car CO est égale à CA — OB — BA, ou à R — r — BA.

2° Réciproquement une démonstration analogue à celle du théorème précédent ferait voir que tout point M de la circonférence OB est intérieur au cercle CA.

THÉORÈME.

92 — *Lorsque deux circonférences sont tangentes, extérieurement ou intérieurement, la distance des centres* CO *est égale à la somme ou à la différence des rayons* R r *; réciproquement.*

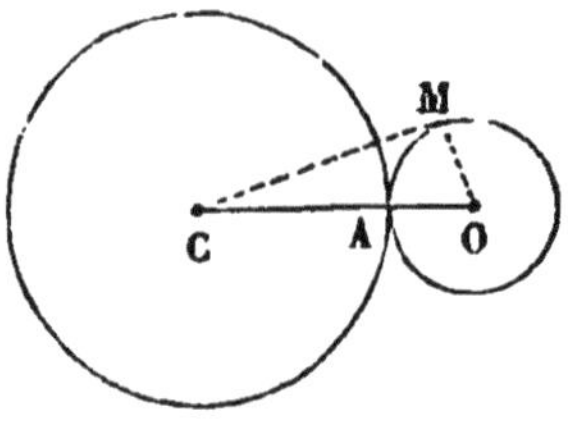

Fig. 65.

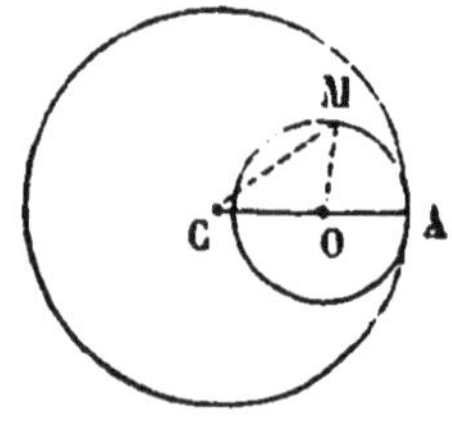

Fig. 66.

1° Le point de contact est situé sur la direction de la ligne des centres (n° 89) et l'on a

CO = CA + AO, (fig. 65); ou bien CO = CA — OA (fig. 66).

2° Réciproquement. Comme dans les théorèmes précédents.

THÉORÈME.

93 — *Lorsque deux circonférences se coupent, la distance des centres* CO *est plus petite que la somme des rayons* R r *et plus grande que leur différence ; réciproquement ;*

1° Car les points d'intersection A B sont placés hors de la ligne des centres et CO < CA + AO (fig. 67). On a de même

CO + OA > CA, ou bien CO > CA — OA.

2° Réciproquement, si CO < R + r et, en même temps, CO > R — r, en prenant sur CO, à partir de C (fig. 68) les longueurs CA = R et

AD = AE = r, on aura CD = R + r et CE = R — r ; par conséquent le centre O sera placé entre D et E. Or quelle que soit, sur ED, la position du centre O, il est facile de voir que la circonférence décrite

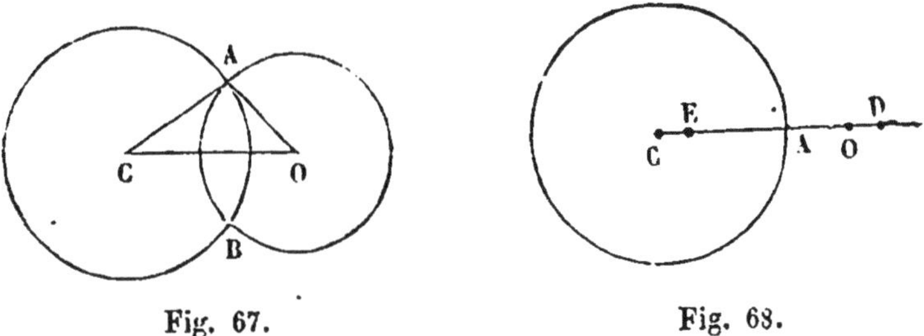

Fig. 67. Fig. 68.

de O comme centre, avec r pour rayon, coupera la direction de la ligne des centres en deux points, l'un intérieur, l'autre extérieur à la circonférence CA : donc les deux circonférences se coupent.

N° 25.

(15)

Mesure des angles.

DÉFINITION.

94 — Toute grandeur contenue un nombre entier de fois dans plusieurs grandeurs de même espèce en est un *diviseur* ou une *commune mesure*.

Pour obtenir *la plus grande commune mesure* de deux grandeurs, on suit la règle donnée en arithmétique pour chercher le plus grand commun diviseur de deux nombres entiers : on divise la plus grande par la plus petite, la plus petite par le premier reste, le premier reste par le second, etc. ; et si l'on arrive à un reste contenu exactement dans le précédent, il est la plus grande commune mesure cherchée.

Mais il peut se faire que l'un des restes ne soit jamais divisible par le suivant, ou que les deux grandeurs considérées soient *incommensurables* entre elles ; dans ce cas, comme les restes obtenus vont toujours en diminuant, on pourra négliger l'un d'eux en prenant celui qui précède pour la plus grande commune mesure elle-même, et l'erreur que l'on commettra sera d'autant plus faible qu'on aura poussé plus loin les opérations. Nous considérerons deux grandeurs incommensurables comme ayant une commune mesure infiniment petite.

THÉORÈME.

95 — *Dans le même cercle ou dans deux cercles égaux, le rapport de deux angles au centre est le même que celui des arcs interceptés entre leurs côtés.*

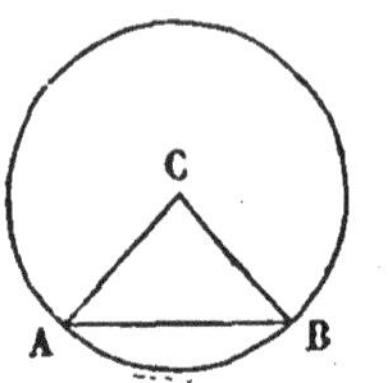

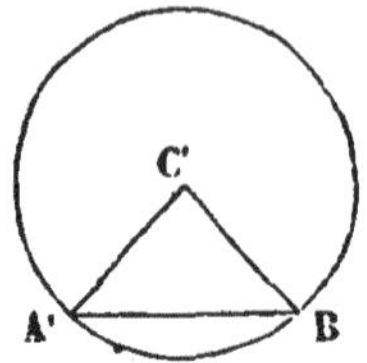

Fig. 68.

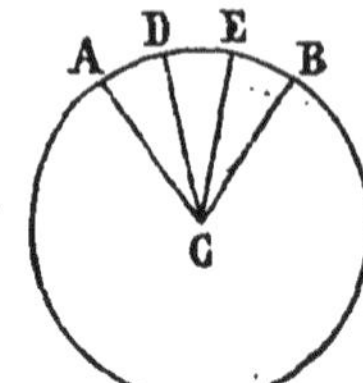

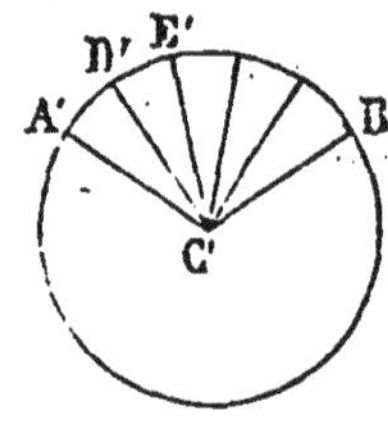

Fig. 69.

1° Soit l'arc AB = A'B' (fig. 68). En superposant convenablement les deux cercles, les angles C et C' coïncideront. Réciproquement lorsque les angles C et C' sont égaux, les arcs AB, A'B' sont aussi égaux.

2° Soient AB, A'B', deux arcs inégaux (fig. 69). Je suppose ces deux arcs commensurables et leur plus grande commune mesure, AD, par exemple, contenue 3 fois dans l'un et 5 fois dans l'autre, alors

$$\frac{AB}{A'B'} = \frac{3}{5}$$

Les arcs AB, A'B', étant divisés l'un en 3, l'autre en 5 parties égales entre elles, si nous joignons les points de division aux centres C, C', les angles au centre ACD, DCE,... A'C'D', D'C'E',... seront tous égaux entre eux : donc l'angle ACD sera contenu 3 fois dans l'angle ACB, 5 fois dans l'angle A'C'B', et l'on aura

$$\frac{ACB}{A'C'B'} = \frac{3}{5}$$

Par conséquent : $$\frac{ACB}{A'C'B'} = \frac{AB}{A'B'}$$

Cette démonstration étant indépendante de la grandeur de la plus grande commune mesure des deux arcs AB, A'B', est générale.

THÉORÈME.

96 — *Si l'on choisit pour unité d'arc l'arc qui correspond à l'unité d'angle, le rapport d'un angle au centre à son unité est égal au rapport de l'arc correspondant à son unité.*

Soient A, B, deux angles, a, b, les arcs compris entre leurs côtés et décrits avec des rayons égaux, on aura (nº 95)

$$\frac{A}{B} = \frac{a}{b}.$$

Si l'on prend l'angle B pour unité d'angle, et en même temps l'arc b pour unité d'arc, le théorème se trouve démontré par cette égalité, exprimant que le rapport de l'angle A à son unité est égal à celui de l'arc a à son unité.

On a choisi pour unité d'angle l'angle droit, et pour unité d'arc le quart de la circonférence.

97 — *Remarque* 1. — On nomme *mesure* d'une grandeur le rapport de cette grandeur à son unité. Ce théorème peut donc s'énoncer ainsi : *la mesure d'un angle au centre est égale à la mesure de l'arc qu'il intercepte sur la circonférence.*

Remarque 2. — Pour exprimer plus simplement en nombre les arcs et par suite les angles, on a divisé la circonférence en 360 parties égales ou *degrés*, le degré en 60 *minutes*, et la minute en 60 *secondes*.

Le quart de la circonférence ou l'unité d'arc contient donc 90 degrés ou 5400 minutes, ou 324000 secondes.

Considérons un arc de 24 degrés 47 minutes et 53 secondes ; il est les

$$\frac{24}{90} + \frac{47}{5400} + \frac{53}{324000} = \frac{89273}{324000}$$

de l'unité d'arc ; l'angle au centre correspondant est donc les $\frac{89273}{324000}$ de l'angle droit.

98 — *Définition.* — Un angle formé par deux cordes qui se rencontrent sur la circonférence est dit *angle inscrit.*

THÉORÈME.

99 — *Un angle inscrit* CAB, *a pour mesure la moitié de l'arc* CB, *compris entre ses côtés* (fig. 70).

1º Soit l'angle inscrit CAB, dont une des cordes est un diamètre. Je mène un second diamètre DE parallèle à la corde CA ; l'angle au centre DOB sera égal à l'angle A (nº 50), et aura pour mesure l'arc

DB, qui est la moitié de CB, puisque BD = AE = CD : donc l'angle A a pour mesure la moitié de l'arc CB.

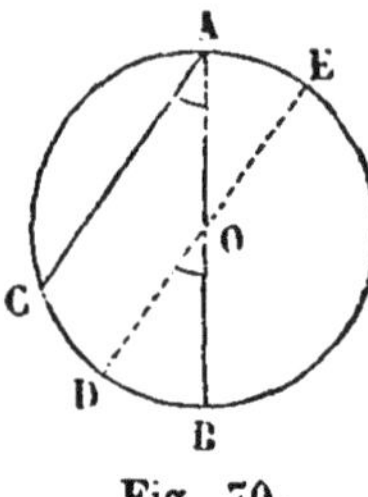

Fig. 70.

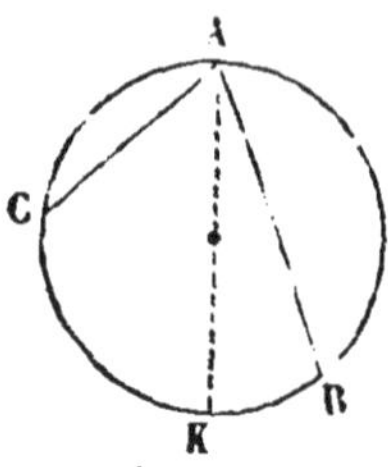

Fig. 71.

2° Supposons le centre compris dans l'angle CAB (fig. 71). En menant le diamètre AK, l'angle CAK a pour mesure la moitié de l'arc CK, et l'angle KAB la moitié de l'arc KB : donc l'angle CAB, somme de CAK, KAB, a pour mesure la moitié de l'arc CKB.

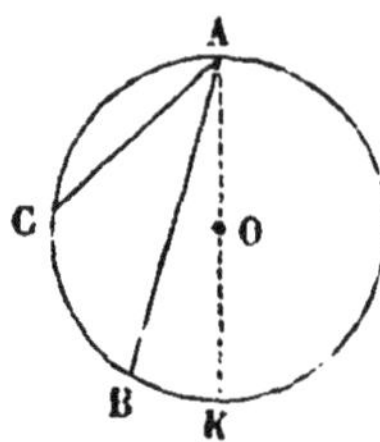

Fig. 72.

3° Supposons le centre O, placé en dehors de l'angle CAB (fig. 72). En menant le diamètre AK, l'angle CAK a pour mesure la moitié de l'arc CK et l'angle BAK la moitié de l'arc BK : donc l'angle CAB, différence de CAK et de BAK, a pour mesure la moitié de l'arc CB.

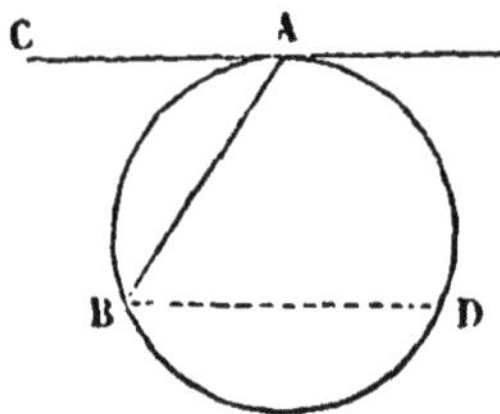

Fig. 73.

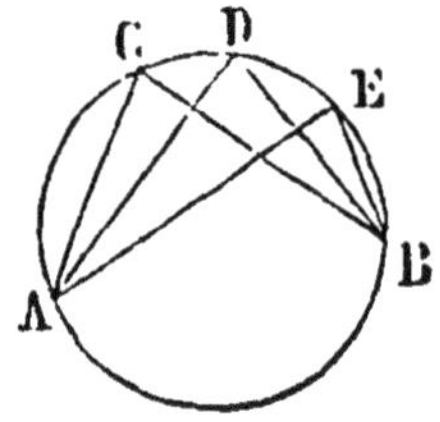

Fig. 74.

100 — *Remarque. L'angle* CAB, *formé par une tangente et une corde, a pour mesure la moitié de l'arc* AB *compris entre ses côtés*, (fig. 73). Car en menant BD parallèle à CA, l'angle B est égal à l'angle CAB, et l'arc AD égal à l'arc AB.

101 — *Corollaire.* — *Tous les angles* ACB, ADB, AEB, *inscrits dans un même arc* ADB, *sont égaux entre eux* (fig. 74), car ils ont pour mesure la moitié d'un même arc AB. — On dit que l'arc ADB est *capable* de l'angle inscrit ACB.

Lorsque l'arc donné est une demi-circonférence, les angles inscrits sont droits. Ils sont aigus ou obtus suivant que l'arc dans lequel ils sont inscrits est plus grand ou plus petit qu'une demi-circonférence.

N° 26.

(16, 17)

De la règle et du compas.

102 — On trace les lignes droites sur le papier au moyen d'une *règle* (fig. 75).

Pour vérifier si une règle est bien droite, on trace deux fois une

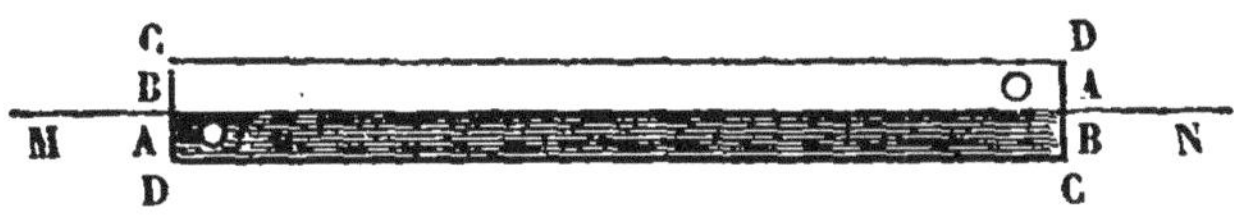

Fig. 75.

ligne MN avec la même arête, en retournant la règle bout à bout de manière que la même face s'appuie toujours sur le papier. Les deux traits doivent coïncider.

On décrit les circonférences ou les arcs de cercle à l'aide d'un *compas*. L'une des pointes, immobile, marque le centre; l'autre, en tournant autour de la première, décrit la circonférence. La distance des deux pointes, ou l'ouverture du compas, est le rayon de la circonférence.

PROBLÈME.

103 — *Par un point* A, *donné sur la droite* BC, *mener une droite qui fasse avec la première un angle égal à l'angle donné* K (fig. 76).

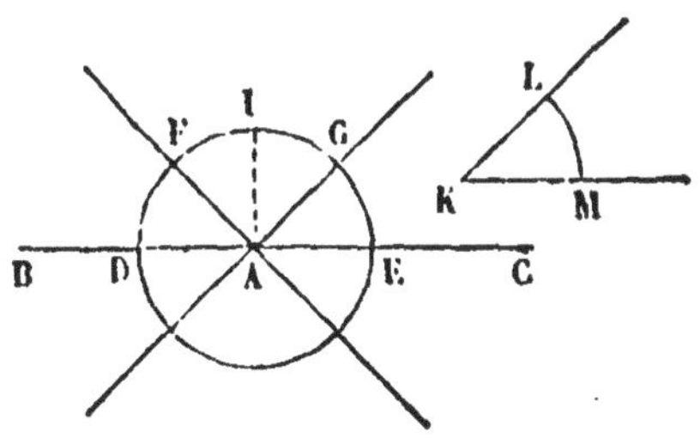

Fig. 76.

Du point K, comme centre, avec une ouverture de compas, ou un rayon quelconque, je décris un arc de cercle LM; du point A, avec le même rayon, je décris une demi-circonférence DIE. Des points D, E, avec un rayon égal à la corde de l'arc LM, je décris deux arcs qui rencontrent la demi-circonférence aux points F, G : chacune des droites FA, GA, satisfait à la question.

Car les 3 arcs LM, DF, GE, qui ont des cordes égales, sont égaux : donc les angles au centre K, DAF, EAG, sont égaux.

Remarque. — Si l'angle donné K était droit, les deux droites AG, AF, se réuniraient en une seule AI.

Du rapporteur.

104 — Le rapporteur est un demi-cercle en cuivre ou en corne transparente (fig. 77), dont les bords sont divisés en degrés et fractions de degrés. Le centre O est marqué par un trait, et le diamètre MON correspond aux divisions zéro et 180.

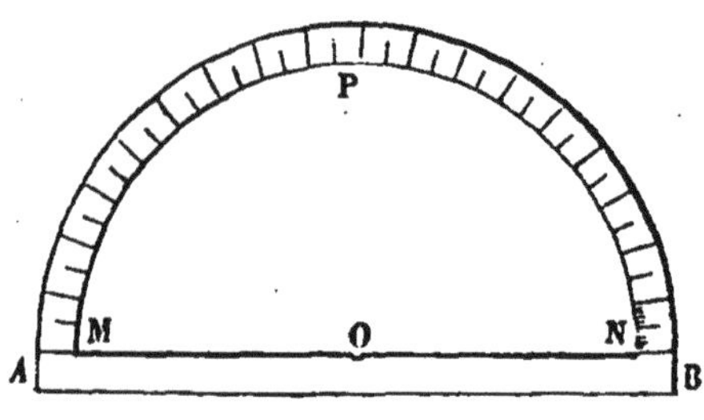

Fig. 77.

Pour avoir la mesure d'un angle AOB, à l'aide du rapporteur, on place le centre du cercle au sommet de l'angle, on dirige le rayon OC,

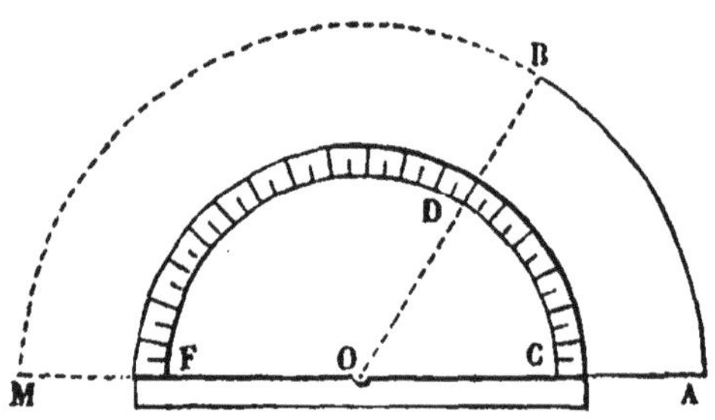

Fig. 78.

qui correspond au zéro des divisions, suivant un des côtés OA, et on lit le nombre de degrés et de fractions de degrés que contient l'arc CD, compris entre les côtés de l'angle (fig. 78).

Si l'on veut, au moyen du rapporteur, faire en un point O d'une ligne MOA un angle de grandeur donnée, par exemple de 50°, on placera le centre en O, et le rayon passant par la division zéro sur OA, on lira sur le rapporteur un arc de 50°, et, après avoir marqué son extrémité D, on tracera la ligne droite OD; l'angle COD sera l'angle demandé.

L'angle de 90° étant droit, on peut se servir du rapporteur pour mener des perpendiculaires.

Constructions de triangles.

PROBLÈME.

105 — *Deux angles* A, B *d'un triangle étant donnés, trouver le troisième* (fig. 79).

En un point O d'une droite indéfinie MN je forme successivement l'angle MOP = A et l'angle NOQ = B; l'angle POQ, supplément de la somme des deux angles A, B, est l'angle cherché.

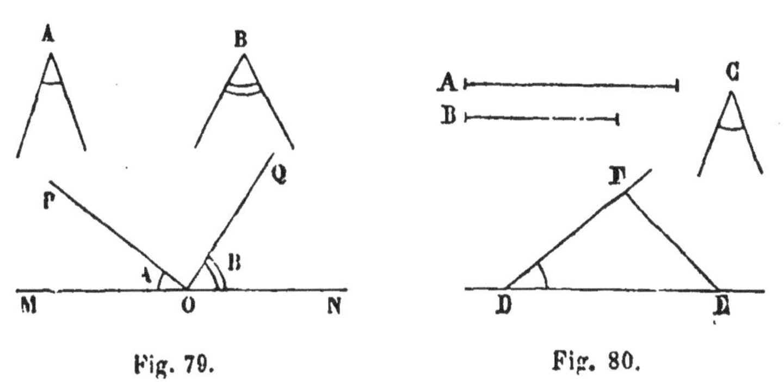

Fig. 79. Fig. 80.

PROBLÈME.

106 — *Étant donnés deux côtés* A, B *d'un triangle, et l'angle* C *qu'ils comprennent, décrire le triangle* (fig. 80).

Sur une droite indéfinie je forme en un point D un angle EDF égal à l'angle C; je prends DE = A, DF = B, et je mène la droite FE. Le triangle DEF est le triangle demandé.

PROBLÈME.

107 — *Étant donnés un côté* C *et deux angles* A, B *d'un triangle décrire le triangle* (fig. 81).

Si les deux angles A, B sont adjacents au côté donné, je prendrai sur une droite indéfinie une longueur DE$=$C ; je formerai au point D un angle EDF$=$A et au point E un angle DEF$=$B. Le triangle DEF satisfera à la question.

Si les deux angles A, B ne sont pas adjacents au côté C, je chercherai le troisième angle du triangle, et la question sera ramenée à la précédente.

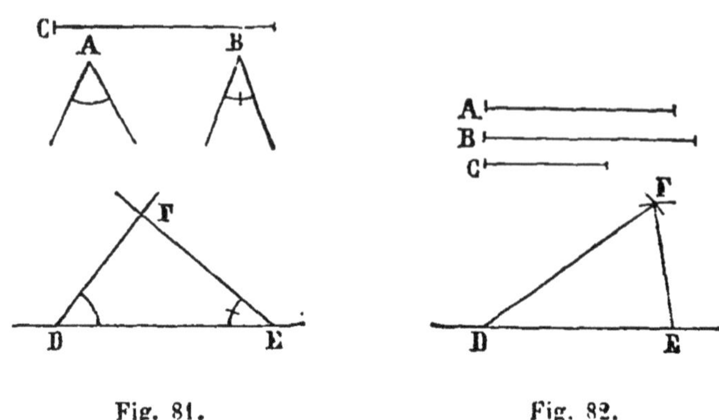

Fig. 81. Fig. 82.

PROBLÈME.

108 — *Étant donnés les trois côtés* A, B, C *d'un triangle, construire ce triangle* (fig. 82).

Sur une droite indéfinie je prends DE$=$A ; du point D comme centre, avec un rayon égal à B, je décris un arc de cercle ; du point E, avec un rayon égal à C, je décris un arc de cercle qui coupera le premier en F. Je mène DF, EF, et le triangle DEF sera le triangle demandé.

Remarque. — Pour que le problème soit possible, il faut que les deux arcs se rencontrent, ce qui demande (no 93) que le côté A soit plus petit que la somme des deux autres et plus grand que leur différence.

Tracé des perpendiculaires et des parallèles.

PROBLÈME.

109. — *Mener par un point* A *une perpendiculaire sur une droite donnée* BC (fig. 83).

Du point A je décris un arc de cercle qui détermine deux points B, C, également éloignés de A. Des points B, C, avec un rayon plus grand que la moitié de BC, je décris deux arcs de cercle qui se coupent en D ; je mène DA, qui est la perpendiculaire demandée.

En effet, lorsque le point A est donné sur BC, la droite DA joignant le sommet au milieu de la base du triangle isocèle BDC, est perpendiculaire sur cette base BC.

Si le point A est donné hors de la ligne BC, les deux triangles BAD,

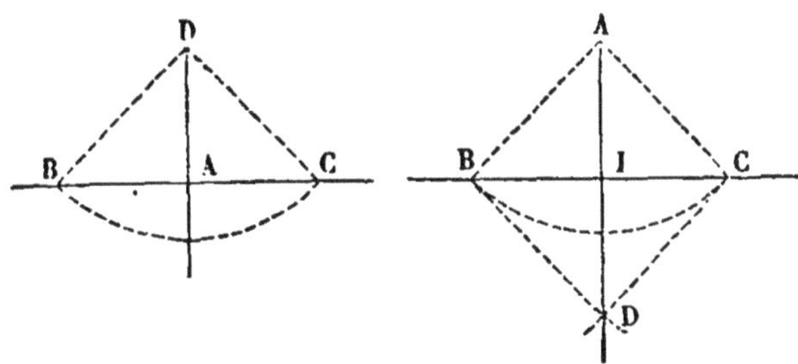

Fig. 83.

CAD, sont équilatéraux entre eux; donc l'angle BAD = CAD. Les deux triangles BAI, CAI, ont donc un angle égal, compris entre côtés égaux et par conséquent l'angle BIA = CIA, d'où il suit que AI est perpendiculaire sur BC.

De l'équerre.

110 — On se sert pour tracer les perpendiculaires d'un instrument de bois ou de métal nommé *équerre*, et dont deux arêtes DE, GE, sont perpendiculaires l'une sur l'autre. En plaçant un des côtés GE de l'angle droit sur la ligne BC de manière que l'arète ED passe par le point A, d'où l'on veut mener une perpendiculaire sur BC, on aura la direction de cette perpendiculaire (fig 84).

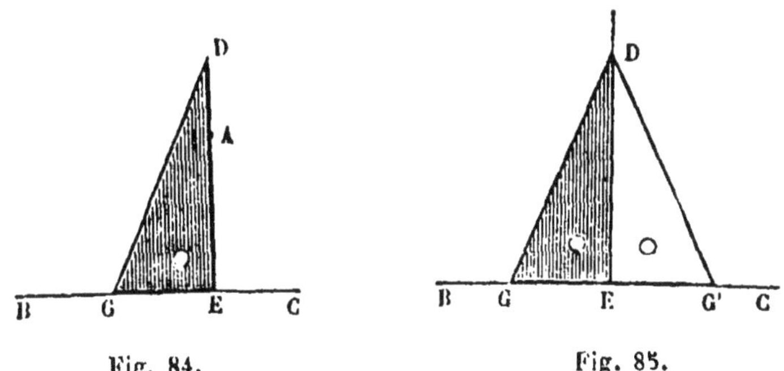

Fig. 84. Fig. 85.

Pour vérifier si une équerre est juste, on applique un de ses côtés sur une droite BC, et, en suivant l'autre côté, on trace la droite DE. Puis on place l'équerre en D'EG', la même face appuyée sur le papier, et on voit si l'un de ses côtés se confondant avec DE, l'autre coïncide avec EC (fig. 85).

PROBLÈME.

111 — ***Mener par un point* A *une parallèle à une droite* BC**

Du point A, comme centre, je décris un arc indéfini CE, qui coupe BC en un point C ; du point C, avec le même rayon, je décris un second arc, AB, qui coupe BC en B. Du point C, avec un rayon égal à la corde de l'arc AB, je décris un arc de cercle qui coupe l'arc CE en un point D. La ligne AD est parallèle à BC (fig. 86).

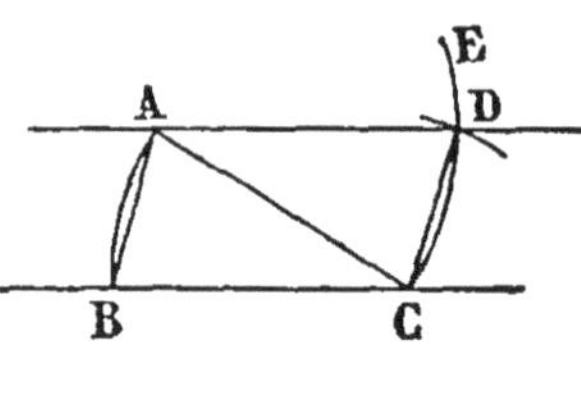

Fig. 86.

Car le quadrilatère ABCD est un parallélogramme, puisque ses côtés opposés sont égaux (nº 65).

112 — On se sert ordinairement de la règle et de l'équerre pour mener par un point A une parallèle à BC (fig. 87). Pour cela, on dirige l'hypoténuse DE de l'équerre sur BC, et on applique la règle MN contre l'autre côté DK de l'équerre ; on fait ensuite glisser l'équerre le long de la règle jusqu'à ce que son hypoténuse passe par le point A, et alors on se sert de cette hypoténuse comme d'une règle pour tracer D′E′, parallèle à BC. L'hypoténuse de l'équerre faisant constamment le même angle avec le bord de la règle MN, glisse parallèlement à elle-même ; ainsi D′E′ est parallèle à BC.

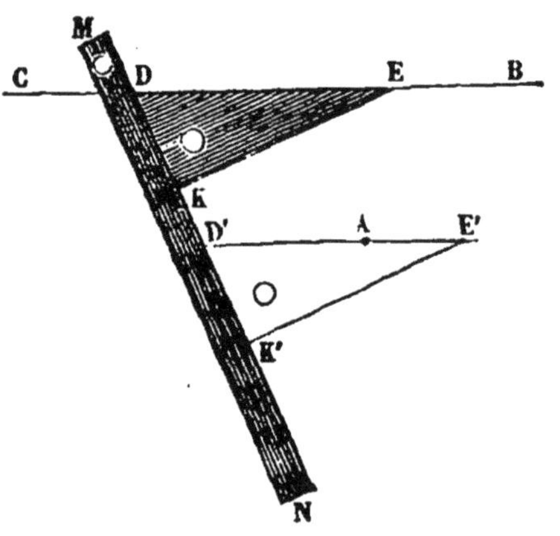

Fig. 87.

On peut employer un procédé analogue pour élever par un point A une perpendiculaire sur une droite BC ; c'est même le plus exact. On place l'équerre en EKD, de manière qu'un des côtés de l'angle droit se confonde avec BC ; ensuite on applique la règle MN contre l'hypoténuse de l'é-

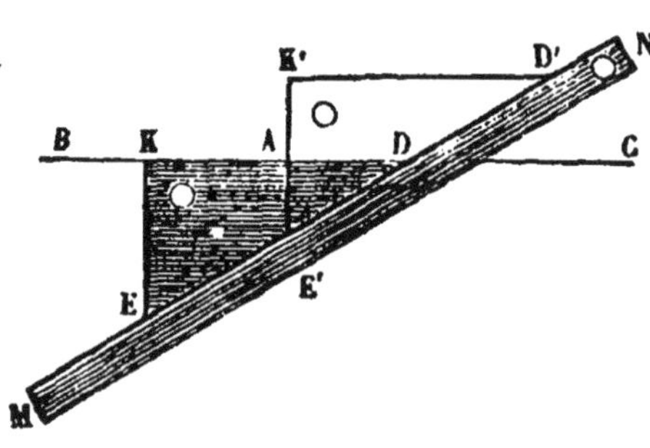

Fig. 88.

querre, et on fait glisser l'équerre le long de la règle jusqu'à ce que le côté EK passe par le point A. La direction E'K', de ce côté, qui est resté parallèle à lui-même, donne la perpendiculaire au point A sur BC (fig. 88).

N° 27.

(18, 19)

PROBLÈME.

113 — *Partager une ligne droite, un arc ou un angle en deux parties égales.*

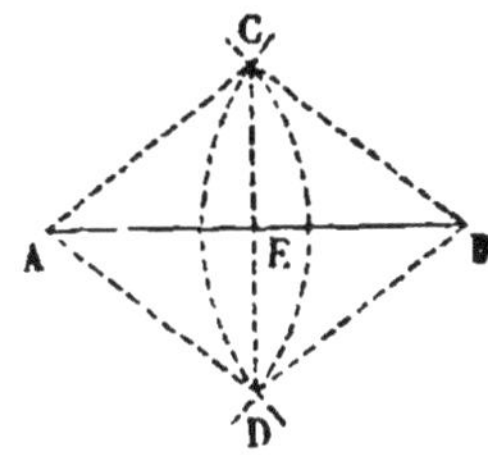

Fig. 89.

1° — Pour diviser la ligne AB en deux parties égales (fig. 89), des points A, B, avec un même rayon, plus grand que la moitié de AB, je décris deux arcs de cercle qui se coupent en C, D. La ligne droite CD divise au point E la droite AB en deux parties égales.

En effet, les deux triangles ACD, BCD, sont équilatéraux entre eux; donc l'angle ACD = BCD; donc les deux triangles ACE, ECB, sont égaux, et AE = EB. La droite CD est de plus perpendiculaire sur AB.

2° — Pour diviser l'arc BGC en deux parties égales (fig. 90), je mène la corde BC, et, à l'aide de la construction précédente, je la partage en deux parties égales par la perpendiculaire DE. Cette ligne, perpendiculaire sur la corde BC et passant par son milieu, divise l'arc BGC en deux parties égales.

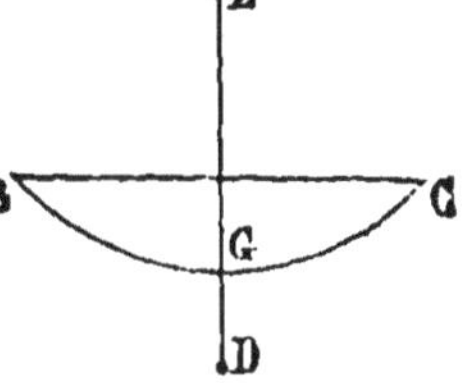

Fig. 90.

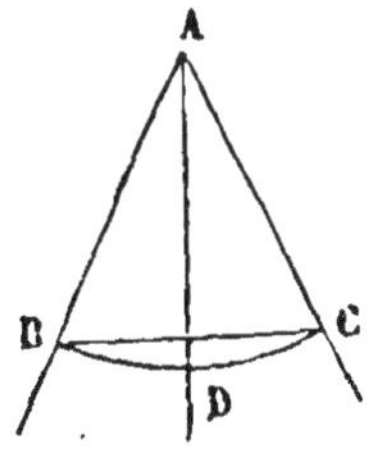

Fig. 91.

3° — Soit à diviser l'angle BAC en deux parties égales (fig. 91). Du point A, comme centre, avec un rayon quelconque, je décris un arc BC qui rencontre les côtés de l'angle, et du point A j'abaisse AD perpendiculaire sur la corde BC; cette droite partagera l'angle BAC en deux parties égales.

Remarque. — En appliquant ce procédé à la moitié, puis au quart, puis au huitième, etc..., d'une droite, d'un arc ou d'un angle, on partagera cette droite, cet arc ou cet angle en 4, 8, 16, ... parties égales.

PROBLÈME.

114 — ***Décrire une circonférence qui passe par trois points donnés***, A, B, C (fig. 92).

Sur le milieu de la droite AB, j'élève la perpendiculaire ED, et sur le milieu de BC la perpendiculaire FD. Ces deux droites se rencontreront en un point D, qui sera le centre de la circonférence cherchée (nº 78). On décrira cette circonférence du point D comme centre, avec DC pour rayon.

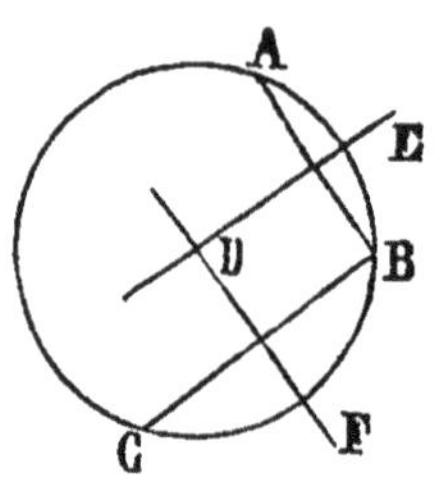

Fig. 92.

***Remarque* 1.** — Pour que le problème soit possible, il faut que les 3 points donnés ne soient pas en ligne droite.

***Remarque* 2.** — Si on voulait trouver le centre d'un cercle donné, on prendrait 3 points A, B, C, sur sa circonférence, et on ferait la même construction.

PROBLÈME.

115 — ***D'un point* A, *donné, hors d'un cercle, mener une tangente à ce cercle*** (fig. 93).

Je joins le point A au centre C du cercle donné, et sur CA, comme diamètre, je décris une circonférence qui coupera la circonférence donnée en deux points B, D. Les droites AB, AD, sont l'une et l'autre tangentes au cercle donné.

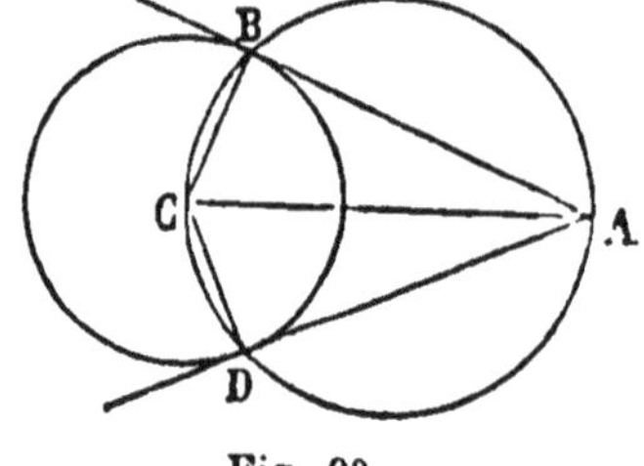

Fig. 93.

En effet, si je mène CB, CD, chacun des angles CBA, CDA, inscrit dans une demi-circonférence, est droit; donc les deux lignes AB, AD, perpendiculaires à l'extrémité d'un rayon de la circonférence donnée, sont tangentes à cette circonférence.

116 — *Corollaire.* — Les deux triangles rectangles ABC, ADC, ont l'hypoténuse AC commune, et le côté CB = CD; donc ils sont égaux, et l'on a AB = AD et l'angle BAC = CAD. Donc,

Les tangentes menées d'un même point à un cercle sont égales et la droite, qui joint ce point au centre du cercle partage l'angle des deux tangentes en deux parties égales.

PROBLÈME.

117 — ***Mener une tangente commune à deux cercles.***

Soient O, C, les centres des deux cercles donnés, OA, CB, extérieurs l'un à l'autre.

1° — Du point O, comme centre (fig. 94), avec un rayon OD, égal à

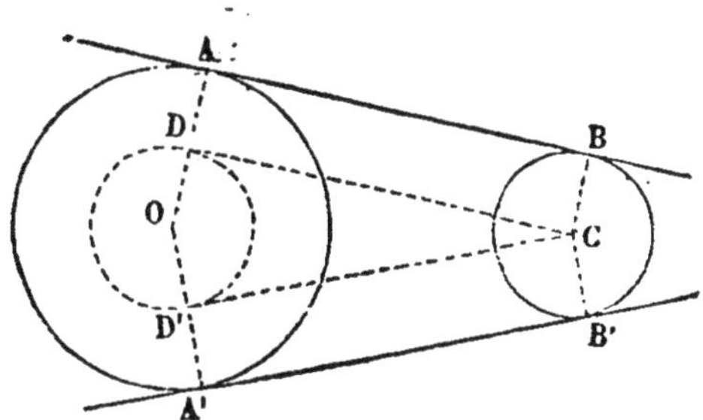

Fig. 94.

la différence des rayons OA, CB, je décris une circonférence. Du point C, je mène à cette circonférence une tangente CD ; je trace le rayon ODA, passant par le point de contact D, et au point A j'élève sur ce rayon une perpendiculaire AB, qui sera une tangente commune aux deux cercles OA, CB.

Il est évident que AB est tangente au cercle OA. Si du point C je mène CB, parallèle à OA, et par conséquent perpendiculaire sur AB, cette ligne CB, égale à DA, sera un rayon du cercle CB; donc AB est aussi tangente à ce cercle.

Comme on peut mener par le point C deux tangentes CD, CD′, au cercle OD, les deux cercles donnés ont deux tangentes extérieures communes, AB, A′B′.

2° — Du point O, comme centre, avec un rayon OG, égal à la

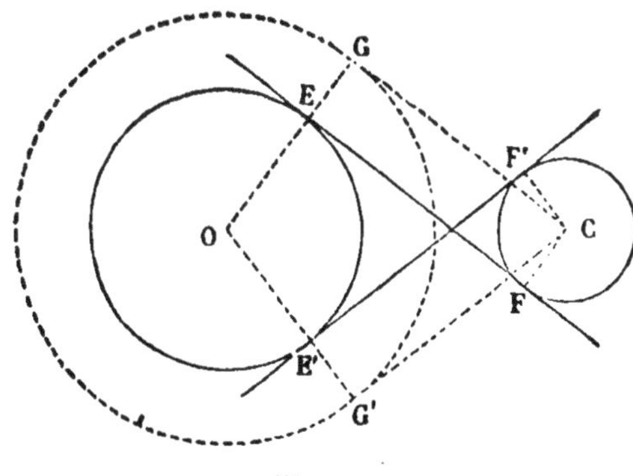

Fig. 95.

somme des rayons OE, CF, je décris une circonférence, et du point C je mène à cette circonférence une tangente CG; au point E, où le rayon OG coupe la circonférence OE, j'élève une perpendiculaire EF sur OE; cette ligne sera encore une tangente commune aux deux cercles donnés (fig. 95).

Cette construction donne deux tangentes intérieures communes, EF, E'F'.

Remarque. — Lorsque les deux circonférences données se touchent extérieurement, les deux tangentes intérieures communes se confondent en une seule, perpendiculaire sur la ligne qui joint les centres, et le problème n'admet plus que trois solutions (fig. 96).

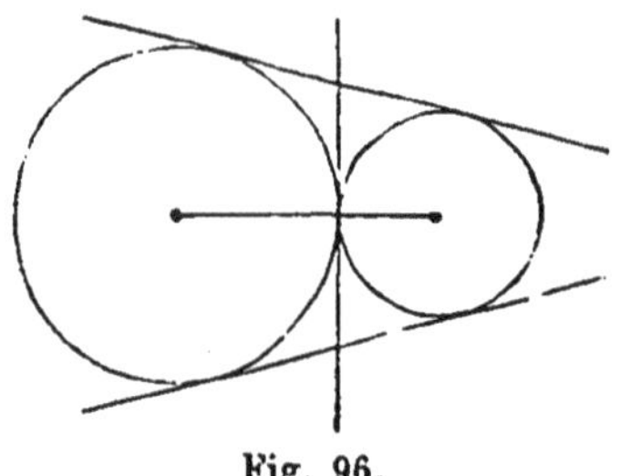

Fig. 96.

Il n'en admet plus que deux lorsque les circonférences sont sécantes (fig. 97), et qu'une seule, lorsqu'elles sont tangentes intérieurement (fig. 98). Il serait impossible si les circonférences étaient intérieures.

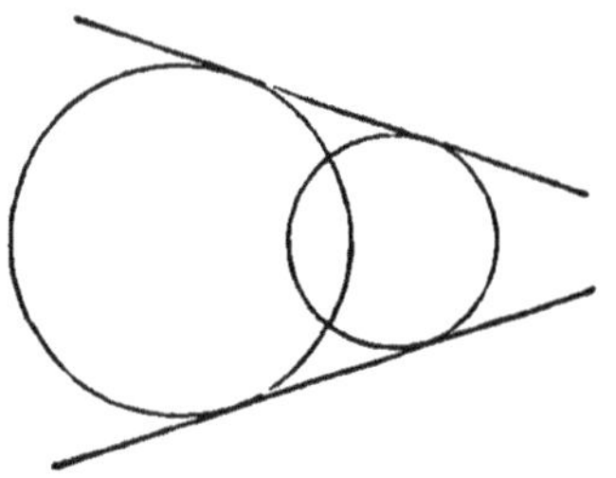

Fig. 97.

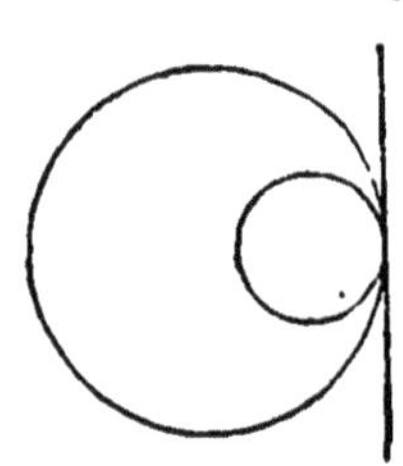

Fig. 98.

PROBLÈME.

118 — *Décrire sur une droite donnée*, AB, *un arc de cercle capable d'un angle donné* (fig. 99).

Soit K l'angle donné, il faut décrire un arc de cercle dont AB soit la corde, et tel que tous les angles inscrits soient égaux à l'angle K.

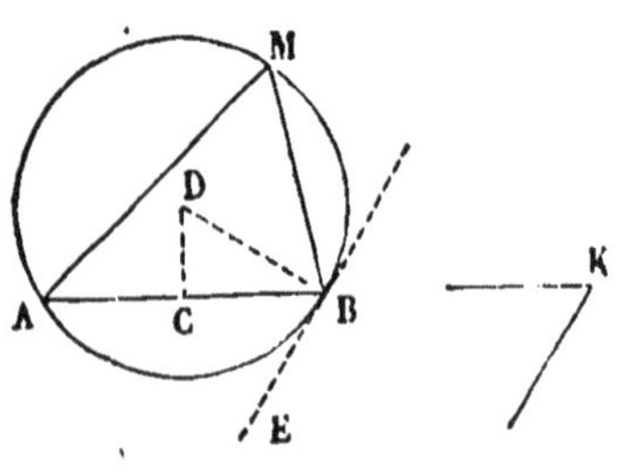

Fig. 99.

Au point B je forme un angle ABE, égal à l'angle K, et j'élève BD perpendiculaire sur BE; par le milieu de AB, j'élève à cette ligne une perpendiculaire CD, qui rencontrera BD (nº 52).

Du point de rencontre D, des deux lignes BD, CD, avec un rayon DB, je décris une circonférence, et BMA est l'arc demandé.

En effet, tout angle AMB, inscrit dans cet arc, a pour mesure la moitié de l'arc AB, et est égal à l'angle ABE, qui a la même mesure.

Remarque. — Si l'angle K était droit, la demi-circonférence décrite sur AB comme diamètre serait l'arc demandé ; si l'angle K était obtus, le centre du cercle se trouverait placé au-dessous de la ligne AB.

N° 28.

(20, 21, 22)

LIGNES PROPORTIONNELLES ET FIGURES SEMBLABLES.

Lignes proportionnelles.

119 — *Définitions.* — Lorsqu'une ligne droite AB (fig. 100) est partagée en parties égales, un des points de division tel que D la partage en deux parties, AD, DB, dont le rapport est égal à celui des nombres 3 et 2 qui expriment combien de parties contiennent les *segments* AD et DB.

Le point G partage cette ligne AB en deux parties AG, GB dont le rapport $\frac{2}{3}$ est l'inverse du premier.

Il est évident qu'on ne peut diviser que d'une seule manière une droite AB en deux parties dont le rapport soit égal à celui de deux nombres donnés, 3 et 2 par exemple.

THÉORÈME.

120 — *Toute parallèle* DE *à l'un des côtés d'un triangle* ABC, *ou aux bases d'un trapèze, divise les deux autres côtés en parties proportionnelles* (fig. 100), *et réciproquement.*

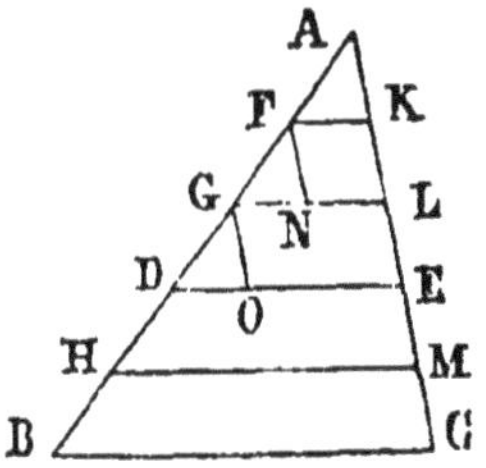

Fig. 100.

1° Soit AF, la plus grande commune mesure des deux lignes AD, DB; supposons qu'elle soit contenue 3 fois dans AD, et 2 fois dans DB, ou que l'on ait

$$\frac{AD}{DB} = \frac{3}{2}$$

Par les points de division F, G, H, je mène des parallèles à BC ; elles partageront AC en 5 parties égales.

En effet, si par deux points de division, F, G, je mène FN, GO, parallèles à AC, je forme deux triangles FGN, GDO, qui ont le côté FG = GD et les angles GFN = DGO et FGN = GDO, comme correspondants deux à deux, formés par des droites parallèles et la sécante AB. Donc le côté FN = GO; d'ailleurs FN = KL et GO = LE, comme parallèles comprises entre parallèles; donc KL = LE. Deux quelconques des 5 parties de AC étant égales entre elles, AK est contenue 3 fois dans AE et 2 fois dans EC, en sorte que l'on a

$$\frac{AE}{EC} = \frac{3}{2}$$

Par conséquent : $$\frac{AD}{DB} = \frac{AE}{EC}.$$

2° *Réciproquement* (fig. 101) *si* $\frac{AD}{DB} = \frac{AE}{EC}$, *la droite* DE *est parallèle à* BC.

Car si je mène par le point D une parallèle à BC, elle devra passer par le point E, puisqu'elle divisera AC en deux parties dont le rapport soit égal à celui $\frac{AD}{DB}$ et qu'il n'y a que le point E qui partage AC de cette manière.

121 — *Corollaire* 1. — La figure 100 donne également

$$\frac{AB}{AD} = \frac{AC}{AE} \text{ et } \frac{AB}{DB} = \frac{AC}{EC}$$

122 — *Corollaire* 2. — En changeant les moyens de place dans les

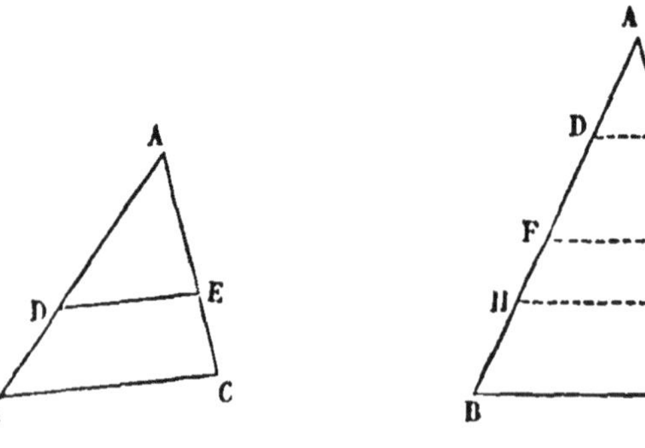

Fig. 101. Fig. 102.

rapports égaux qui précèdent, on trouve encore les rapports égaux suivants :

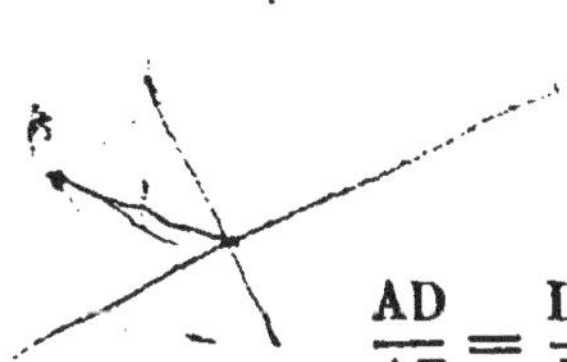

$$\frac{AD}{AE}=\frac{DB}{EC}, \quad \frac{AB}{AC}=\frac{AD}{AE}, \quad \frac{AB}{AC}=\frac{DB}{EC}$$

123 — *Corollaire* 3. — Dans un triangle ABC, plusieurs droites DE, FG, HK..., parallèles à la base, divisent les côtés AB, AC, en parties proportionnelles (fig. 102), et l'on a

$$\frac{AD}{AE}=\frac{DF}{EG}=\frac{FH}{GK}=\frac{HB}{KC}$$

THÉORÈME.

124 — *La bissectrice* AD *de l'angle au sommet d'un triangle* ABC *partage la base en deux parties, ou segments,* CD, DB, *proportionnels aux côtés adjacents, et réciproquement* (fig. 103).

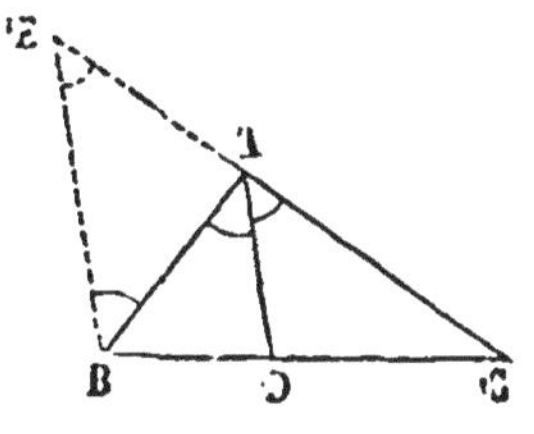

Fig. 103.

1° — Par le point B, je mène BE parallèle à la bissectrice AD jusqu'à la rencontre du prolongement de AC. Dans le triangle CEB, la ligne AD étant parallèle au côté EB, on a

$$\frac{CA}{AE}=\frac{CD}{DB}$$

et de plus les angles correspondants E et CAD sont égaux, ainsi que les angles alternes internes EBA, BAD. D'ailleurs, par hypothèse, l'angle CAD = BAD ; donc l'angle E = EBA , et, par suite (n° 35), AE = AB. L'égalité des rapports précédents revient donc à

$$\frac{CA}{AB}=\frac{CD}{DB}$$

ce qu'il fallait démontrer.

2° — Réciproquement, si l'on a $\frac{CA}{AB}=\frac{CD}{DB}$, la ligne AD est bissectrice de l'angle BAC.

En effet, le parallélisme de AD, BE, donne $\frac{CA}{AE}=\frac{CD}{DB}$; d'où l'on conclut que $\frac{CA}{AB}=\frac{CA}{AE}$, et, par suite, que AB = AE. Le triangle ABE est donc isocèle, et l'angle E = EBA; d'ailleurs, puisque AD est parallèle à BE, on à l'angle E = CAD et l'angle EBA = BAD; donc aussi l'angle CAD = BAD.

Polygones semblables.

125 — Deux polygones sont *semblables* lorsqu'ils ont les angles égaux chacun à chacun, les côtés adjacents aux angles égaux dans le même rapport, et que ces parties, côtés et angles, sont disposées dans le même ordre.

Dans deux polygones semblables, on nomme lignes et points *homologues* les lignes et les points qui ont des positions correspondantes.

THÉORÈME.

126 — *Toute parallèle* DE *à l'un des côtés d'un triangle* ABC, *détermine un second triangle* ADE *semblable au premier* (fig. 104).

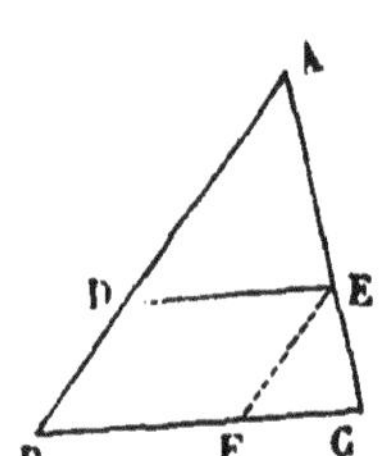

Fig. 104.

Il est évident que les triangles ADE, ABC, ont les angles égaux chacun à chacun ; il reste à faire voir que les rapports de leurs côtés, deux à deux, sont égaux.

Or, la ligne DE, parallèle au côté BC, donne

$$\frac{AB}{AD} = \frac{AC}{AE}$$

De même, si je mène, par le point E, la parallèle EF au côté AB, j'aurai

$$\frac{AC}{AE} = \frac{BC}{BF}$$

Ces 3 rapports sont donc égaux, mais BDEF étant un parallélogramme, on a BF = DE; donc

$$\frac{AB}{AD} = \frac{AC}{AE} = \frac{BC}{DE}$$

et les deux triangles ABC, ADE ayant leurs angles égaux deux à deux et leurs côtés proportionnels sont semblables.

127 — *Corollaire. — Deux triangles* ABC, ADE, *qui ont un angle égal,* A, *compris entre côtés proportionnels, sont semblables.*

Car si l'on a $\frac{AB}{AD} = \frac{AC}{AE}$, la ligne DE est parallèle à BC.

THÉORÈME.

128 — *Deux triangles qui ont les angles égaux chacun à chacun, sont semblables.*

Soient ABC, ADE, les deux triangles, placés de manière que deux des angles égaux coïncident en A, et que deux autres angles égaux ADE et B, soient correspondants (fig. 105).

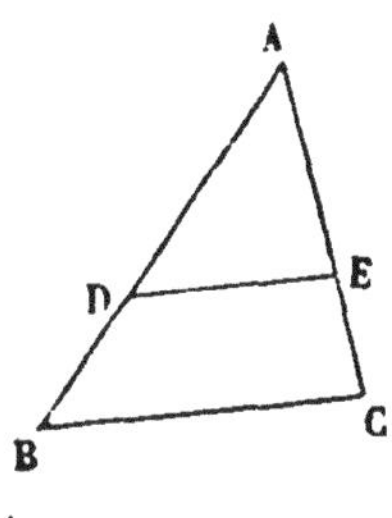

Fig. 105.

Puisque les angles correspondants B et ADE sont égaux, la droite DE est parallèle à BC; donc le triangle ADE est semblable à ABC.

Remarque. — Deux triangles qui ont deux angles égaux chacun à chacun sont semblables.

THÉORÈME.

129 — *Deux triangles* ABC, DEF, *qui ont les côtés proportionnels, sont semblables* (fig. 106).

Soit : $\frac{AB}{DE} = \frac{AC}{DF} = \frac{BC}{EF}$ (1).

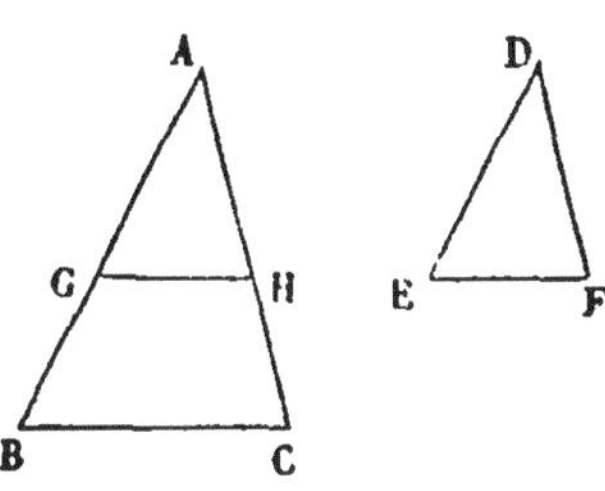

Fig. 106.

Sur AB, je prends AG = DE, et je mène GH parallèle à BC; le triangle AGH sera semblable au triangle ABC, et donnera

$$\frac{AB}{AG} = \frac{AC}{AH} = \frac{BC}{GH} \quad (2).$$

Puisque AG = DE, les six rapports (1) et (2) sont égaux entre eux; donc $\frac{AC}{DF} = \frac{AC}{AH}$, et par conséquent DF = AH. De même EF = GH, et les deux triangles DEF, AGH, équilatéraux entre eux, sont égaux; par conséquent, les triangles DEF, ABC, sont semblables.

THÉORÈME.

130 — *Deux triangles qui ont les côtés parallèles, ou qui les ont perpendiculaires chacun à chacun, sont semblables.*

Soient A, B, C, les trois angles de l'un des triangles; A′, B′, C′, les trois angles de l'autre.

Comme deux angles qui ont les côtés parallèles ou perpendiculaires sont égaux ou supplémentaires, on ne peut faire que l'une des trois hypothèses suivantes :

1° — $A + A' = 2$ droits, $B + B' = 2$ droits, $C + C' = 2$ droits.
2° — $A + A' = 2$ droits, $B + B' = 2$ droits, $C = C'$
3° — $A = A'$ $\quad B = B'$ $\quad C = C'$

Mais les deux premières sont inadmissibles; car, dans chacune d'elles, la somme des angles des deux triangles serait supérieure à 4 droits.

Donc les deux triangles sont équiangles entre eux et semblables.

Remarque. — Les côtés homologues des deux triangles sont les côtés parallèles ou perpendiculaires.

THÉORÈME.

131 — *Deux polygones* ABCDE, A'B'C'D'E', *composés d'un même nombre de triangles* ABC et A'B'C', ACD et A'C'D', ADE et A'D'E', *semblables chacun à chacun, et situés de la même manière, sont semblables* (fig. 107).

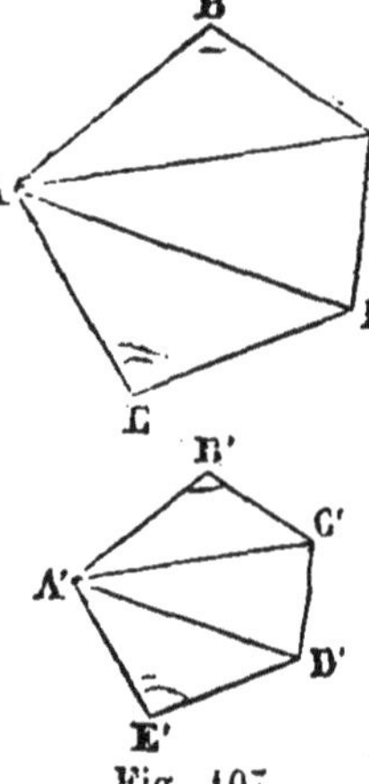

Fig. 107.

En effet,

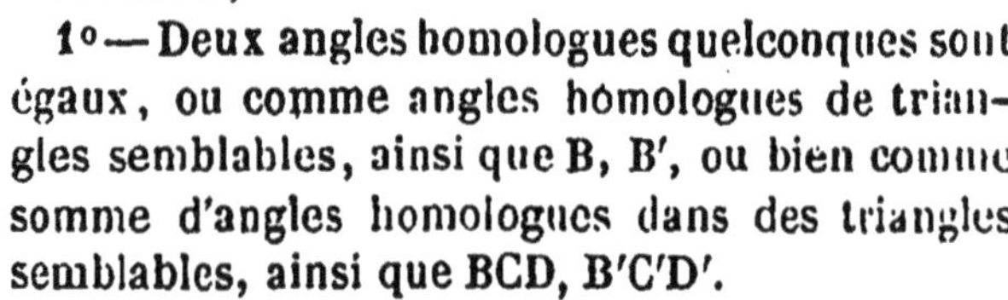

1° — Deux angles homologues quelconques sont égaux, ou comme angles homologues de triangles semblables, ainsi que B, B', ou bien comme somme d'angles homologues dans des triangles semblables, ainsi que BCD, B'C'D'.

2° — La similitude des triangles ABC, A'B'C', donne :

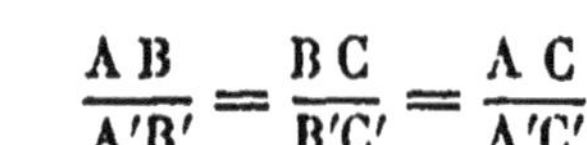

$$\frac{AB}{A'B'} = \frac{BC}{B'C'} = \frac{AC}{A'C'}$$

celle des triangles ACD, A'C'D', donne :

$$\frac{AC}{A'C'} = \frac{CD}{C'D'} = \frac{AD}{A'D'}$$

et celle des triangles ADE, A'D'E' :

$$\frac{AD}{A'D'} = \frac{DE}{D'E'} = \frac{AE}{A'E'}$$

Tous ces rapports sont égaux par hypothèse, donc tous les côtés sont proportionnels; tous les angles sont d'ailleurs égaux, chacun à chacun; par conséquent, les polygones sont semblables.

THÉORÈME.

132 — *Réciproquement, deux polygones semblables*, ABCDE, A'B'C'D'E', *sont décomposables en un même nombre de triangles, semblables chacun à chacun, et situés de la même manière* (fig. 108).

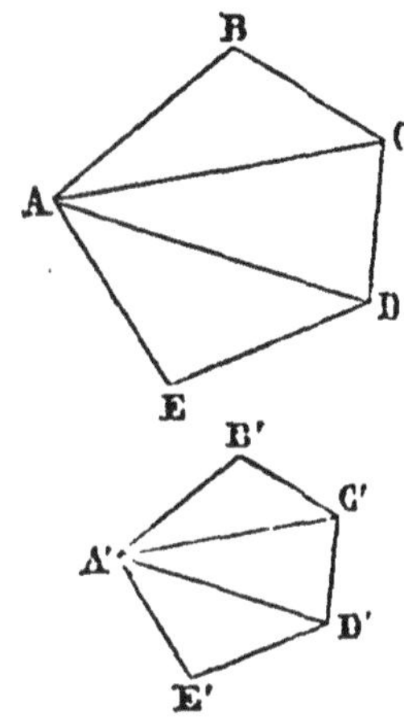

Fig. 108.

Puisque les polygones sont semblables, on a :

$B = B'$, $C = C'$, $D = D'$, $E = E'$, $A = A'$ et

$$\frac{AB}{A'B'} = \frac{BC}{B'C'} = \frac{CD}{C'D'} = \frac{DE}{D'E'} = \frac{EA}{E'A'}.$$

Par deux sommets homologues A, A', menons les diagonales AC, AD, A'C', A'D'.

Les deux triangles ABC, A'B'C', ont un angle égal, $B = B'$, compris entre côtés proportionnels; donc ils sont semblables (n° 127).

La similitude de ces deux triangles donne l'angle $BCA = B'C'A'$ et $\frac{BC}{B'C'} = \frac{AC}{A'C'}$. D'ailleurs, on a, par hypothèse, l'angle $BCD = B'C'D'$ et $\frac{BC}{B'C'} = \frac{CD}{C'D'}$. Donc l'angle $ACD = A'C'D'$, et de plus $\frac{AC}{A'C'} = \frac{CD}{C'D'}$, ce qui fait voir que les triangles ACD, A'C'D', sont semblables (n° 127).

On prouverait de même la similitude des autres triangles.

Remarque. — Les diagonales homologues de deux polygones semblables sont entre elles dans le même rapport que les côtés homologues.

THÉORÈME.

133 — *Les contours ou périmètres de deux polygones semblables sont entre eux dans le même rapport que les côtés homologues* (fig. 109).

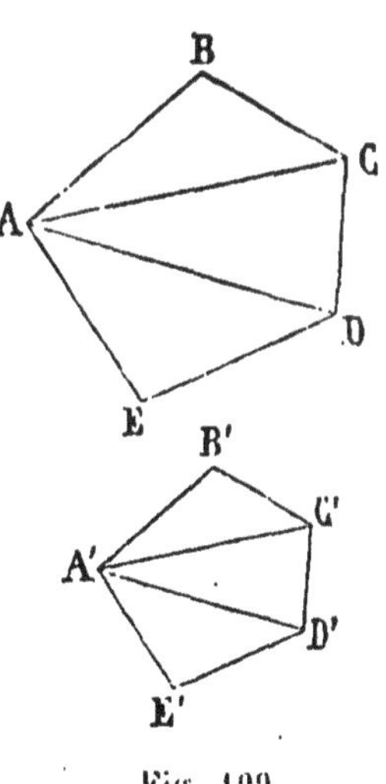

Fig. 109.

En effet, les polygones ABCDE, A'B'C'D'E', étant semblables, on a :

$$\frac{AB}{A'B'} = \frac{BC}{B'C'} = \frac{CD}{C'D'} = \frac{DE}{D'E'} = \frac{EA}{E'A'}$$

D'où l'on conclut :

$$\frac{AB + BC + CD + DE + EA}{A'B' + B'C' + C'D' + D'E' + E'A'} = \frac{AB}{A'B'}$$

N° 29.

(23, 24)

THÉORÈME.

134 — *Lorsque du sommet de l'angle droit d'un triangle rectangle* ABC, *on abaisse une perpendiculaire* AD *sur l'hypoténuse,*

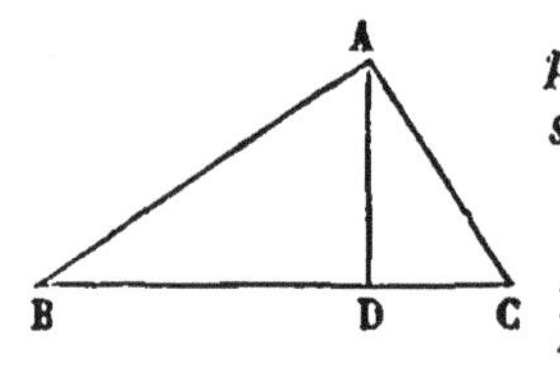

Fig. 110.

1° — *Chaque côté de l'angle droit est moyen proportionnel entre l'hypoténuse entière et le segment adjacent à ce côté ;*

2° — *La perpendiculaire* AD *est moyenne proportionnelle entre les deux segments* BD, DC, *de l'hypoténuse* (fig. 110).

1° — Les deux triangles BAD, BAC, rectangles l'un en D, l'autre en A, ont l'angle B commun ; donc ils sont semblables (n° 128), et l'on a

$$\frac{BD}{AB} = \frac{AB}{BC} \quad (1).$$

De même, les deux triangles CAD, CAB, sont semblables et donnent

$$\frac{DC}{AC} = \frac{AC}{BC} \quad (2).$$

2° — Les deux triangles BAD, CAD, dont les angles sont égaux à ceux du triangle ABC, sont équiangles entre eux ; donc

$$\frac{BD}{AD} = \frac{AD}{DC}$$

THÉORÈME.

135 — *Dans tout triangle rectangle, le carré du nombre qui exprime la longueur de l'hypoténuse est égal à la somme des carrés des nombres qui expriment les longueurs des deux côtés de l'angle droit* (fig. 111).

Les égalités (1) et (2) du théorème précédent donnent

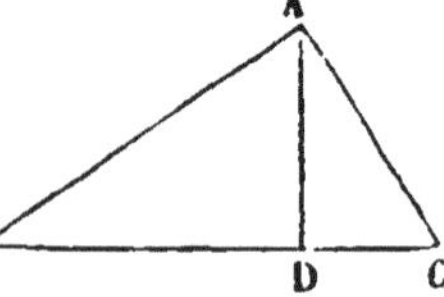

Fig. 111.

$$\overline{AB}^2 = BC \times BD$$
$$\overline{AC}^2 = BC \times DC$$

Ajoutant ces deux dernières égalités, membre à membre,

$$\overline{AB}^2 + \overline{AC}^2 = BC\,(BD + DC) = \overline{BC}^2.$$

Si par exemple : $AC = 3$ et $AB = 4$, on aura $\overline{BC}^2 = 9 + 16 = 25$ d'où $BC = 5$.

Remarque. — De ce que $\overline{AB}^2 + \overline{AC}^2 = \overline{BC}^2$, on déduit

$$\overline{AB}^2 = \overline{BC}^2 - \overline{AC}^2.$$

136 — *Corollaire.* — Soit ACB un angle obtus ou aigu ; cherchons la relation qui existe entre les nombres qui expriment les longueurs du côté opposé et des deux autres (fig. 112).

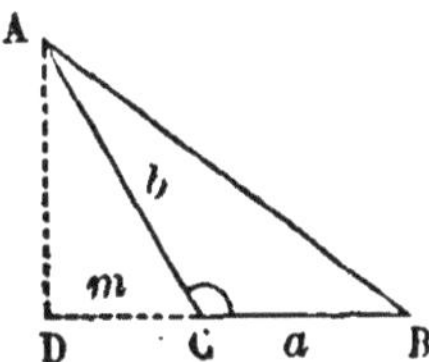

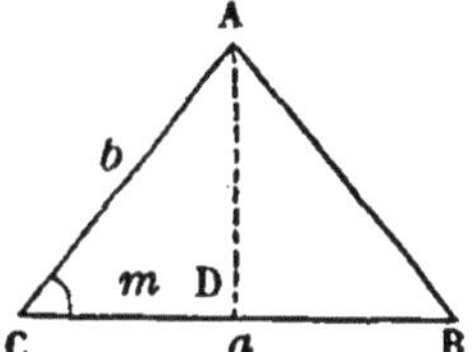

Fig. 112.

Abaissons AD perpendiculaire sur la direction de BC, et représentons par a, b, m, les longueurs des trois lignes BC, AC, CD.

Le triangle rectangle ADB donne (n° 135), dans les deux cas,

$$\overline{AB}^2 = \overline{AD}^2 + \overline{BD}^2 \quad (3).$$

Le triangle rectangle ADC donne lui-même, d'après la remarque précédente,

$$\overline{AD}^2 = \overline{AC}^2 - \overline{CD}^2 = b^2 - m^2$$

On a d'ailleurs,

lorsque l'angle C est obtus,

$$\overline{BD}^2 = (BC + CD)^2 = (a + m)^2$$
$$= a^2 + m^2 + 2\,a \times m.$$

Substituant à AD et à BD leurs valeurs, dans l'égalité (3), on a :

$\overline{AB}^2 = b^2 - m^2 + a^2 + m^2 + 2\,a \times m$; ou

$$\overline{AB}^2 = b^2 + a^2 + 2\,a \times m.$$

lorsque l'angle C est aigu,

$$\overline{BD}^2 = (BC - CD)^2 = (a - m)^2$$
$$= a^2 + m^2 - 2\,a \times m.$$

Substituant à AD et à BD leurs valeurs, dans l'égalité (3), on a :

$\overline{AB}^2 = b^2 - m^2 + a^2 + m^2 - 2\,a \times m$; ou

$$\overline{AB}^2 = b^2 + a^2 - 2\,a \times m.$$

Telles sont les relations cherchées, suivant que l'angle ACB, opposé au côté AB, est obtus ou aigu.

THÉORÈME.

137 — *Si d'un point* A, *pris dans le plan d'un cercle, on mène des sécantes, le produit* AE $\times$ AD *des distances de ce point aux deux points d'intersection de chaque sécante avec la circonférence est constant, quelle que soit la direction de la sécante* (fig. 113).

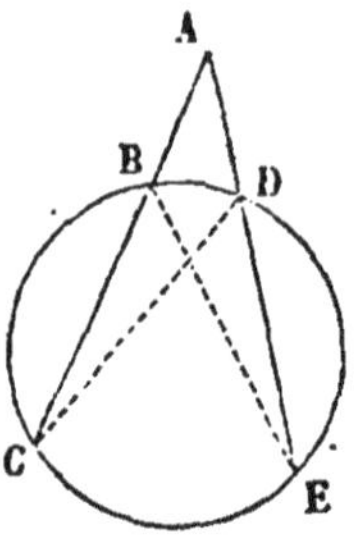

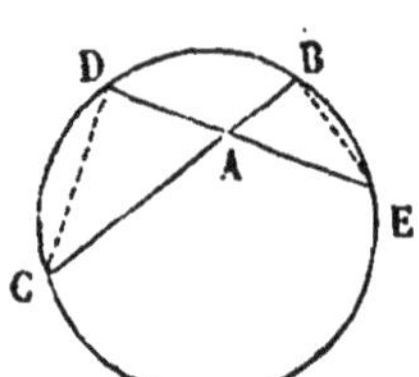

Fig. 113.

Soient ABC, ADE, deux sécantes; je mène les cordes CD, BE. Les deux triangles ABE, ADC, ont les angles en A égaux et l'angle C $=$ E, car ils ont l'un et l'autre pour mesure la moitié de l'arc BD. Ces deux triangles sont donc semblables et donnent

$$\frac{AE}{AC} = \frac{AB}{AD}\text{; d'où } AE \times AD = AB \times AC$$

138 — *Remarque.* — Cette relation subsiste encore lorsque l'une des sécantes, AB par exemple, devient tangente; car l'angle ABD étant encore égal à l'angle E (n° 100), les triangles ABD, ABE, sont semblables (fig. 114). Donc

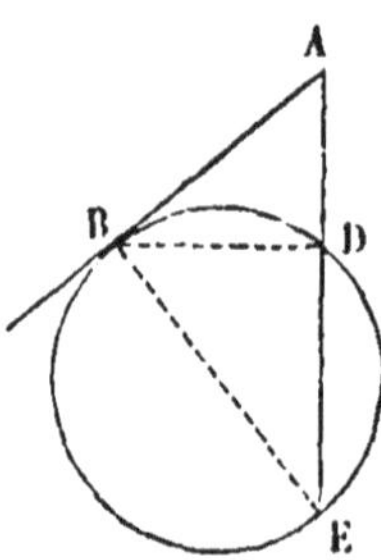

Fig. 114.

$$\frac{AE}{AB} = \frac{AB}{AD}$$

c'est-à-dire que *la tangente* AB *est moyenne proportionnelle entre la sécante entière* AE *et sa partie extérieure* AD.

N° 30.

(25, 26)

Problèmes.

PROBLÈME.

139 — *Diviser une droite donnée*, AB, *en parties proportionnelles à des lignes données* M, N, P (fig. 115).

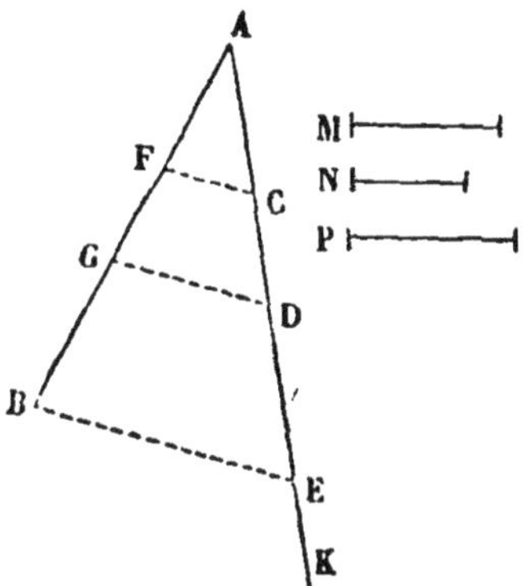

Fig. 115.

Du point A menons la droite indéfinie AK, faisant un angle quelconque avec AB, et prenons sur AK les longueurs AC = M, CD = N, DE = P. Joignons les points E et B; menons DG, CF, parallèles à BE, et la ligne AB sera divisée aux points F, G, en parties proportionnelles à M, N, P.

En effet, dans le triangle ABE, on a (n° 122)

$$\frac{AF}{AC} = \frac{FG}{CD} = \frac{GB}{DE}, \text{ ou bien } \frac{AF}{M} = \frac{FG}{N} = \frac{GB}{P}$$

140 — *Corollaire.* — Si les longueurs AC, CD, DE, étaient égales entre elles (fig. 115), la ligne AB serait divisée aux points F et G en trois parties égales. On déduit de là le moyen de partager une ligne donnée en un nombre quelconque de parties égales entre elles.

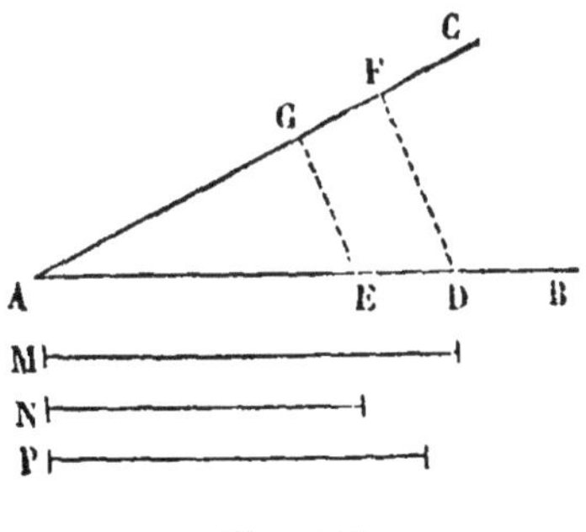

Fig. 116.

PROBLÈME.

141 — *Trouver une quatrième proportionnelle à trois lignes données*, M, N, P (fig. 116).

D'un point A, je mène deux droites indéfinies AB, AC; je prends sur AB les deux longueurs AD = M,

E = N, et sur AC la longueur AF = P; je joins le point D au point F, et par le point E je mène EG parallèle à DF. La droite AG est la quatrième proportionnelle demandée.

En effet, EG étant parallèle à DF, on a

$$\frac{AD}{AE} = \frac{AF}{AG}, \text{ ou bien } \frac{M}{N} = \frac{P}{AG}$$

Remarque. — Si P = N, la droite AG est une troisième proportionnelle à M et N.

PROBLÈME.

142 — *Trouver une moyenne proportionnelle à deux lignes données*, M, N (fig. 117).

Sur une droite indéfinie AB, je prends AG = M, GD = N ; sur AD, comme diamètre, je décris une demi-circonférence. La perpendiculaire GE, élevée au point G sur le diamètre AD, est la moyenne proportionnelle demandée.

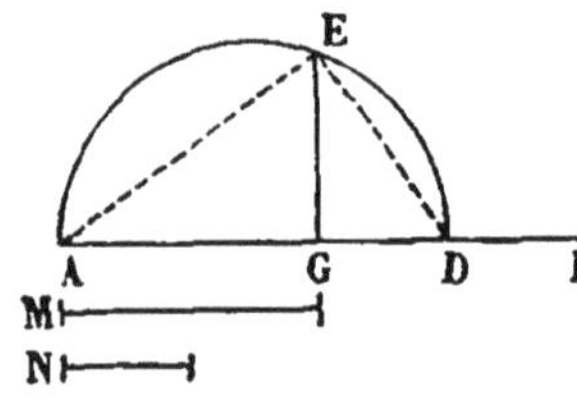

Fig. 117.

En effet, si l'on mène les cordes AE, DE, le triangle AED est rectangle en E (nº 101), et la perpendiculaire EG, abaissée du sommet de l'angle droit sur l'hypoténuse, est moyenne proportionnelle entre AG et GD (nº 134) ou entre M et N.

PROBLÈME.

143 — *Sur une droite* GH, *comme côté homologue à un côté* BC *d'un polygone donné* ABCDE, *décrire un polygone semblable au premier* (fig. 118).

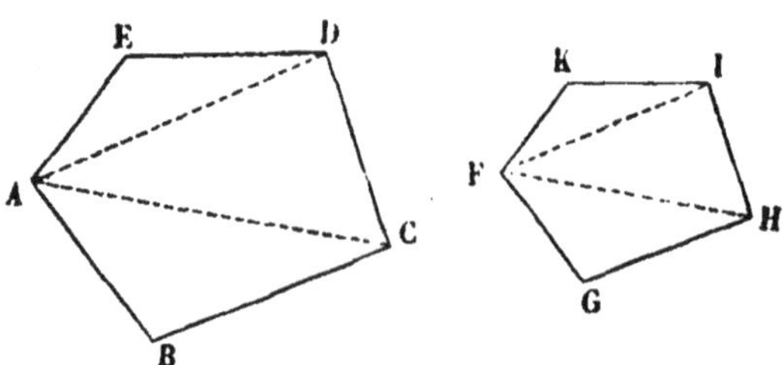

Fig. 118.

D'un sommet A, je mène les diagonales AC, AD, dans le polygone donné. Aux extrémités de la droite GH, je forme l'angle G = B et l'angle GHF = BCA ; le triangle FGH sera semblable au triangle ABC (nº 128). Aux extrémités de la droite FH, je forme l'angle FHI = ACD et l'angle HFI = CAD ; les triangles ACD, FHI, seront semblables. De même je forme l'angle FIK = ADE et l'angle IFK = DAE ; les triangles FIK, ADE, seront semblables.

Les deux polygones FGHIK, ABCDE, composés d'un même nombre de triangles semblables, et placés de la même manière, sont semblables.

Nº 31.

(27, 28, 29)

Des polygones et de la mesure des surfaces.

144 — *Définitions.* — Un polygone ABCD, dont tous les sommets sont placés sur la circonférence, est dit *inscrit* dans la circonférence, qui est alors *circonscrite* à ce polygone (fig. 119).

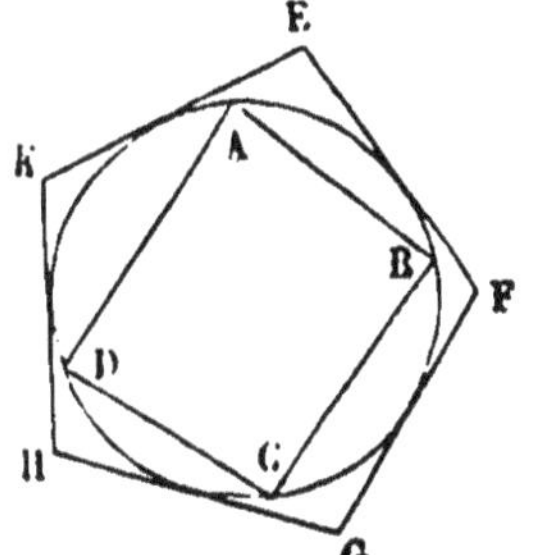

Fig. 119.

Un polygone EFGHK est *circonscrit* à une circonférence lorsque tous ses côtés sont tangents à la circonférence ; celle-ci est *inscrite* dans ce polygone.

Des polygones réguliers.

145 — Un polygone est *régulier* lorsque tous ses côtés sont égaux entre eux et tous ses angles égaux entre eux. Le triangle équilatéral, le carré,..... sont des polygones réguliers.

146 — *Un polygone inscrit dont les sommets partagent la circonférence en parties égales est régulier.*

Car tous ses côtés sont des cordes égales et tous ses angles ont des mesures égales.

147 — *Deux polygones réguliers d'un même nombre de côtés sont semblables.*

En effet, dans ces deux polygones, le rapport de deux côtés est constant et deux angles quelconques sont égaux entre eux.

THÉORÈME.

148 — *Tout polygone régulier*, ABCDE, *peut être inscrit et circonscrit au cercle* (fig. 120).

1° Soient, O le centre d'une circonférence passant par les trois sommets A, B, C, et les trois rayons OA, OB, OC; je mène la ligne OD et je dis qu'elle est égale à un de ces rayons.

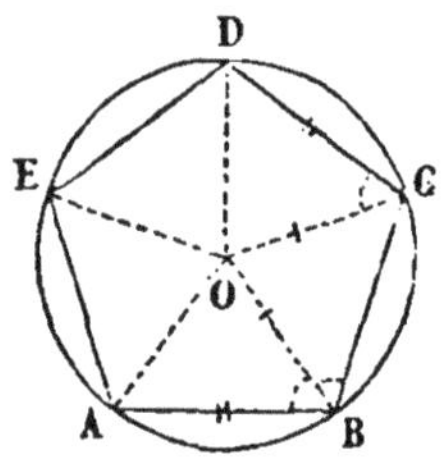

Fig. 120.

En effet, les angles OBC, OCB du triangle isocèle BCO étant égaux entre eux, ainsi que les angles B, C du polygone, les deux triangles ODC, OAB ont l'angle OBA = OCD; d'ailleurs, OB = OC et AB = CD : donc ces deux triangles sont égaux et OA = OD. Par conséquent, la circonférence décrite du point O comme centre, avec OA pour rayon, passe par le point D. On prouverait de même qu'elle passe par tous les autres sommets.

2° Dans la circonférence circonscrite, les côtés AB, BC, CD,..... du polygone régulier sont des cordes égales et également éloignées du centre (fig. 121). Donc si du point O, comme centre, avec l'une des perpendiculaires égales OP, OQ, OR,..... pour rayon, je décris une circonférence, elle sera tangente à tous les côtés du polygone et passera par leur milieu.

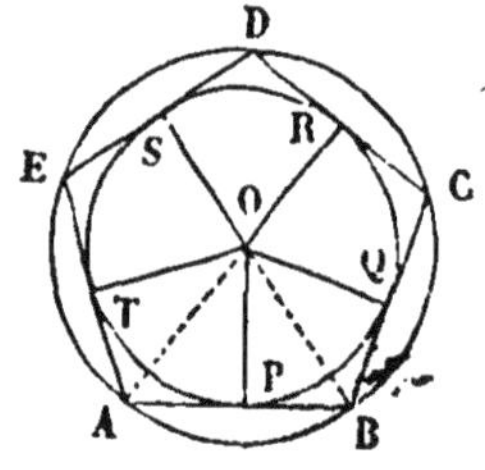

Fig. 121.

149 — *Remarques.* — 1° *Le cercle inscrit et le cercle circonscrit à un polygone régulier ont même centre;*

2° *Le rayon* OA *du cercle circonscrit, mené à l'un des sommets d'un polygone régulier, partage en deux parties égales l'angle* A *de ce polygone.*

150 — *Corollaire.* — Tous les angles au centre (fig. 120), AOB, BOC, COD,..... en nombre égal aux côtés du polygone régulier, sont égaux entre eux. Donc *l'angle au centre d'un polygone régulier est égal au quotient de la division de 4 angles droits par le nombre des côtés du polygone.* Dans un hexagone régulier, par exemple, l'angle au centre est égal à $\frac{4}{6}$ d'angle droit; dans un polygone régulier de n côtés l'angle au centre est exprimé par $\frac{4}{n}$, en prenant pour unité d'angle l'angle droit.

DÉFINITIONS.

151 — On dit qu'une quantité est *variable* lorsqu'elle peut prendre successivement différents états de grandeur.

On nomme *limite* d'une quantité variable une grandeur fixe dont cette quantité variable peut approcher autant qu'on le veut sans pouvoir l'atteindre.

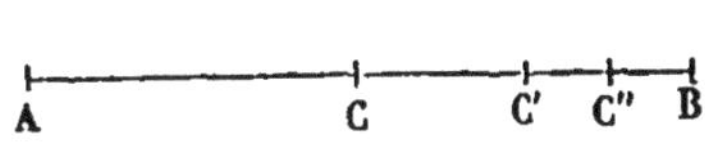

Fig. 122.

Soit AB une droite de grandeur déterminée (fig. **122**) ; si l'on prend son milieu C, puis le milieu C′ de CB, puis le milieu C″ de C′B..... les lignes AC, AC′, AC″,..... auront AB pour limite.

152 — Concevons un polygone régulier inscrit dans un cercle (fig. **123**); si l'on double le nombre de ses côtés, ainsi que celui des polygones que l'on obtiendra, indéfiniment, on formera une suite de polygones réguliers inscrits, se rapprochant constamment du cercle et pouvant en différer aussi peu qu'on le voudra.

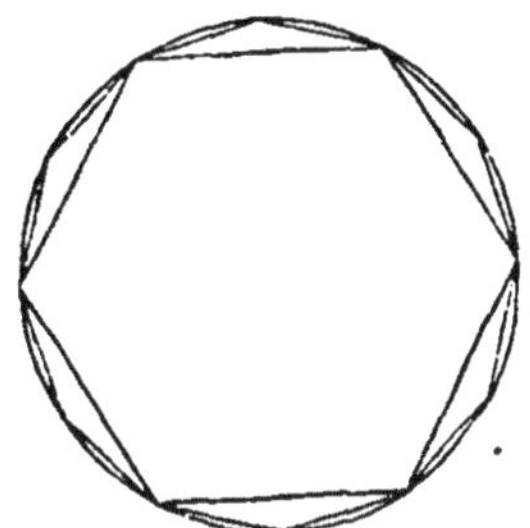

Fig. 123.

Le cercle peut donc être considéré comme la limite d'une suite de polygones réguliers dont le nombre des côtés augmente indéfiniment. Il résulte de là que toute propriété d'un polygone régulier, indépendante du nombre et de la grandeur des côtés, s'étend au cercle lui-même.

153 — Si deux circonférences sont partagées en un même nombre de parties égales, deux polygones ayant ces points de division pour sommets seront réguliers et semblables (nº **147**) (fig. **124**). En doublant le nombre des côtés de ces polygones et de ceux qu'on obtiendra, indéfiniment, on formera deux suites de polygones inscrits, semblables deux à deux (nº **147**) et ayant pour limites les cercles eux-mêmes.

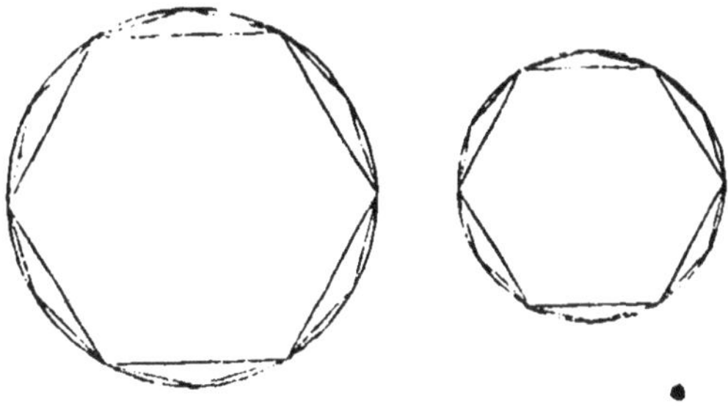

Fig. 124.

Ainsi, *deux cercles peuvent être considérés comme deux polygones réguliers semblables.*

THÉORÈME.

154 — *Le rapport des périmètres de deux polygones réguliers d'un même nombre de côtés est le même que celui des rayons des cercles circonscrits* (fig. 125).

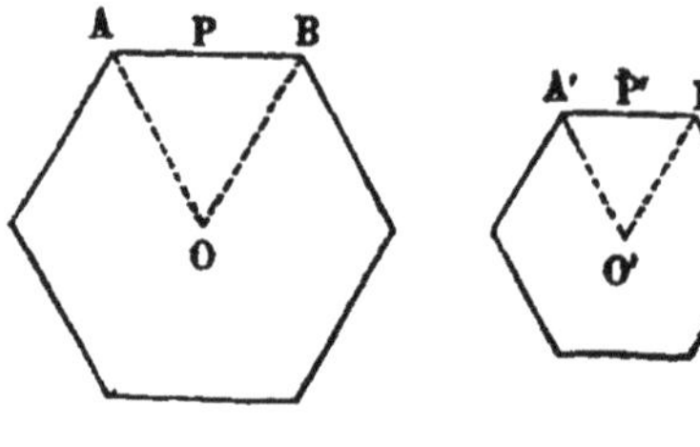

Fig. 125.

Deux polygones réguliers d'un même nombre de côtés sont semblables (nº 147); donc si P, P' représentent leurs périmètres, et AB, A'B' deux côtés homologues, on aura (nº 133) :

$$\frac{P}{P'} = \frac{AB}{A'B'}$$

Les angles OAB, O'A'B' sont égaux comme moitiés des angles égaux A, A' des polygones (nº 149); de même les angles OBA, O'B'A' sont égaux : donc les triangles OAB, O'A'B' sont équiangles entre eux et

$$\frac{AB}{A'B'} = \frac{OA}{O'A'}$$

Par conséquent :

$$\frac{P}{P'} = \frac{OA}{O'A'}$$

THÉORÈME.

155 — *Le rapport des circonférences de deux cercles est le même que celui de leurs rayons ou de leurs diamètres* (fig. 126).

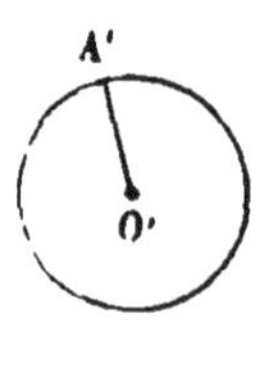

Fig. 126.

Cela résulte des nºs 153 et 154, et l'on a

$$\frac{\text{Circonf. } OA}{\text{Circonf. } O'A'} = \frac{OA}{O'A'} = \frac{2\,OA}{2\,O'A'}$$

156 — Cette égalité de rapports donne

$$\frac{\text{Circonf. } OA}{2\,OA} = \frac{\text{Circonf } O'A'}{2\,O'A'}$$

c'est-à-dire que *le rapport d'une circonférence à son diamètre est un nombre constant*. On le désigne ordinairement par le signe π, et R étant le rayon d'un cercle quelconque, on a

$$\frac{\text{Circonf. } R}{2\,R} = \pi\text{; d'où circonf. } R = 2\,\pi\,R.$$

On voit par là qu'*en multipliant le nombre* π, dont la valeur est donnée nº 166, *par la longueur du diamètre d'un cercle, on obtient la longueur de la circonférence de ce cercle.*

PROBLÈME.

157 — *Inscrire un carré dans un cercle de rayon donné* (fig. 127).

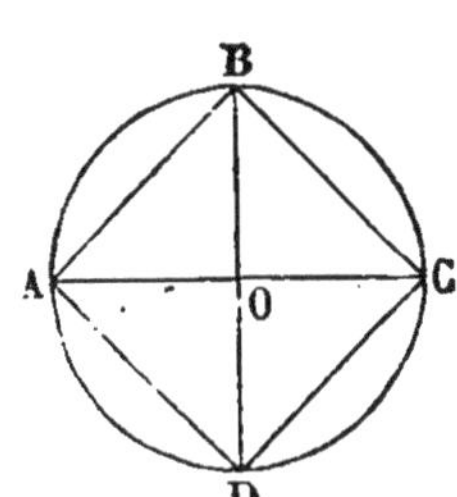

Fig. 127.

Si l'on trace deux diamètres AC, BD perpendiculaires entre eux, le quadrilatère ABCD qui joindra leurs extrémités sera un carré. Car les quatre angles en O étant égaux, les sommets de ce quadrilatère divisent la circonférence en parties égales (nº 146).

158 — *Corollaire* 1. — Dans le triangle isocèle rectangle AOB, on a

$$\overline{AB}^2 = \overline{AO}^2 + \overline{BO}^2 = 2\,\overline{AO}^2\text{ ; d'où } AB = AO\sqrt{2} \text{ ou } \frac{AB}{AO} = \sqrt{2}$$

159 — *Corollaire* 2. — En divisant en 2, 4, 8, 16,..... parties égales chacun des arcs sous-tendus par les côtés du carré, on inscrit les polygones réguliers de 8, 16, 32, 64,.......... 2^n côtés.

PROBLÈME.

160 — *Inscrire un hexagone régulier dans un cercle de rayon donné* (fig. 128).

Supposons le problème résolu et soit AB le côté de l'hexagone régulier inscrit, l'angle AOB sera le sixième de 4 droits (nº 150) ou les $\frac{4}{6} = \frac{2}{3}$ d'un angle droit. La somme des deux autres angles du triangle isocèle ABO vaudra donc $2 - \frac{2}{3} = \frac{4}{3}$ d'angle droit, et puisqu'ils sont égaux entre eux, chacun vaudra aussi $\frac{2}{3}$ d'angle droit. Ainsi, AB étant le côté de l'hexagone régulier inscrit, le triangle ABO est équiangle et par conséquent équilatéral.

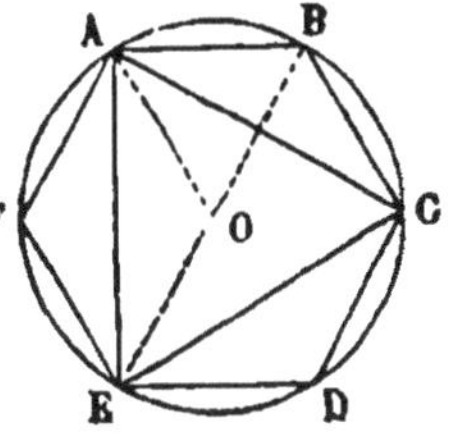

Fig. 128.

Cela fait voir que le côté de l'hexagone régulier inscrit est égal au rayon du cercle, et que, pour inscrire ce polygone dans un cercle donné, il faut porter 6 fois le rayon sur la circonférence.

161 — *Corollaire* 1. — Pour avoir le triangle équilatéral inscrit ACE, il suffit de joindre de deux en deux les sommets de l'hexagone régulier inscrit.

Je mène le diamètre BE ; le triangle ABE, rectangle en A, dont l'hypoténuse BE=2R et dont le côté AB=R, donnera

$$\overline{AE}^2 = \overline{BE}^2 - \overline{AB}^2 = 4\ R^2 - R^2 = 3\ R^2 \text{ donc } \frac{AE}{R} = \sqrt{3}$$

162 — *Corollaire* 2. — En divisant en 2, 4 8,..... parties égales chacun des arcs sous-tendus par les côtés de l'hexagone régulier inscrit, on obtient les polygones réguliers inscrits de 12, 24, 48,........ 3×2^n côtés.

PROBLÈME.

163 — *Connaissant le côté* AB *d'un polygone régulier inscrit et le rayon* AO *du cercle, calculer le côté* AC *du polygone régulier inscrit d'un nombre double de côtés* (fig. 129).

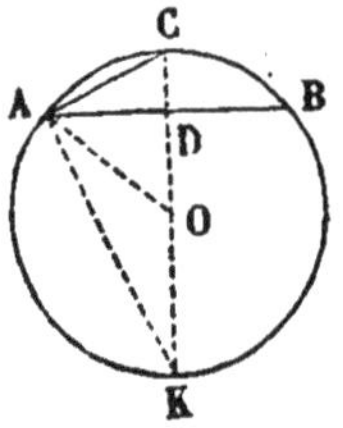

Fig, 129.

Dans le triangle CAK, rectangle en A, le côté AC est moyenne proportionnelle entre CK=2R et CD =R — OD (n° 134) : donc

$$\overline{AC}^2 = 2\ R\ (R - OD)$$

Mais le triangle rectangle AOD donne (n° 135)

$$OD = \sqrt{\overline{AO}^2 - \overline{AD}^2} = \sqrt{R^2 - \frac{\overline{AB}^2}{4}}$$

Par conséquent :

$$\overline{AC}^2 = 2R\left(R - \sqrt{R^2 - \frac{\overline{AB}^2}{4}}\right) \quad [a].$$

Lorsque R et AB seront connus, cette expression permettra de calculer AC.

164 — *Corollaire.* — En multipliant la longueur de AC par le nombre des côtés du polygone correspondant, on aura le périmètre de ce polygone.

165 — Appliquons la formule [a] au cas où AB est le côté du carré inscrit dans un cercle dont le diamètre est 1 ; si nous y remplaçons d'abord R par $\frac{1}{2}$, elle pourra se mettre sous la forme

$$\overline{AC}^2 = \frac{1 - \sqrt{1 - \overline{AB}^2}}{2} \quad [b]$$

mais on a

$$\overline{AB}^2 = \frac{1}{2} \text{ (n° 158), d'où } \sqrt{1 - \overline{AB}^2} = \frac{1}{2}\sqrt{2};$$

effectuant les calculs, on trouve pour le côté de l'octogone régulier AC = 0,38268343, et pour le périmètre de ce polygone 3,06146744.

PROBLÈME.

166 — *Trouver une valeur approchée du rapport de la circonférence au diamètre.*

$$\text{On a } \pi = \frac{\text{circonf. AO}}{2\ \text{AO}}$$

Ce rapport étant toujours exprimé par le même nombre, quelle que soit la longueur du rayon (n° 156) nous pouvons supposer 2AO = 1 ou AO = $\frac{1}{2}$, et alors son expression devient

$$\pi = \frac{\text{circonf. } \frac{1}{2}}{1} = \text{circonf. } \frac{1}{2}.$$

On voit par là qu'on obtiendra le rapport désigné par π en déterminant la longueur de la circonférence qui a pour rayon $\frac{1}{2}$.

Soit donc AO = $\frac{1}{2}$, le côté du carré inscrit AB = $\frac{1}{2}\sqrt{2}$ et son contour $2\sqrt{2}$ = 2,82842712, approximativement (fig. 130).

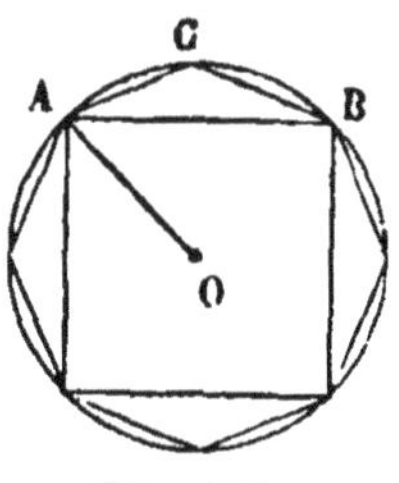

Fig. 130.

Le périmètre de l'octogone régulier inscrit (n° 165) sera 3,06146744. Connaissant le périmètre de l'octogone régulier inscrit, la formule [b] permettra de calculer le périmètre du polygone régulier inscrit de 16 côtés, qui est égal à 3,1200, puis de déduire de celui-ci le périmètre du polygone régulier inscrit de 32 côtés, et successivement ceux des polygones de 64, 128, 256,..... côtés.

En doublant ainsi le nombre des côtés, on forme des polygones qui se rapprochent de plus en plus du cercle et dont les périmètres, tous plus petits que la circonférence, tendent à se confondre avec elle. On comprend qu'il soit possible de pousser assez loin les opérations pour que, sans erreur sensible, on puisse prendre le périmètre du dernier polygone que l'on obtiendra pour la longueur de la circonférence elle-même. On a trouvé que

$$\text{Circonf. } \frac{1}{2} = \pi = 3{,}14159265358979\ldots\ldots$$

On déduit de là $\frac{1}{\pi} = 0{,}31830\ 98861\ 83790\ldots\ldots$

167 — *Applications.* — *Trouver la longueur d'une circonférence décrite avec un rayon de* $4^m,5$.

Cette longueur s'obtiendra (nº 156) en multipliant $4^m,5 \times 2 = 9^m$ par la valeur de π. Prenant pour cette valeur 3,1415, approchée par défaut à moins de 0,0001, nous trouverons pour la longueur cherchée

$$28^m,2735$$

l'erreur relative est moindre que 0,0001.

168 — Lorsqu'on connaît la longueur d'une circonférence, en la divisant par la valeur de π, ou la multipliant par $\frac{1}{\pi}$, on obtient la longueur du diamètre.

Quel est, en myriamètres, *le rayon d'un méridien terrestre?*

La longueur d'un méridien étant de 4000 myriamètres, d'après la définition du mètre donnée en arithmétique, son rayon sera

$$\frac{4000}{2\pi} = \frac{2000}{\pi} = 2000 \times \frac{1}{\pi}.$$

Effectuant cette multiplication à moins d'un dixième ou d'un kilomètre [1], on trouve 636,6 myriamètres, c'est-à-dire près de 1600 lieues pour le rayon d'un méridien.

Nº 32.

(30, 31, 32)

Mesure des surfaces planes.

DÉFINITIONS

169 — La *hauteur* d'un triangle ABC (fig. 131) est la perpendiculaire

1. Voyez l'Arithmétique, page 47.

AD, abaissée d'un sommet A sur la direction du côté opposé BC, qui prend le nom de *base*.

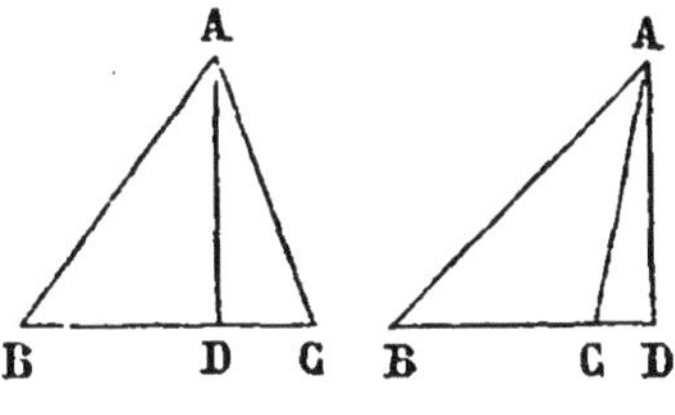

Fig. 131.

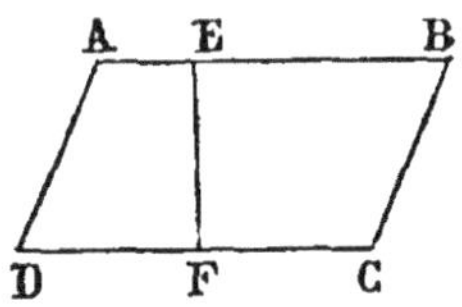

Fig. 132.

La *hauteur* d'un parallélogramme ABCD est la perpendiculaire EF menée à deux côtés parallèles AB, CD, qui sont les *bases* de cette figure (fig. 132).

Les *bases* d'un trapèze sont ses deux côtés parallèles AB, CD ; la perpendiculaire EF sur les deux bases est la *hauteur* du trapèze (fig. 133).

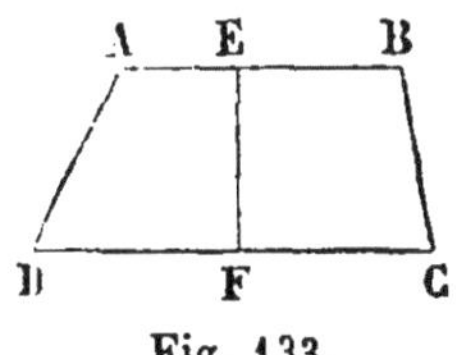

Fig. 133.

170 — On nomme *produit* ou *rectangle* de deux lignes le produit des nombres abstraits qui expriment les longueurs de ces deux lignes.

171 — Mesurer une surface, c'est chercher combien elle contient de fois l'unité de surface ou combien elle contient de parties de l'unité de surface ; on peut donc dire aussi que c'est chercher le rapport de son étendue à l'étendue de l'unité de surface. — Le nombre qui exprime ce rapport se nomme la *mesure* ou l'*aire* de cette surface.

Deux figures *équivalentes* sont deux figures de même étendue. Deux figures très-différentes de forme peuvent avoir la même étendue et être équivalentes.

THÉORÈME.

172 — *L'aire d'un rectangle est égale au produit de sa base par sa hauteur.*

1° Supposons que la base du rectangle ABDC contienne 7 unités de longueur, 7 mètres, par exemple, et sa hauteur 3 mètres (fig. 134).

Sur chacun des 7 mètres de la base on peut former un mètre carré, ce qui donne une tranche de 7 mètres carrés ayant un mètre de hauteur. Les 3 mètres de la hauteur AC permettront de former 3 tranches de 7 mètres carrés chacune ou $7 \times 3 = 21$ mètres carrés. Donc le nombre de mètres carrés contenus dans un rectangle

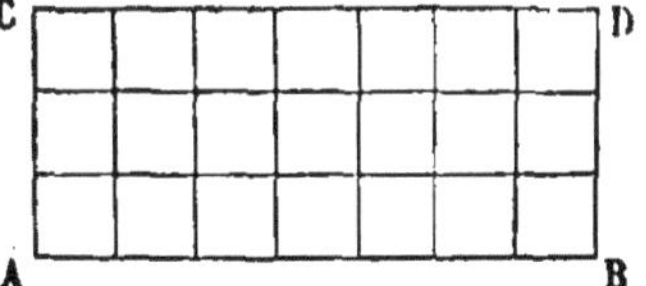

Fig. 134.

l'obtient en multipliant le nombre de mètres de la base par celui de la hauteur.

2° Supposons que la base du rectangle contienne 9m,45, ou 945 centimètres, et sa hauteur 5m,3, ou 530 centimètres.

Le nombre de centimètres carrés contenus dans ce rectangle sera 945 × 530 = 500850, et comme le centimètre carré est la dix-millième partie du mètre carré, son aire sera exprimée par 50,0850. Or, ce dernier nombre est le produit de 9,45 par 5,3, c'est-à-dire des nombres qui mesurent la base et la hauteur.

3° Si la base et la hauteur du rectangle n'avaient pas de commune mesure avec le côté du carré choisi pour unité de surface, on pourrait supposer à ces lignes une commune mesure infiniment petite et le théorème serait encore vrai.

THÉORÈME.

173 — *L'aire d'un parallélogramme,* ABCD, *est égale au produit de sa base par sa hauteur* (fig. 135).

Je forme le rectangle ABEF, ayant même base, AB, que le parallélogramme et même hauteur BE.

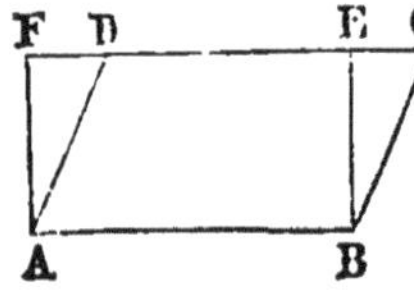

Fig. 135.

Les deux triangles rectangles AFD, BEC ont l'hypoténuse AD = BC, comme côtés opposés d'un parallélogramme, et le côté AF = BE : donc ils sont égaux. En retranchant successivement de la figure ABCF chacun de ces triangles égaux, on obtient le rectangle ABEF et le parallélogramme ABCD : donc ces deux dernières figures sont équivalentes.

Mais le rectangle a pour mesure AB × BE : donc le parallélogramme a la même mesure, c'est-à-dire le produit de sa base AB par sa hauteur BE.

174 — *Corollaire.* — *Le rapport de deux parallélogrammes,* et par conséquent celui de *deux rectangles, est égal au rapport des produits de leurs bases par leurs hauteurs.*

Il résulte de là que 1° *deux parallélogrammes de bases égales sont dans le même rapport que leurs hauteurs,* et 2° *deux parallélogrammes de même hauteur dans le même rapport que leurs bases.*

THÉORÈME.

175 — *L'aire d'un triangle* ABC *est égale à la moitié du produit de sa base* BC *par sa hauteur* AE (fig. 136).

J'achève le parallélogramme ABCD, ayant même base BC et même hauteur AE que le triangle; ce parallélogramme sera double du triangle et aura pour mesure BC × AE. Donc l'aire du triangle ABC est $\frac{1}{2}$ BC × AE.

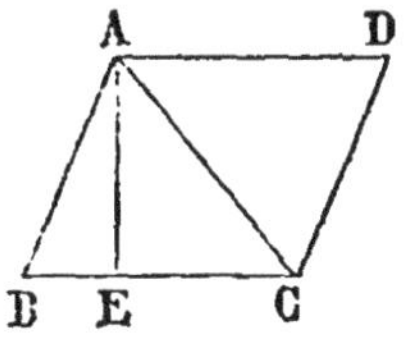

Fig. 136.

176 — *Corollaire* 1. — Si le triangle ABC était équilatéral, en nommant a l'un de ses côtés, on aurait $BC = a$, et le point E étant alors le milieu de la base,

$$AE = \sqrt{\overline{AB}^2 - \overline{BE}^2} = \sqrt{a^2 - \frac{a^2}{4}} = \frac{a}{2}\sqrt{3}.$$

Donc $$ABC = \frac{1}{2}a \times \frac{a}{2}\sqrt{3} = \frac{a^2}{4}\sqrt{3}.$$

177 — *Corollaire* 2. — ***Deux triangles sont entre eux dans le même rapport que les produits de leurs bases par leurs hauteurs***, et par conséquent : 1° ***deux triangles de bases égales sont entre eux dans le même rapport que leurs hauteurs*** ; 2° ***deux triangles de hauteurs égales sont entre eux dans le même rapport que leurs bases.***

THÉORÈME.

178 — ***L'aire d'un trapèze*** ABCD ***est égale au produit de sa hauteur*** AE ***par la demi-somme de ses deux bases*** AB, CD (fig. 137).

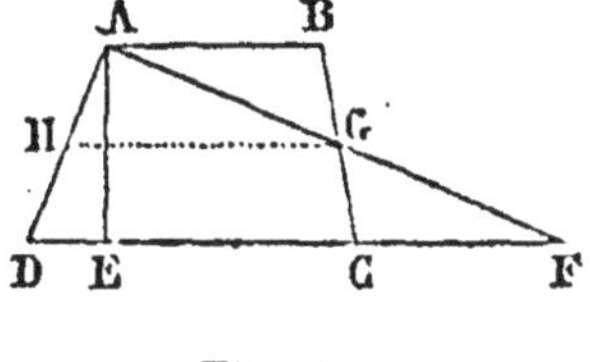

Fig. 137.

Je prolonge DC d'une longueur CF = AB et je mène AF; je forme ainsi un triangle ADF dont la hauteur AE est celle du trapèze et dont la base DF = AB + DC. Ce triangle ADF est équivalent au trapèze; en effet, les deux triangles ABG, GCF sont égaux comme ayant AB = CF, l'angle GBA = GCF (n° 50) et l'angle GAB = F. L'aire du triangle est égale à AE × $\frac{DF}{2}$: donc celle du trapèze est aussi AE × $\frac{DF}{2}$, ou bien AE $\left(\frac{AB + DC}{2}\right)$.

179 — *Corollaire*. — Si, par le point G, milieu de BC, je mène

GH parallèle à DC, cette ligne passera par le milieu de AD et sera égale à la moitié de DF (nº 126) ou bien égale à $\frac{AB + DC}{2}$. Donc on peut dire encore que l'*aire du trapèze est égale à* AE $\times$ GH, c'est-à-dire *au produit de sa hauteur par la ligne menée à égale distance de ses deux bases.*

180 — *Mesurer la surface d'un polygone quelconque* (fig. 138).

On peut joindre un point intérieur ou extérieur O à tous les sommets et décomposer ainsi le polygone en triangles ABO, BCO, CDO,..... dont on cherchera les aires. L'aire d'un quelconque, ABO, de ces triangles s'obtiendra en formant la moitié du produit de sa base AB par sa hauteur OI.

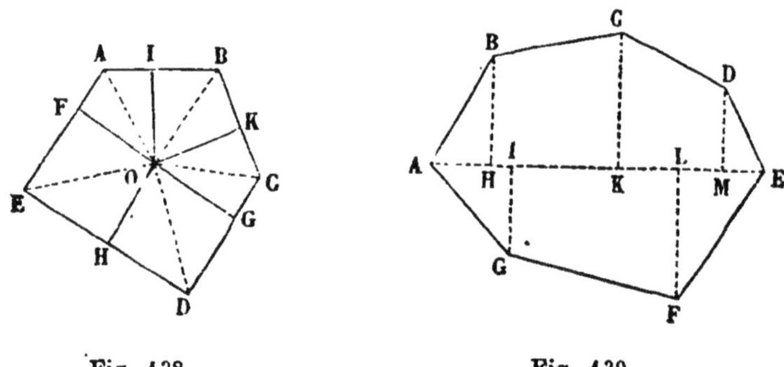

Fig. 138. Fig. 139.

Dans l'arpentage, on emploie un procédé plus expéditif (fig. 139).

On mène la plus grande diagonale AE du polygone, et de tous les autres sommets on abaisse sur cette diagonale des perpendiculaires BH, CK, DM,..... ce qui décompose le polygone en triangles rectangles et en trapèzes ayant chacun deux angles droits. L'aire d'un de ces triangles, AHB, est égale à $\frac{1}{2}$ AH$\times$BH, et l'aire d'un trapèze BHKC est égale à $\frac{1}{2}$ (BH + CK) HK. Connaissant les aires de tous ces triangles et de tous ces trapèzes, on en déduit l'aire du polygone lui-même.

Au lieu de mener une diagonale, on peut tracer une droite quelconque, rencontrant ou non le polygone, et de tous les sommets abaisser des perpendiculaires sur cette droite. On déduit alors la surface du polygone des surfaces d'un certain nombre de trapèzes, ou bien d'un certain nombre de trapèzes et de triangles.

Relations entre les carrés des côtés d'un triangle.

THÉORÈME.

181 — *Si l'on construit des carrés sur les trois côtés d'un triangle* ABC *et qu'on prolonge les hauteurs* AH, BI, CK, *on formera six rectangles équivalents deux à deux* (fig. 140).

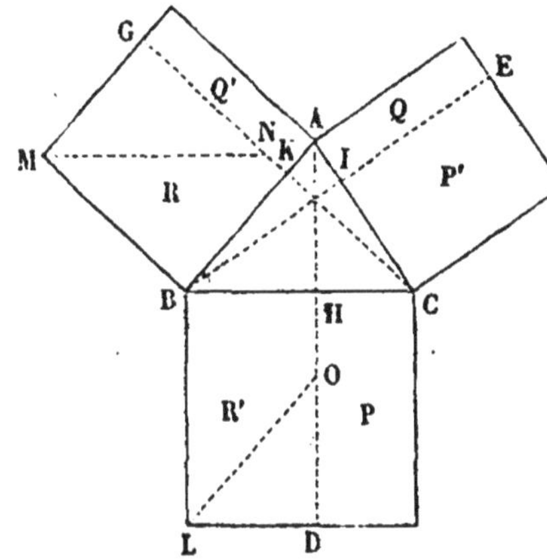

Fig. 140.

Ainsi, je dis que le rectangle BG, ou R, est équivalent au rectangle BD, ou R′.

En effet, si je mène par le point M la droite MN, parallèle à BC, je forme un parallélogramme BCNM équivalent au rectangle R; car l'un et l'autre ont pour base MB et pour hauteur BK (n° 173). De même, en menant LO parallèle à BA, je forme un parallélogramme BLOA, ayant pour base BL, pour hauteur BH, et équivalent au rectangle R′. Les deux parallélogrammes BCNM, BLOA ont le côté BM = BA, le côté BC = BL et l'angle compris MBC = ABL, comme formés d'une partie commune ABC et d'un angle droit. Ces parallélogrammes, ayant un angle égal compris entre côtés égaux, sont égaux (n° 60) : donc les rectangles R, R′, qui leur équivalent, sont aussi équivalents entre eux.

On prouverait de même que les rectangles CD, ou P, et CE, ou P′, sont équivalents entre eux; il en est de même des rectangles AE, ou Q, et AG, ou Q′.

182 — *Remarque.* — Si l'angle A était droit, les deux hauteurs CK et BI se confondraient avec les côtés CA, BA; les deux rectangles Q, Q′ disparaîtraient, et les rectangles R, P′ deviendraient les carrés construits sur les côtés AB, AC (fig. 141).

Si l'angle A était obtus, les hauteurs CK, BI tomberaient en dehors de l'angle A (fig. 145); les deux rectangles Q = AE, Q′ = AG seraient extérieurs aux carrés construits sur les côtés AC, AB, et les rectangles R = BG et P′ = CE seraient plus grands que ces carrés.

THÉORÈME.

183 — *Le carré fait sur l'hypoténuse d'un triangle rectangle est égal à la somme des carrés faits sur les côtés de l'angle droit* (fig. 141).

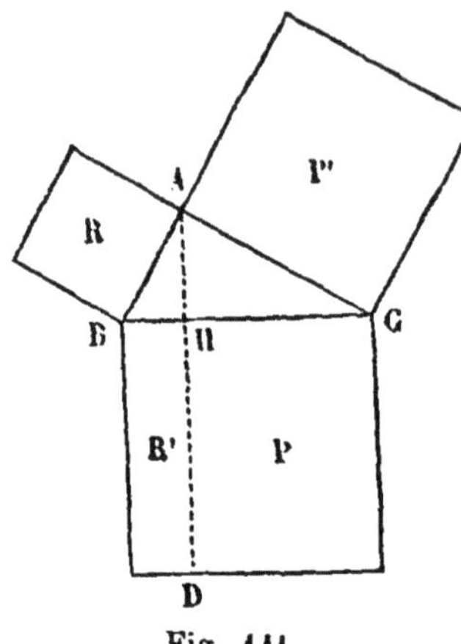

Fig. 141.

Le carré R étant équivalent au rectangle R' (nº 180), et le carré P' au rectangle P, on a

$$\overline{BC}^2 = R' + P = R + P', \text{ ou bien}$$
$$\overline{BC}^2 = \overline{AB}^2 + \overline{AC}^2.$$

184 — *Corollaire* 1. — La figure fait voir que $P = \overline{BC}^2 - R'$ ou bien $\overline{AC}^2 = \overline{BC}^2 - \overline{AB}^2$.

185 — *Corollaire* 2. — Les deux rectangles R', P, de même hauteur, sont entre eux dans le rapport de leurs bases (nº 174) : donc

$$\frac{R'}{P} = \frac{BH}{CH}, \text{ ou bien } \frac{\overline{AB}^2}{\overline{AC}^2} = \frac{BH}{CH}$$

c'est-à-dire que *le rapport des carrés des côtés de l'angle droit est égal à celui des segments correspondants de l'hypoténuse.*

186 — *Corollaire* 3. — Le rectangle R' et le carré de BC ayant même hauteur,

$$\frac{R'}{\overline{BC}^2} = \frac{BH}{BC}, \text{ ou bien } \frac{\overline{AB}^2}{\overline{BC}^2} = \frac{BH}{BC}$$

c'est-à-dire que *le rapport du carré d'un côté de l'angle droit au carré de l'hypoténuse est égal au rapport du segment correspondant à l'hypoténuse.*

187 — *Corollaire* 4. — Si AC est la diagonale d'un carré (fig. 142), le triangle rectangle isocèle ABC donne

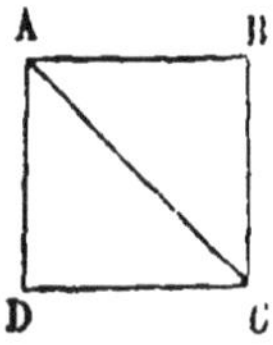

$$\overline{AC}^2 = \overline{AB}^2 + \overline{BC}^2 = 2\,\overline{AB}^2, \text{ d'où } \frac{AC}{AB} = \sqrt{2}$$

A B D C

Fig. 142.

DÉFINITION.

188 — On nomme *projection* d'une droite AB sur une autre droite CD la partie EF de celle-ci comprise entre les perpendiculaires abaissées des extrémités de la première sur la seconde (fig. 143).

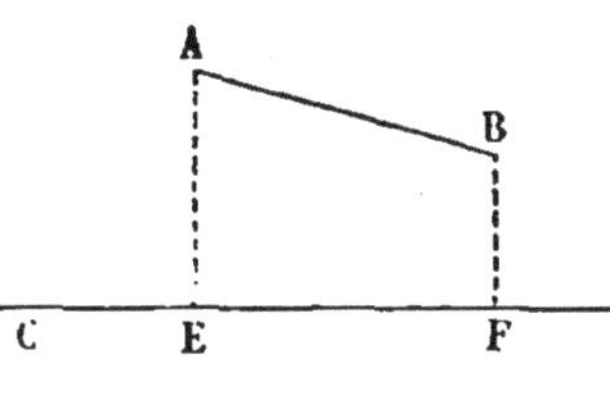

Fig. 143.

THÉORÈME.

189 — *Le carré du côté* BC, *opposé à l'angle aigu* A *du triangle* ABC, *est égal à la somme des carrés des deux autres côtés* AC, AB, *diminuée de deux fois le rectangle*, AC × AI, *de l'un de ces côtés par la projection du second sur le premier* (fig. 144).

En effet, on a, lorsque l'angle A est aigu (nº 180),

$$\overline{BC}^2 = P + R' = P' + R.$$

Mais le rectangle P' est égal à $\overline{AC}^2 - Q$ et le rectangle $R = \overline{AB}^2 - Q'$ ou $\overline{AB}^2 - Q$, puisque Q et Q' sont équivalents ; donc $\overline{BC}^2 = \overline{AC}^2 + \overline{AB}^2 - 2\,Q$.

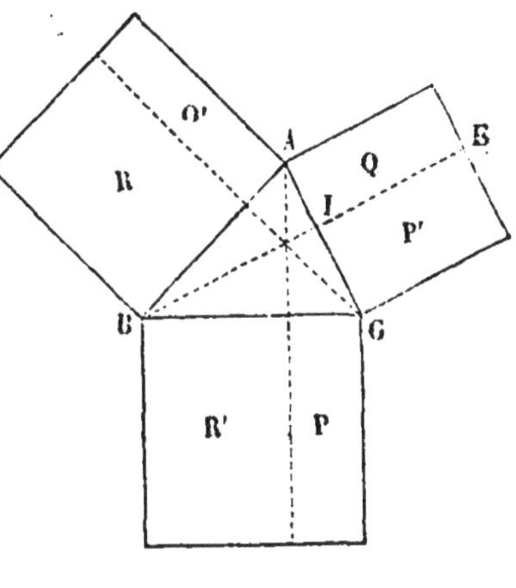

Fig. 144.

D'ailleurs, le rectangle Q a pour base IE = AC et pour hauteur AI; il a donc pour mesure AC × AI, et par suite

$$\overline{BC}^2 = \overline{AC}^2 + \overline{AB}^2 - 2\,AC \times AI.$$

THÉORÈME.

190 — *Le carré du côté* BC, *opposé à l'angle obtus* A *du triangle* ABC, *est égal à la somme des carrés des deux autres côtés* AC, AB, *augmentée de deux fois le rectangle* AC × AI *de l'un de ces côtés par la projection du second sur le premier* (fig. 145).

En effet, $\overline{BC}^2 = P + R' = P' + R$

Mais, lorsque l'angle A est obtus, le rectangle P', ou CE, est égal à $\overline{AC}^2 + Q$ (n° 182) et R, ou BG, est égal à $\overline{AB}^2 + Q'$; donc $\overline{BC}^2 = \overline{AC}^2 + \overline{AB}^2 + 2\,Q$.

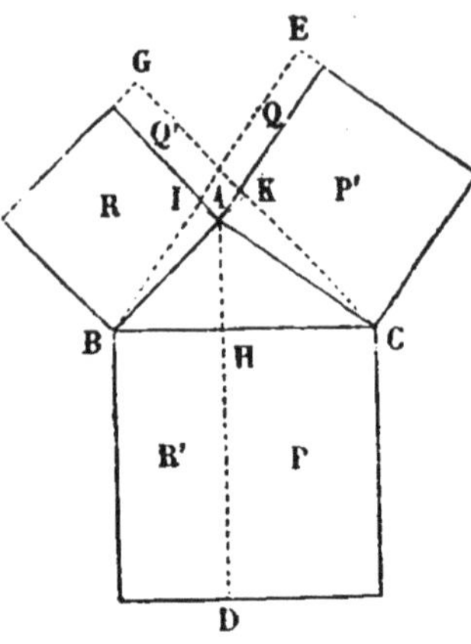

Fig. 145.

D'ailleurs, le rectangle Q, qui a pour base IE = AC et pour hauteur AI, a pour mesure AC × AI : donc

$$\overline{BC}^2 = \overline{AC}^2 + \overline{AB}^2 + 2\,AC \times AI.$$

Remarque. — Les trois derniers théorèmes présentent une démonstration géométrique des propriétés nos 135 et 136.

N° 33.

(83, 84)

THÉORÈME.

191 — *Le rapport des aires de deux triangles semblables est le même que celui des carrés des côtés homologues* (fig. 146).

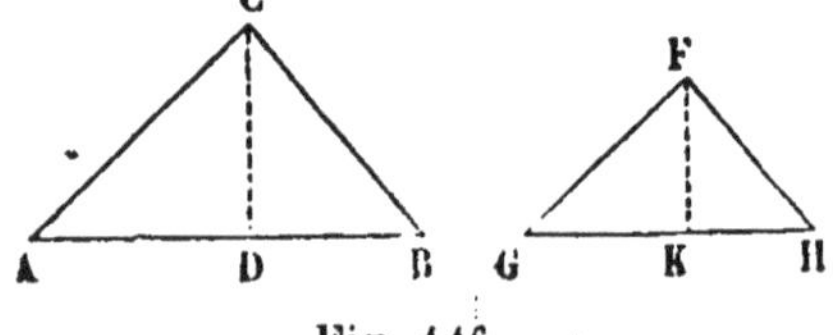

Fig. 146.

En effet, si les triangles ABC, GHF sont semblables, on a

$$\frac{AB}{GH} = \frac{AC}{GF}$$

Je mène les hauteurs CD, FK; les deux triangles rectangles

ACD, FGK, qui ont l'angle A=G, sont aussi semblables et donnent

$$\frac{CD}{FK} = \frac{AC}{GF}$$

Multipliant ces deux égalités membre à membre,

$$\frac{AB \times CD}{GH \times FK} = \frac{\overline{AC}^2}{\overline{GF}^2}$$

D'ailleurs, les triangles ABC, GHF sont entre eux dans le même rapport que les produits AB × CD et GH × FK (nº 177) : donc

$$\frac{ABC}{GHF} = \frac{\overline{AC}^2}{\overline{GF}^2}$$

THÉORÈME.

192 — *Le rapport des aires de deux polygones semblables est le même que celui des carrés des côtés homologues* (fig. 147).

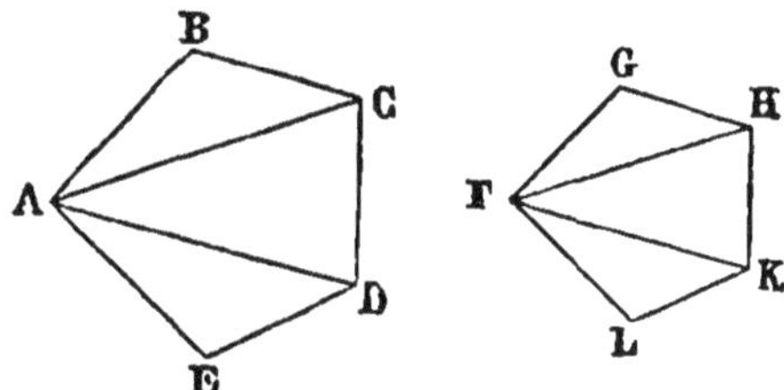

Fig. 147.

Par deux sommets homologues A, F je mène des diagonales qui décomposent chaque polygone en triangles; ces triangles seront semblables deux à deux (nº 132) et donneront, d'après le théorème précédent,

$$\frac{ABC}{FGH} = \frac{\overline{BC}^2}{\overline{GH}^2}$$

$$\frac{ACD}{FHK} = \frac{\overline{CD}^2}{\overline{HK}^2}$$

$$\frac{ADE}{FKL} = \frac{\overline{DE}^2}{\overline{KL}^2}$$

Les polygones étant semblables, leurs côtés homologues sont proportionnels : donc les seconds membres de ces égalités sont égaux, et par conséquent tous ces rapports sont égaux entre eux.

D'après une propriété connue des rapports égaux, on a donc

$$\frac{ABC + ACD + ADE}{FGH + FHK + FKL} = \frac{\overline{BC}^2}{\overline{GH}^2}$$

Remarque. — Lorsqu'un plan est construit à l'échelle de 0,001 par exemple, la figure qu'il forme est la millionième partie de celle qu'il représente ; car chaque ligne du plan étant la millième partie de son homologue sur le terrain, les surfaces sont entre elles dans le rapport de 1 à 1,000,000.

Aire du cercle.

DÉFINITIONS.

193 — On nomme *segment* (fig. 148) de cercle la partie du cercle comprise entre un arc ACB et sa corde AB.

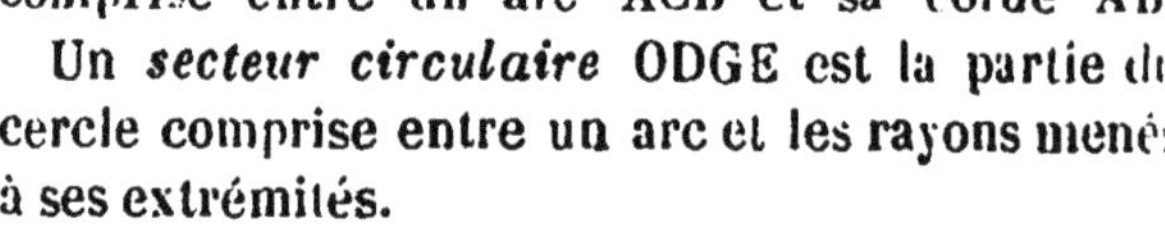

Un ***secteur circulaire*** ODGE est la partie du cercle comprise entre un arc et les rayons menés à ses extrémités.

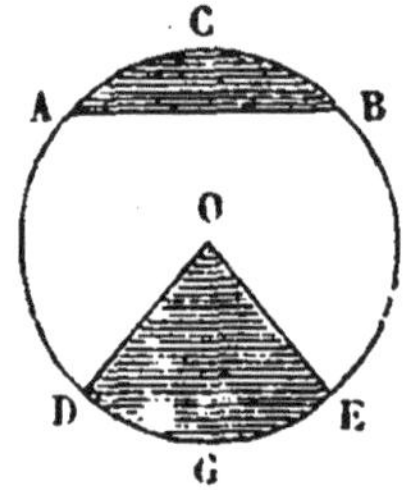

Fig. 148.

THÉORÈME.

194 — *L'aire d'un polygone régulier* ABCDEF *est égale au produit de son périmètre par la moitié du rayon du cercle inscrit* (fig. 149).

Si je joins le centre du cercle inscrit à tous les sommets, je décomposerai le polygone en autant de triangles isocèles, égaux au triangle OAB, que le polygone contient de côtés.

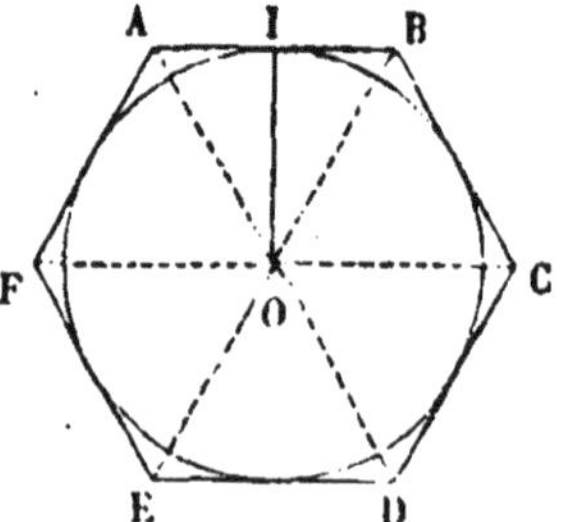

Fig. 149.

Or triangle $OAB = AB \times \frac{1}{2}$ OI donc

polygone $ABCDEF = 6\ AB \times \frac{1}{2}$ OI ; ou, si l'on désigne par S la surface du polygone, et par n le nombre de ses côtés

$$S = n\,AB \times \frac{1}{2}\,OI.$$

THÉORÈME.

195. — *L'aire d'un cercle est égale au produit de sa circonférence par la moitié du rayon.*

Cela résulte du théorème précédent et du nº 152.

D'après cela, R désignant le rayon d'un cercle, on a circonférence R $= 2\pi R$: donc cercle R $= 2\pi R \times \frac{1}{2} R = \pi R^2$.

Ainsi *on obtient l'aire d'un cercle en multipliant le carré du rayon par le nombre abstrait* π.

196 — *Application* 1. — *Quelle est la superficie d'un bassin circulaire dont le diamètre est* $12^m,44$.

On a $R = 6^m,22$, et par conséquent la superficie du bassin est $38^{mq.},6884 \times \pi$. Prenant pour π la valeur approchée 3,1415 et formant le produit à moins d'un décimètre carré, on obtient pour l'aire demandée

$$121^{mq.},54.$$

Application 2. — *Trouver le rayon d'un cercle dont la surface est un mètre carré.*

En désignant par R le rayon de ce cercle, on a $\pi R^2 = 1^{mq.}$, d'où

$$R^2 = \frac{1^{mq}}{\pi} = 0^{mq},318309 8.....$$

Et en extrayant la racine carrée de ce nombre à moins d'un centième, on obtient pour valeur approchée du rayon $0^m,56$

THÉORÈME.

197 — *L'aire d'un secteur est égale au produit de la longueur de son arc par la moitié du rayon* (fig. 150).

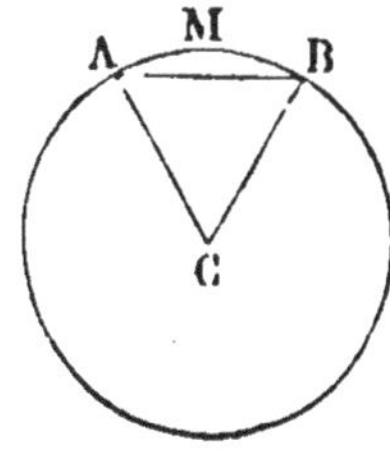

Fig. 150.

On a $\frac{\text{sect. ACB}}{\text{cercle CA}} = \frac{\text{arc AMB}}{\text{circonf. CA}}$ (a)

L'égalité de ces rapports se démontrerait comme la proposition nº 95. Si je multiplie par $\frac{1}{2}$ CA les deux termes du second rapport, il ne changera pas de valeur, et donnera

$$\frac{\text{sect. ACB}}{\text{cercle CA}} = \frac{\text{arc AMB} \times \frac{1}{2}\text{CA}}{\text{circonf. CA} \times \frac{1}{2}\text{CA}}$$

Dans ces fractions égales, les dénominateurs sont égaux, d'après le théorème précédent : donc les numérateurs le sont aussi, et

$$\text{sect. ACB} = \text{arc AMB} \times \frac{1}{2}\text{CA}.$$

198 — *Corollaire* 1. — On peut donner une autre forme à l'expression de l'aire du secteur, plus commode à employer lorsque son arc est donné en degrés.

Si n est le nombre de degrés que comprend l'arc AMB, l'égalité (a) revient à la suivante :

$$\frac{\text{secteur ACB}}{\text{cercle CA}} = \frac{n}{360}$$

$$\text{donc secteur ACB} = \frac{n}{360} \times \pi R^2$$

199 — *Corollaire* 2. — Le segment AMB est égal à la différence du secteur ACBM et du triangle ACB.

THÉORÈME.

200 — *Le rapport des aires de deux cercles est le même que celui des carrés de leurs rayons.*

Soient R et R′ les rayons de deux cercles, on a

$$\frac{\text{cercle R} = \pi R^2}{\text{cercle R}' = \pi R'^2}$$

$$\text{donc } \frac{\text{cercle R}}{\text{cercle R}'} = \frac{R^2}{R'^2}$$

Applications.

201 — *Problème — La différence des latitudes de Dunkerque et de Barcelone, situées à peu près sur le méridien de Paris, est*

$9^{\circ}39'11''$; *quelle est, en lieues de 4000 mètres, la distance de ces deux villes?*

Soit x la distance cherchée, exprimée en lieues; d'après la définition du mètre, la longueur du méridien étant de 10000 lieues, on a

$$\frac{x}{10000} = \frac{9^{\circ}\ 39'\ 11''}{360^{\circ}}\text{; d'où}$$

$$x = 10000 \text{ lieues} \times \frac{9^{\circ}\ 39'\ 11''}{360^{\circ}}$$

Je convertis les degrés et minutes en secondes, et j'obtiens

$$x = 10000 \text{ lieues} \times \frac{34751}{1296000} = \frac{173755}{648}$$

ou $\quad x = 268$ lieues, à moins d'une unité.

Si nous voulons tenir compte de la sinuosité des routes, nous pourrons ajouter à ce nombre le quart de sa valeur, ou 67, et nous trouverons ainsi 335 lieues pour la distance de Dunkerque à Barcelone.

202 — *Problème.* — *Quel diamètre devrait-on donner à un cercle gradué pour que l'arc d'une minute eût une longueur d'un millimètre.*

Si l'arc d'une minute doit avoir une longueur d'un millimètre, la circonférence entière aura une longueur de $60 \times 360 = 21600$ millimètres. Le diamètre de cette circonférence, exprimé en millimètres, sera donc (nº 168)

$$\frac{21600}{\pi} = 21600 \times 0,31830.....$$

Formant ce produit à moins d'une unité, on trouve pour le diamètre demandé 6m,876 à moins d'un millimètre.

203 — *Problème.* — *Dans un cercle méridien ayant 1m,82 de diamètre, trouver, à moins d'un centimètre carré, l'aire du secteur dont l'arc est de* $50^{\circ}\ 50'\ 42''$.

S étant l'aire d'un secteur, n le nombre de degrés que contient son arc et R le rayon du cercle, nous avons vu (nº 198) que l'on a

$$S = \frac{n}{360} \times \pi R^2$$

Si je fais dans cette formule R = 0m96, n = 50° 50′ 42″ = 183042 secondes, et 360° = 1296000 secondes, elle deviendra

$$S = \frac{183042}{1296000} \times \pi\,(0{,}96)^2 = 0^{mq},1301632 \times \pi.$$

Je forme ce produit à moins d'un dix-millième d'unité, par la méthode d'Oughtred, et je prends pour cela $\pi = 3{,}14159$.

```
130163
951413
------
390489
 13016
  5204
   130
    65
     9
------
408913
```

L'aire du secteur est, à moins d'un centimètre carré, 0mq 4090.

204 — *Problème.* — *Trouver, à moins d'une seconde, l'arc d'un secteur dont l'aire est un décimètre carré, dans un cercle qui a pour rayon* 0m 5.

En désignant par n le nombre de secondes de cet arc et remarquant que la circonférence entière vaut 360 × 3600 = 1296000 secondes, on a

$$\frac{n}{1296000} \times \pi R^2 = 0^{mq},01$$

Substituant à R sa valeur 0m 5 et tirant de là la valeur de n, on obtient

$$n = \frac{1296000}{25\pi} = \frac{51840}{\pi} = 51840 \times \frac{1}{\pi}$$

Je forme ce produit à moins d'une unité et je trouve

$$n = 16501 \text{ secondes, ou } 4^\circ\,35'\,1''.$$

205 — *Problème.* — ***Quel est, à moins d'un millimètre, le rayon d'un secteur dont l'aire est*** 0mq64 ***et la longueur de l'arc*** 0m 45.

En désignant par r le rayon de ce secteur, on a (n° 197)

$$0{,}45 \times \frac{r}{2} = 0{,}64\,; \text{ d'où } r = \frac{128}{55} = 2{,}844$$

Le rayon de ce secteur est 2m 844 à moins d'un millimètre.

206 — *Problème.* — ***Un terrain dont la forme est celle d'un hexagone régulier a une superficie de 34 ares 19 centiares. On demande de calculer son côté*** (fig. 151) [1].

Commençons par chercher l'aire de l'hexagone régulier en fonction

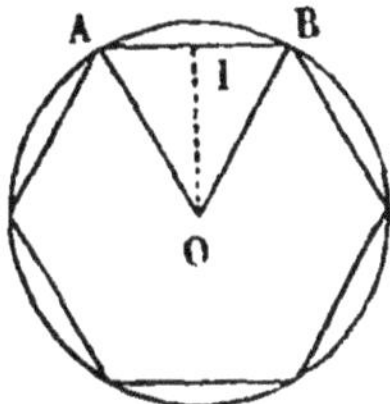

Fig. 151.

de son côté, ou, ce qui revient au même, en fonction du rayon du cercle circonscrit.

Soit O le centre de l'hexagone et R = AO = AB ; l'aire du triangle équilatéral AOB, dont le côté est égal à R est (n° 176)

$$\text{triangle AOB} = \frac{1}{4} R^2 \sqrt{3}$$

L'aire de l'hexagone régulier, composé de six triangles égaux à AOB, est donc

$$\frac{6}{4} R^2 \sqrt{3}, \text{ ou } \frac{3}{2} R^2 \sqrt{3}$$

Dans le cas particulier donné par l'énoncé, on a

1. Cette question et la suivante ont été données au concours général de la classe de 3e, section des sciences, année 1853.

$$\frac{3}{2} R^2 \sqrt{3} = 3419^{mq}\text{; d'où } R^2 = \frac{6838}{3\sqrt{3}}$$

$$\text{et } R = \sqrt{\frac{6838 : 3}{\sqrt{3}}}$$

Si nous voulons obtenir R à moins d'une unité ou d'un mètre, par exemple, il nous suffira d'obtenir exactement la partie entière du quotient $\frac{6828 : 3}{\sqrt{3}}$ et d'extraire à moins d'une unité la racine carrée de cette partie entière. Le quotient $\frac{6838 : 3}{\sqrt{3}}$ aura quatre chiffres à la partie entière; afin d'être sûr du chiffre des unités, nous obtiendrons celui des dixièmes, et pour cela nous prendrons

$$\sqrt{3} = 1,732050 \text{ et } 6838 : 3 = 2279,333$$

2279333	1732050
547283	1315,9
27688	
10348	
1688	
131	

$$\text{On obtient ainsi } R = \sqrt{1315}$$

et en extrayant la racine carrée de ce nombre à moins d'une unité, on trouve 36^m pour le côté cherché de l'hexagone.

207 — *Problème.* — *Étant donnés sur une carte quatre points non en ligne droite, tracer sur cette carte une route circulaire qui passe à égale distance de chacun de ces points.*

Cette question revient à tracer une circonférence qui passe à égale distance de quatre points donnés, non en ligne droite, sur un plan.

Supposons le problème résolu et OM le cercle cherché. On peut concevoir que les quatre points donnés soient placés de trois manières différentes par rapport à ce cercle : 1° tous les quatre extérieurs ou intérieurs; 2° trois extérieurs et le quatrième intérieur; 3° deux extérieurs et deux intérieurs.

1° Pour que le premier cas se présentât, il faudrait que les quatre points donnés A, B, C, D fussent situés sur une même circonférence. Alors toute circonférence décrite du centre O de la première, avec un rayon quelconque, satisferait à la question et il y aurait une infinité de solutions (fig. 152).

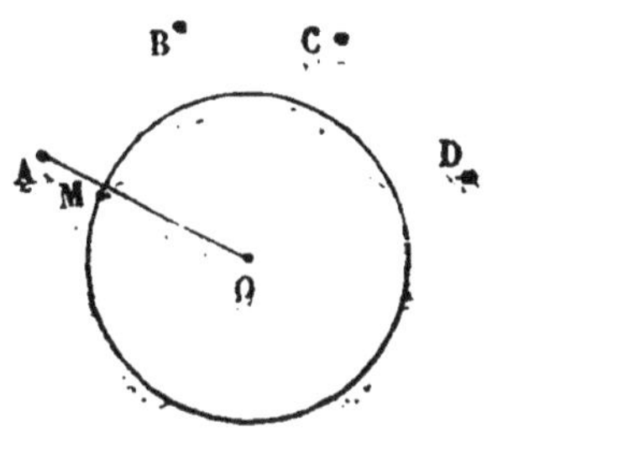

Fig. 152.

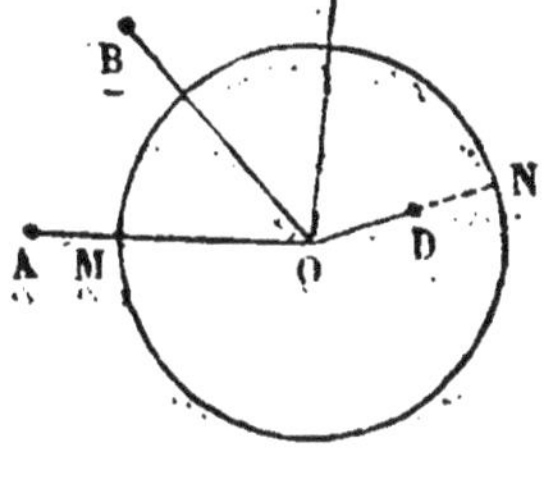

Fig. 153.

2° Si l'on conçoit que trois des points donnés A, B, C se trouvent placés d'un même côté de la circonférence OM (fig. 153), extérieurement, par exemple, et le quatrième D intérieurement, le centre O du cercle cherché sera aussi le centre du cercle passant par les trois points A, B, C. D'ailleurs, de ce que AM = DN, on conclut que

$$OM = OA - \frac{OA - OD}{2} = \frac{OA + OD}{2}.$$

Par conséquent, on aura une solution de la question en cherchant le centre O du cercle passant par trois quelconques des quatre points donnés et décrivant de ce point une circonférence avec un rayon égal à une moyenne arithmétique entre le rayon du premier cercle et la distance de son centre au quatrième point.

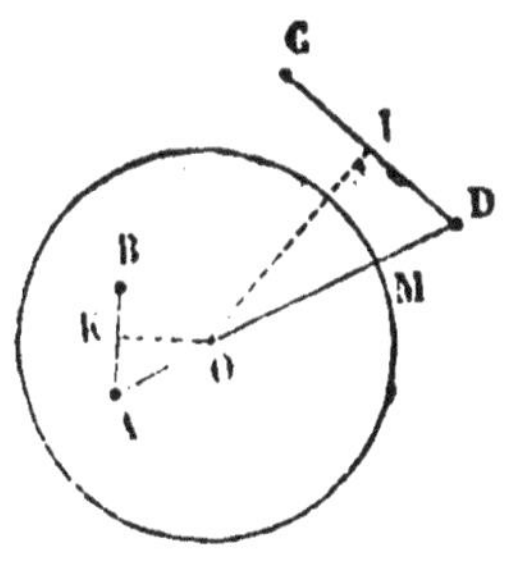

Fig. 154.

Cette construction donnera quatre solutions, qui se réduiront à trois dans le cas particulier, où trois des points donnés se trouveront en ligne droite.

3° Si deux des points donnés A, B sont intérieurs et les deux autres C, D extérieurs au cercle cherché OM (fig. 154), le centre de ce cercle se trouvera à égale distance des deux points A, B ainsi que des deux points C, D; son centre sera donc placé à la rencontre des perpendiculaires KO, IO sur les droites AB, CD et passant par leur milieu. D'ailleurs, il est facile de voir que $OM = \frac{OA + OD}{2}$.

On déduit de là une nouvelle construction, donnant généralement trois solutions distinctes des premières. Ces trois dernières solutions se réduisent à deux lorsque le quadrilatère ABCD est un trapèze, et à une seule lorsque ce quadrilatère est un parallélogramme.

En résumé, il y a généralement sept solutions, pouvant se réduire à six ou à cinq ; il peut y en avoir une infinité.

208 — *Problème. — Trouver, à moins d'un centimètre carré, l'aire du segment de* 60° *dans un cercle dont le rayon est* 1m.

Désignons généralement par R le rayon du cercle ; le segment cherché est la différence entre le secteur de 60° dont l'aire est $\frac{1}{6}\pi R^2$, et le sixième de l'aire de l'hexagone régulier inscrit, ou (n° 206) $\frac{1}{4} R^2 \sqrt{3}$, c'est-à-dire que l'expression de ce segment est

$$\frac{1}{6}\pi R^2 - \frac{1}{4} R^2 \sqrt{3} = \frac{1}{2} R^2 \left(\frac{1}{3}\pi - \frac{1}{2}\sqrt{3}\right)$$

Puisque $R = 1^m$, cette expression devient

$$\frac{1}{2} \times 1^{mq} \left(\frac{1}{3}\pi - \frac{1}{2}\sqrt{3}\right)$$

Pour obtenir le résultat à moins d'un centimètre carré, je prends $\pi = 3{,}1415$ et $\sqrt{3} = 1{,}7320$, et en effectuant les calculs indiqués, je trouve pour l'aire du segment $0^{mq}09055$.

209 — *Problème. — Trouver, à moins d'un millimètre, le rayon d'un cercle, en sachant que si ce rayon augmentait d'un centimètre, l'aire du cercle augmenterait d'un mètre carré* [1].

Prenons pour unité de longueur le centimètre et soit R le rayon du cercle cherché ; on a, d'après l'énoncé,

$$\pi \left\{ (R + 1)^2 - R^2 \right\} \text{c. q.} = 10000 \text{ c. q.},$$

$$\text{ou } \pi\,(2R + 1) = 10000, \text{ d'où } R = \frac{5000}{\pi} - 0{,}5 = 15^m{,}910.$$

1. Cette question a été donnée au concours général de la classe de logique, section des lettres, année 1853.

DEUXIÈME PARTIE

FIGURES DANS L'ESPACE

N° 34.

(N°s 1, 2, 3, 4, du programme de géométrie pour la classe de seconde, section des sciences.)

Du plan et de la ligne droite.

THÉORÈME.

210 — *Par deux droites* AB, AC *qui se coupent, on peut faire passer un plan et on n'en peut faire passer qu'un seul.*

1° Concevons un plan contenant la ligne AB; si on le fait tourner autour de cette ligne jusqu'à ce qu'il rencontre le point C, sa position se trouvera alors complétement fixée et la ligne AB qui aura deux points A, C dans ce plan, y sera tout entière (fig. 155).

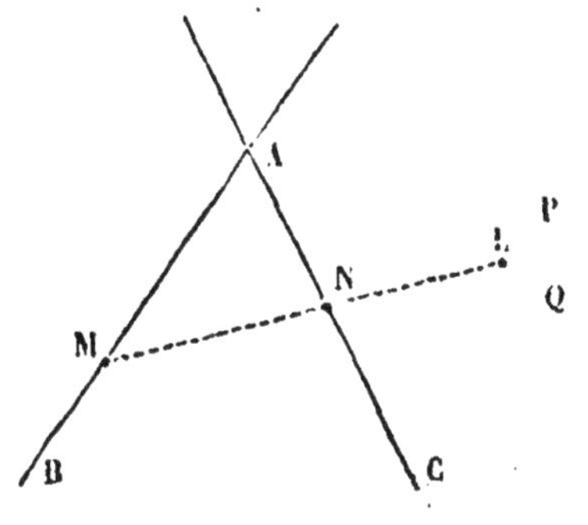

Fig. 155.

2° Si deux plans, que nous désignerons par P, Q, contiennent les deux lignes AB, AC, ils se confondront, et tout point L, pris dans le plan P, appartiendra aussi au plan Q. En effet, dans le plan P, qui contient L, menons une droite LNM, qui rencontre AB, AC en des points tels que M, N; puisque le plan Q contient les deux droites AB, AC, il contient aussi les deux points M, N et par suite (n° 9) la droite MNL tout entière et le point L.

211 — *Corollaire* 1. — *Trois points non en ligne droite,* ou *un triangle,* ou *une droite et un point, déterminent la position d'un plan.*

212 — *Corollaire 2.* — ***Deux parallèles*** **AB, CD,** ***déterminent la position d'un plan***, car elles sont déjà dans un même plan (n° **42**), et on ne peut mener qu'un seul plan par un point C et une droite AB.

Fig, 156.

THÉORÈME.

213 — ***L'intersection de deux plans est une ligne droite.***

Car on ne peut faire passer qu'un seul plan par trois points non en ligne droite (n° **211**).

De la perpendiculaire à un plan et des obliques.

214 — Dans l'espace, une droite AB peut être en même temps perpendiculaire sur plusieurs droites KH, KF ; car si l'on conduit plusieurs plans AC, AD, par la droite AB, dans chacun d'eux on pourra élever une perpendiculaire sur AB (fig. 157).

Une droite AB est dite perpendiculaire sur un plan M lorsqu'elle

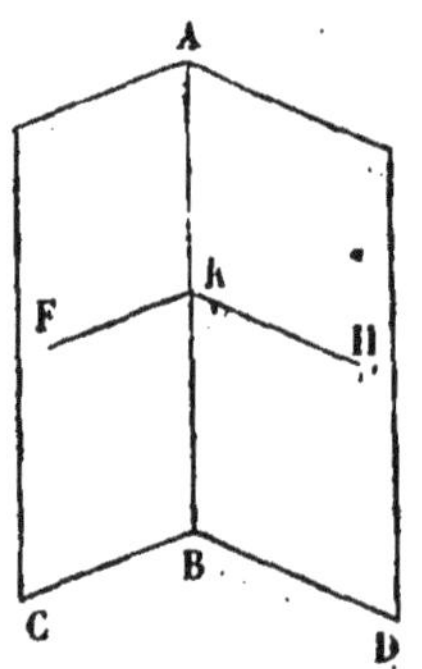

Fig. 157.

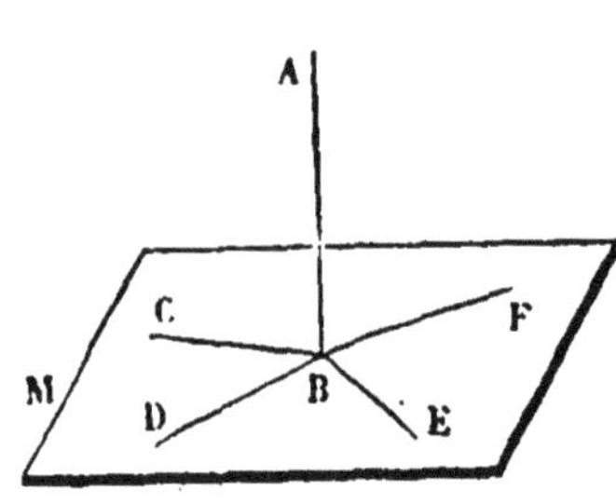

Fig. 158.

est perpendiculaire sur toutes les droites BC, BD, BE.... que l'on peut mener par son *pied* B dans ce plan. Dans ce cas, on dit aussi que le plan M est perpendiculaire sur la droite AB (fig. 158).

Le *pied* d'une perpendiculaire à un plan est le point où cette droite rencontre le plan.

Une droite non perpendiculaire sur un plan est *oblique* à ce plan.

THÉORÈME.

215 — *Toute droite* AB, *perpendiculaire à deux autres* BC, BD, *passant par son pied dans un plan* M, *est perpendiculaire à une droite quelconque* BI, *menée par ce pied dans le même plan, et ainsi elle est perpendiculaire au plan.*

Je prolonge AB d'une longueur BK = AB ; je mène, dans le plan M,

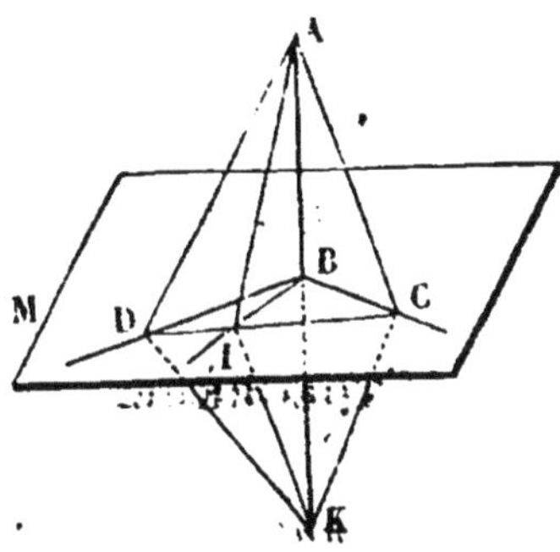

Fig. 159.

une droite CD qui rencontre les trois droites BC, BI, BD, et je joins les points d'intersection C, I, D, aux points A et K.

Les deux triangles ACD, KCD, sont égaux, car ils ont le côté CD commun, AC = CK comme obliques s'écartant également de la droite CB, qui, dans le plan ACK, est perpendiculaire sur AK ; de même AD = DK comme obliques s'écartant également, dans le plan ADK, de DB, perpendiculaire sur AK. Donc l'angle ADI = IDK ; comme d'ailleurs AD = DK, les deux triangles ADI, IDK, qui ont en outre DI commun, sont égaux et le côté AI = IK. Le triangle AIK est donc isocèle, et la ligne BI, qui joint le sommet au milieu de la base AK, est perpendiculaire sur cette base (fig. 159).

THÉORÈME.

216 — *D'un point* A, *donné sur un plan ou hors d'un plan, on ne peut mener qu'une seule perpendiculaire* AB *à un plan* M (fig. 160).

Toute droite AC, autre que AB, est oblique au plan M ; car si l'on fait passer un plan par les deux droites AB, AC, il coupera le plan M suivant une droite ED, sur laquelle AB sera perpendiculaire. Donc la droite AC est oblique sur ED (nos 17 et 36), et par suite sur le plan M (no 214).

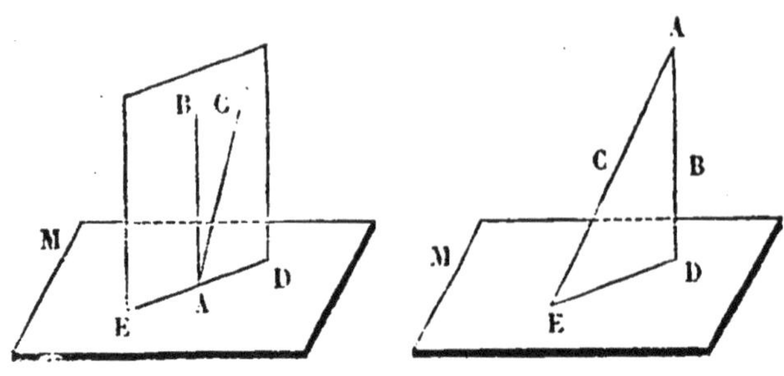

Fig. 160.

THÉORÈME.

217 — *Par un point* A, *donné sur une droite* BC, *ou hors de cette droite, on ne peut mener qu'un seul plan* M, *perpendiculaire à cette droite.*

Tout plan N, autre que le plan M, passant par le point A, n'est pas perpendiculaire sur BC. Car si l'on fait passer par la droite BC un plan

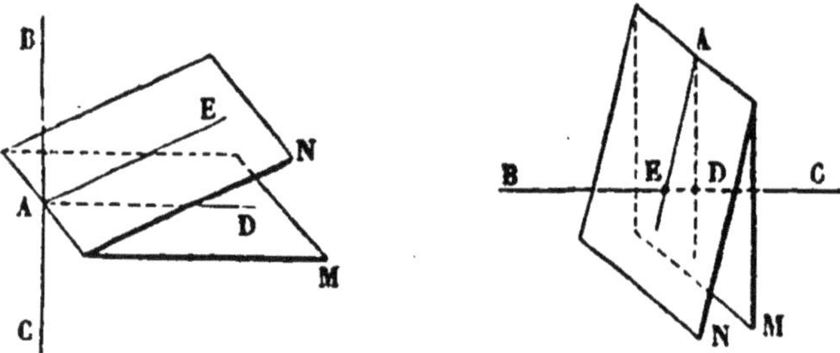

Fig. 161.

quelconque, coupant M et N suivant les droites AD, AE, les trois droites BC, AD, AE, seront situées dans un même plan; d'ailleurs BC sera perpendiculaire sur AD (no 214), donc elle sera oblique sur AE, et par conséquent sur le plan N, qui contient AE.

Corollaire. — Lorsqu'un plan est perpendiculaire sur une droite, il contient toutes les perpendiculaires que l'on peut mener à cette droite par son pied.

THÉORÈME.

218 — *Si d'un point* A, *pris hors d'un plan* M, *on mène à ce plan une perpendiculaire et différentes obliques* (fig. 162) :

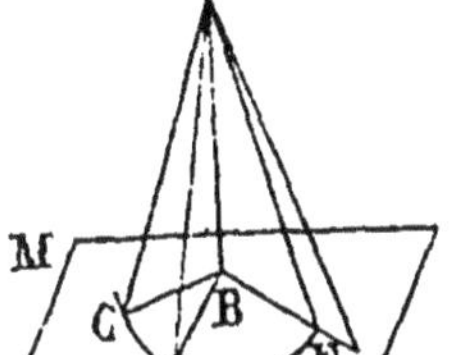

Fig. 162.

1° *La perpendiculaire* AB *est plus courte que toute oblique* AC ;

2° *Deux obliques* AC, AD *s'écartant également du pied de la perpendiculaire sont égales ;*

3° *De deux obliques* AC, AE, *celle* AE *qui s'écarte le plus du pied de la perpendiculaire est la plus grande.*

1° Dans la figure plane ABC, la droite AB, perpendiculaire sur BC, est plus courte que AC, oblique sur BC;

2° Si BC = BD, les deux triangles rectangles ABC, ABD sont égaux ; donc AC = AD ;

3° Si BE > BC, je prendrai sur BE une longueur BF = BC et, en menant AF, cette oblique sera égale à AC (2°); mais dans la figure plane ABE, des deux lignes AE, AF, obliques l'une et l'autre sur BE, la plus grande est AE. Donc AE > AC.

219 — *Corollaire* 1. — La perpendiculaire abaissée d'un point sur un plan mesure la distance de ce point au plan.

220 — *Corollaire* 2. — Les extrémités C, D, F,..... des obliques égales AC, AD, AF sont placées sur une circonférence de cercle qui a pour centre le point B, pied de la perpendiculaire au plan, et pour rayon BC.

On conclut de là que pour abaisser d'un point A une perpendiculaire AB à un plan, il suffira de marquer sur ce plan trois points C, D, F, également éloignés du point A; on cherchera ensuite le centre B de la circonférence passant par ces trois points, et on le joindra au point A.

Lignes et plans parallèles.

221 — *Définition.* — Deux plans ou une ligne et un plan sont *parallèles* lorsqu'ils ne se rencontrent pas, à quelque distance qu'on les prolonge.

THÉORÈME.

222 — *Toute droite* AB, *parallèle à une droite* CD, *située dans un plan* M, *est parallèle à ce plan* (fig. 163).

Car CD est l'intersection du plan des deux parallèles AB, CD et du

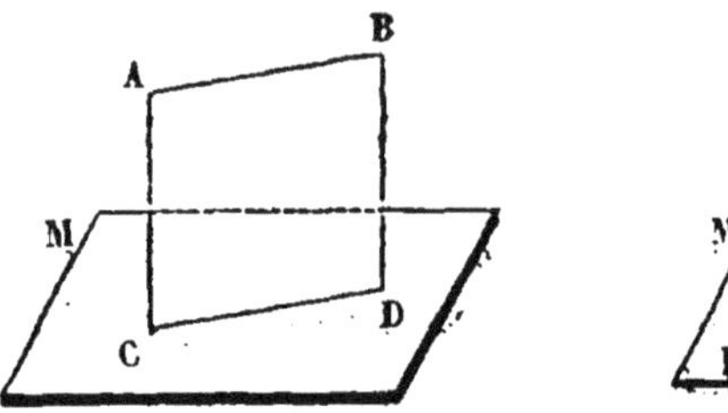

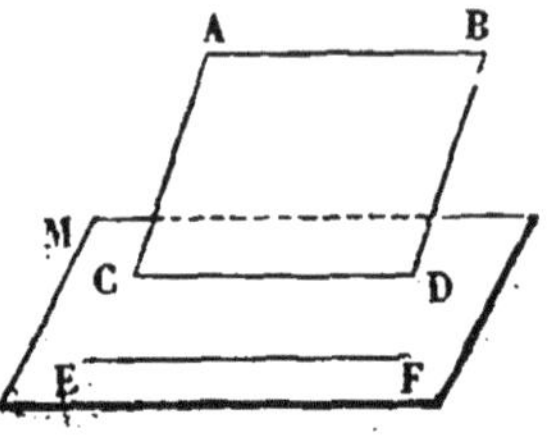

Fig. 163.

plan M, et la droite AB ne peut rencontrer CD, à laquelle elle est parallèle.

223. — *Corollaire 1.* — *Si par une étroite* AB, *parallèle au plan* M, *on fait passer un plan* ABCD, *qui coupe le premier, l'intersection* CD *sera parallèle à la droite* AB.

Car les deux droites AB, CD, sont dans un même plan, et ne peuvent se rencontrer, cette dernière étant située dans un plan parallèle à AB.

224 — *Corollaire 2.* — *Si par deux droites parallèles* AB, EF, *on mène deux plans qui se coupent, leur intersection* CD *est parallèle à chacune de ces droites* (fig. 163).

AB, parallèle à EF, est parallèle au plan M (nº 222); donc elle est parallèle à l'intersection CD (nº 223). De même EF est parallèle à CD.

THÉORÈME.

225 — *Deux plans* M, N, *perpendiculaires à une même droit* AB, *sont parallèles* (fig. 164).

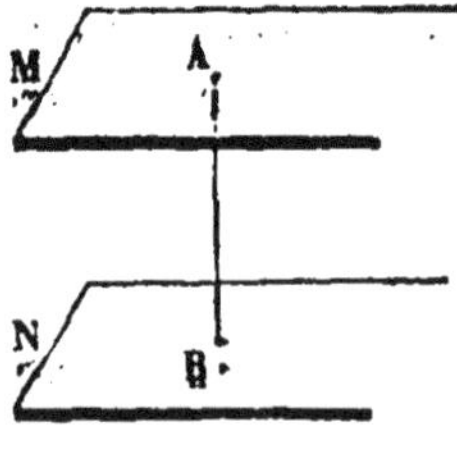

Fig. 164.

Car, d'un point quelconque, on ne peut mener qu'un seul plan perpendiculaire à AB.

THÉORÈME.

226 — *Les intersections* AB, CD, *de deux plans parallèles* E, G, *par un troisième* AD, *sont parallèles.*

Car les deux droites AB, CD, sont situées dans un même plan, et ne peuvent se rencontrer, puisqu'elles appartiennent à des plans parallèles E et G (fig. 165).

THÉORÈME.

227 — *Lorsque deux plans* E, G, *sont parallèles, toute droite*

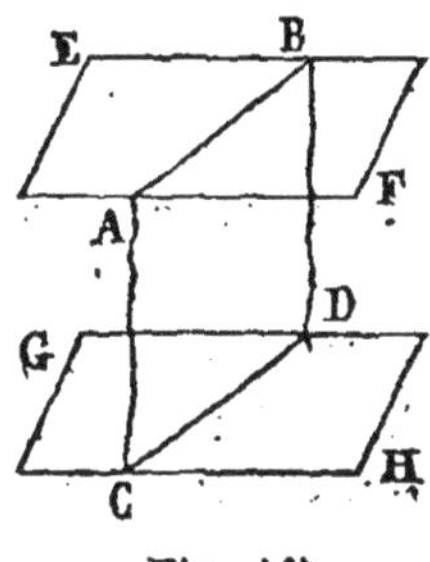

Fig. 165.

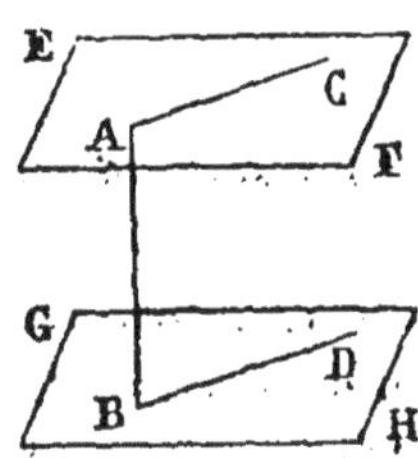

Fig. 166.

AB, *perpendiculaire sur l'un*, E, *est aussi perpendiculaire sur l'autre*, G (fig. 166).

Menons par le point B, dans le plan G, une droite quelconque BD, le plan des deux droites AB, BD, coupera le plan E suivant une droite AC, parallèle à BD (nº 226). Or, AB, perpendiculaire au plan E, est perpendiculaire à la droite AC, située dans ce plan; donc elle est perpendiculaire aussi à BD, parallèle à AC, et comme BD est quelconque dans le plan G, la droite AB est perpendiculaire à ce plan (nº 214).

228 — *Corollaire.* — *Deux plans* A, B, *parallèles à un troisième*, C, *sont parallèles entre eux.*

Car si je mène une droite perpendiculaire au plan C, elle sera aussi perpendiculaire à A et B, qui sont donc parallèles.

THÉORÈME.

229 — *Les parallèles* AC, BD, *comprises entre deux plans parallèles* E, G, *sont égales.*

Le plan des parallèles AC, BD, coupe les plans E, G, suivant deux droites AB, CD, qui sont parallèles; la figure ABDC est donc un parallélogramme et AC = BD (fig. 167).

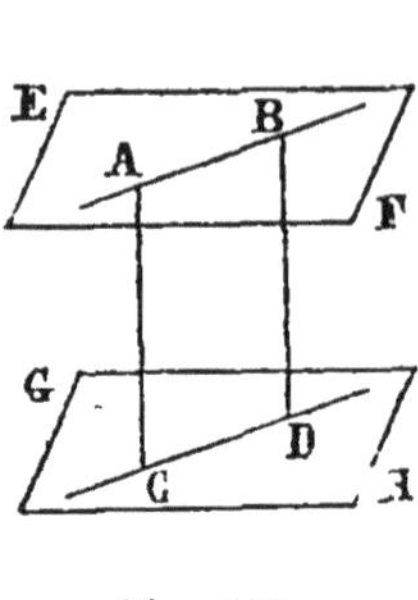

Fig. 167.

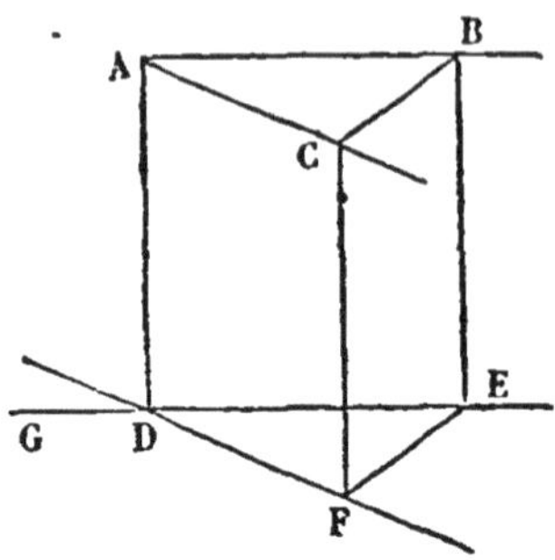

Fig. 168.

THÉORÈME.

230 — *Lorsque deux angles* BAC, EDF, *non situés dans le même plan, ont leurs côtés parallèles,* 1° *ils sont égaux ou supplémentaires;* 2° *leurs plans sont parallèles* (fig. 168).

1° Je prends AC = DF et je mène AD, CF; la figure ACFD sera un parallélogramme (n° 69) et les droites AD, CF, seront parallèles. Par la droite CF et un point B de AB je mène un plan qui coupera celui des parallèles AB, DE, et de la droite AD suivant une droite BE, parallèle à CF et à AD (n° 224). Chacun des quadrilatères ABED, CBEF, est donc un parallélogramme, et AB = DE, CB = FE. On a d'ailleurs AC = DF; donc les deux triangles ABC, DEF, sont égaux (n° 30), ainsi que les angles BAC, EDF.

L'angle GDF, supplément de EDF, est aussi supplément de BAC.

2° Un plan parallèle au plan EDF, mené par le point A, doit couper le plan ACDF suivant une parallèle à DF (n° 226), c'est-à-dire suivant AC; de même il doit contenir AB; c'est donc le plan BAC.

THÉORÈME.

231 — *Lorsque deux droites* AB, CD, *sont parallèles, tout plan* M *perpendiculaire à l'une d'elles,* AB, *est aussi perpendiculaire à l'autre,* CD, *et réciproquement.*

Car si par le point D, où CD rencontre M (fig. 169), je mène dans ce plan une droite quelconque DE et par le pied B de AB une parallèle BK à DE, dirigée dans le même sens, les deux angles CDE, ABK, dont les côtés sont parallèles et dirigés dans le même sens, seront égaux. Mais

AB étant perpendiculaire au plan M, l'angle ABK est droit ; donc son égal CDE est droit aussi, et CD, perpendiculaire à une droite quelconque DE, menée par son pied dans le plan M, est perpendiculaire à ce plan.

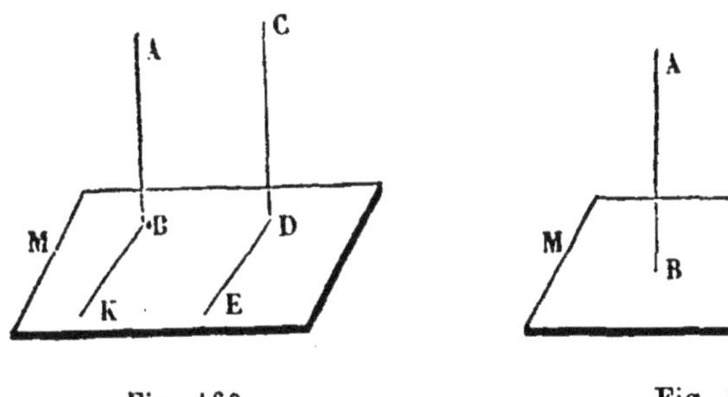

Fig. 169. Fig. 170.

Réciproquement, *deux droites* AB, CD *perpendiculaires à un même plan* M *sont parallèles.* Car si par un point quelconque H de CD on mène une parallèle à AB, elle sera perpendiculaire au plan M et se confondra avec CD (n° 217) (fig. 170).

232 — *Corollaire* 1. — *Deux droites* A, B *parallèles à une troisième* C *sont parallèles entre elles*; car si l'on mène un plan perpendiculaire à la droite C, il sera en même temps perpendiculaire à chacune des droites A, B, qui sont donc parallèles.

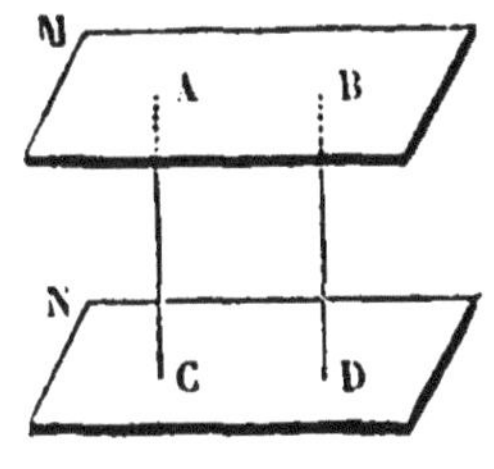

Fig. 171.

233 — *Corollaire* 2. — *Deux plans parallèles* M, N *sont partout à égale distance ;* en effet, si de deux points quelconques A, B pris sur l'un d'eux (fig. 171) j'abaisse des perpendiculaires AC, BD à l'autre, ces deux lignes seront parallèles et par conséquent égales, puisqu'elles sont comprises entre deux plans parallèles.

N° 35.

(5, 6, 7)

Angles formés par les plans.

234 — Lorsque deux plans se rencontrent, la figure que forment ces plans, terminés à leur intersection commune, s'appelle *angle* *dièdre.* — Les plans qui forment l'angle dièdre en sont les *faces* et leur intersection en est l'*arête* (fig. 172).

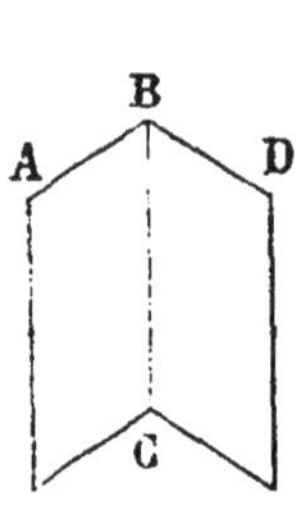

Fig. 172.

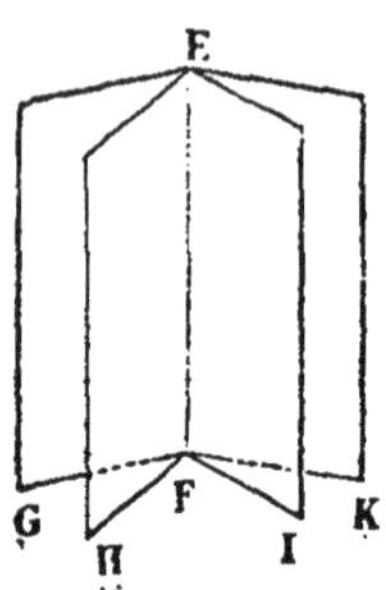

Fig. 173.

On désigne un angle dièdre par son arête lorsqu'il est isolé : ainsi on dira l'angle dièdre BC. Lorsque plusieurs angles dièdres ont une arête commune, on les désigne par quatre lettres appartenant à leurs faces et on place les lettres de l'arête entre les deux autres. Exemple : les angles dièdres GEFH, HEFI, IEFK (fig. 173).

235 — Soient Q, MN deux plans qui se rencontrent suivant AB, en formant deux angles dièdres inégaux QABN, QABM; si l'on conçoit que le plan Q se relève en tournant sur AB, comme une porte sur ses gonds, dans le sens marqué par la flèche, l'un des angles dièdres QABN augmentera, l'autre QABM diminuera, d'une manière continue, et le plan Q finira par prendre une position telle que P, où les deux angles dièdres PABN, PABM seront égaux. On dit alors que le plan P est perpendiculaire sur le plan MN, et chacun des angles dièdres adjacents égaux PABN, PABM est appelé *angle dièdre droit*, ou simplement *dièdre droit* (fig. 174).

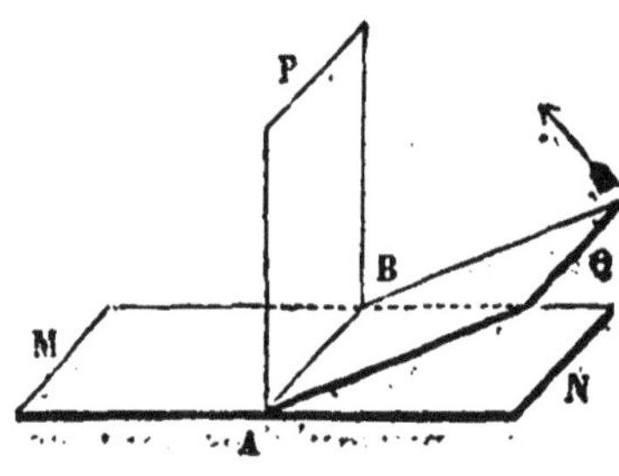

Fig. 174.

On démontrerait, comme on l'a fait dans la géométrie plane, nos 17, 18 et 23, pour des propositions correspondantes, que :

236 — 1° *Par une droite AB située dans un plan MN on ne peut mener qu'un seul plan P perpendiculaire à un plan donné MN, et que tous les angles dièdres droits sont égaux entre eux.*

2° *Lorsque deux angles dièdres adjacents valent en somme deux angles droits, leurs faces extérieures sont dans un même plan.*

237 — On nomme *angle plan correspondant* à l'angle dièdre l'angle HKL (fig. 175) formé par deux perpendiculaires KH, KL à l'arête BC, menées dans les deux faces de l'angle dièdre et par un même point de l'arète. — Il est évident, d'ailleurs, que cet angle est le même, quel que soit le point de l'arète par lequel on mène les perpendiculaires. Car deux angles HKL, EFG, ainsi formés, ont leurs côtés parallèles et sont égaux.

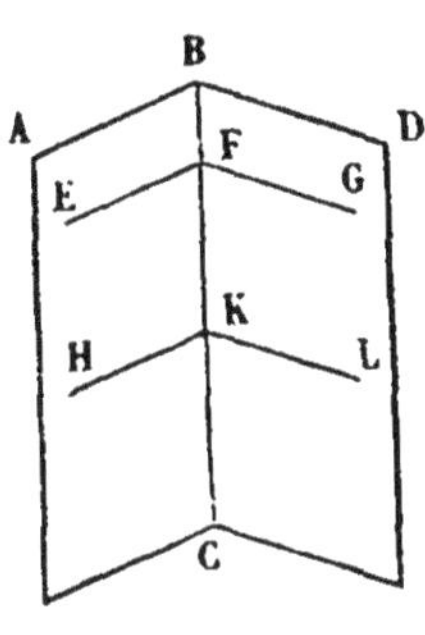

Fig. 175.

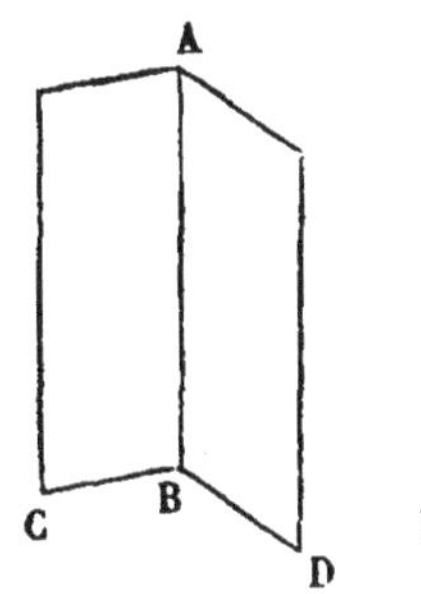

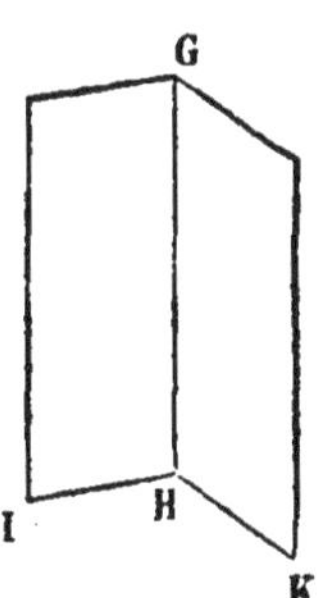

Fig. 176.

THÉORÈME.

238 — *Deux angles dièdres* AB, GH *sont égaux lorsque leurs angles plans correspondants* CBD, IHK *sont égaux* (fig. 176) *et réciproquement.*

En effet, si je fais coïncider l'angle plan IHK et son égal CBD, l'arête GH, perpendiculaire sur les deux droites HI, HK, se confondra avec l'arête AB, perpendiculaire sur BD, BC (n° 217) ; donc la face KHG se confondra avec celle DBA (n° 210), la face IHG avec celle CBA, et les deux angles dièdres n'en feront qu'un.

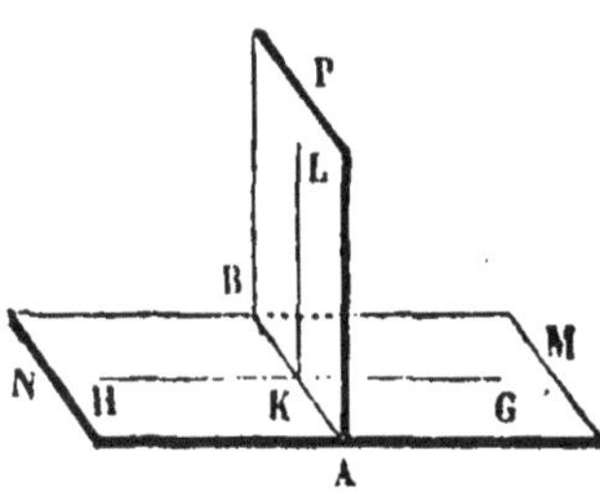

Fig. 177.

239 — *Corollaire* 1. — *A l'angle plan droit correspond l'angle dièdre droit.* Car si les deux angles plans adjacents GKL, HKL sont égaux, les angles dièdres adjacents qui leur correspondent PABM, PABN seront aussi égaux et par conséquent droits (fig. 177).

240 — *Corollaire* 2. — *Deux angles dièdres correspondants sont égaux entre eux.*

THÉORÈME.

241 — *Le rapport de deux angles dièdres* AB, EF *est le même que celui de leurs angles plans correspondants* CBD, GFH.

Supposons que les deux angles plans CBD, GFH aient pour commune mesure CBI et que cette commune mesure soit contenue cinq fois dans CBD et trois fois dans GFH (fig. 178). On aura.

$$\frac{CBD}{GFH} = \frac{5}{3}$$

Comme tous les angles plans CBI, IBK,..... PFQ, QFH sont égaux entre eux, si je mène les plans ABI, ABK,..... EFQ, les huit angles

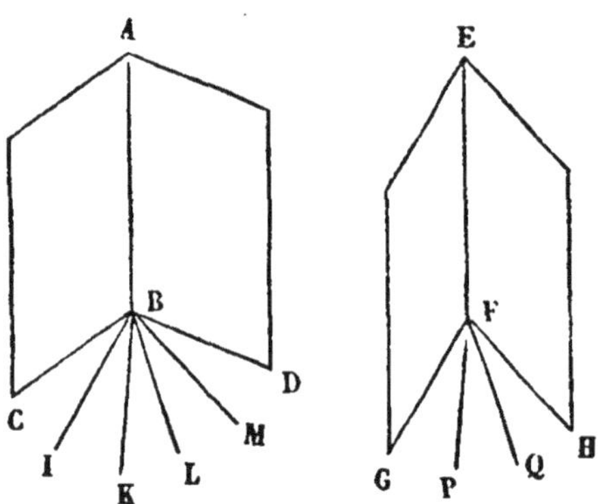

Fig 178.

dièdres CABI, IABK,..... QEFH seront aussi égaux entre eux ; mais l'angle dièdre CABD contient cinq, et l'angle dièdre GEFH trois de ces huit angles dièdres; donc

$$\frac{CABD}{GEFH} = \frac{5}{3}$$

Par conséquent, $$\frac{CABD}{GEFH} = \frac{CBD}{GFH}$$

Cette démonstration étant vraie, quelque petite que soit la commune mesure des angles CBD, GFH, est générale.

THÉORÈME.

242 — *Si l'on prend pour unité d'angle dièdre celui qui correspond à l'unité d'angle plan, le rapport d'un angle dièdre à son unité est égal au rapport de l'angle plan correspondant à son unité.*

Car si A, B sont deux angles dièdres, *a*, *b* les angles plans qui leur correspondent, on a

$$\frac{A}{B} = \frac{a}{b}$$

et en prenant B pour unité d'angle dièdre et b pour unité d'angle plan, le théorème se trouve démontré par cette égalité.

L'unité d'angle plan étant l'angle plan droit, on prend pour unité d'angle dièdre l'angle dièdre qui correspond à l'angle plan droit.

Remarque. — Ce théorème peut encore s'énoncer ainsi : *la mesure d'un angle dièdre est égale à la mesure de l'angle plan correspondant.*

Plans perpendiculaires entre eux.

THÉORÈME.

243 — *Lorsqu'une droite* DC *est perpendiculaire à un plan* AB, *tout plan* DEF *conduit suivant cette droite est perpendiculaire au premier* (fig. 179).

Dans le plan AB je mène CG, perpendiculaire à l'intersection EF des deux plans. Puisque DC est perpendiculaire au plan AB, elle sera perpendiculaire à chacune des droites EF, CG ; par conséquent, DCG est l'angle plan correspondant à l'angle dièdre DEFB, et de plus cet angle est droit. Donc le plan DEF est perpendiculaire sur AB.

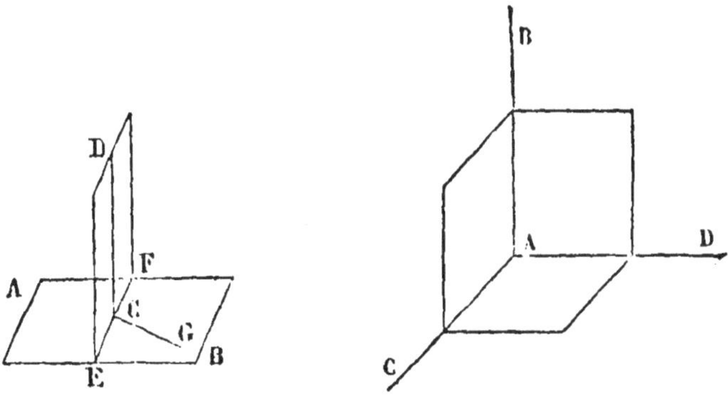

Fig. 179. Fig. 180.

244 — *Corollaire.* — *Lorsque trois droites* AB, AC, AD *sont perpendiculaires deux à deux* (fig. 180), *chacune d'elles est perpendiculaire au plan des deux autres et les trois plans sont perpendiculaires deux à deux.*

THÉORÈME.

245 — *Lorsque deux plans* AB, DE *sont perpendiculaires, toute droite* CD *menée dans l'un d'eux* DE, *perpendiculairement à leur intersection* EF *est perpendiculaire sur l'autre plan* AB (fig. 179).

Dans le plan AB je mène CG, perpendiculaire sur EF, l'angle plan DCG correspondra à l'angle dièdre DEFB et sera droit, puisque les deux plans sont perpendiculaires. La droite DC est donc perpendiculaire sur les deux droites EF, CG et par conséquent sur le plan AB, qui contient ces deux droites.

246 — *Corollaire. — Lorsque deux plans* A, M *sont perpendiculaires entre eux, toute perpendiculaire* CD *à l'un d'eux* A, *menée par un point* C *de l'autre* M, *est tout entière dans ce dernier plan* (fig. 181). Car la droite CD, menée, dans le plan M, perpendiculaire

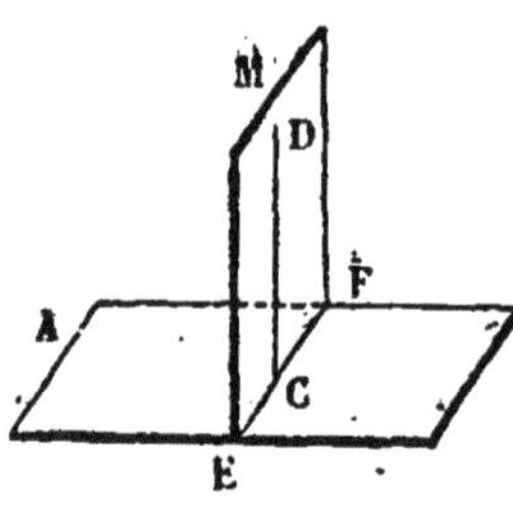

Fig. 181.

à EF est perpendiculaire au plan A, et on ne peut, par le point C mener qu'une seule perpendiculaire à ce plan.

THÉORÈME.

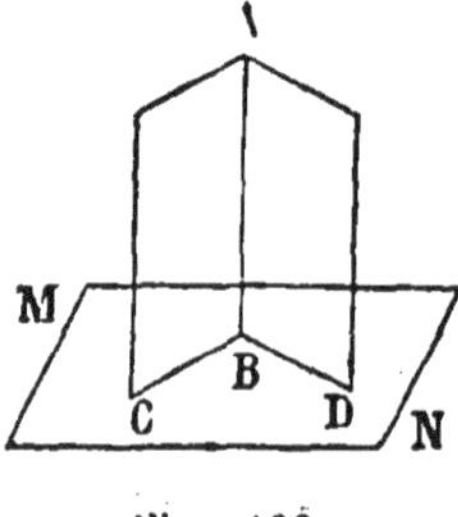

Fig. 182.

247 — *Lorsque deux plans* AC, AD *sont perpendiculaires à un troisième* MN, *leur intersection* AB *est perpendiculaire à ce troisième plan* (fig. 182).

En effet, si par un point quelconque de AB, qui appartient aux deux plans AC, AD, on mène une perpendiculaire au plan MN, d'après le corollaire précédent, cette perpendiculaire devra se trouver à la fois dans chacun des deux plans AC, AD; elle se confondra donc avec AB.

Des angles trièdres.

DÉFINITIONS.

248 — On appelle *angle solide, ou angle polyèdre*, la figure formée par plusieurs plans qui se rencontrent en un même point. Lorsque le nombre des plans est égal à trois, l'angle solide est dit *angle trièdre* (fig. 183).

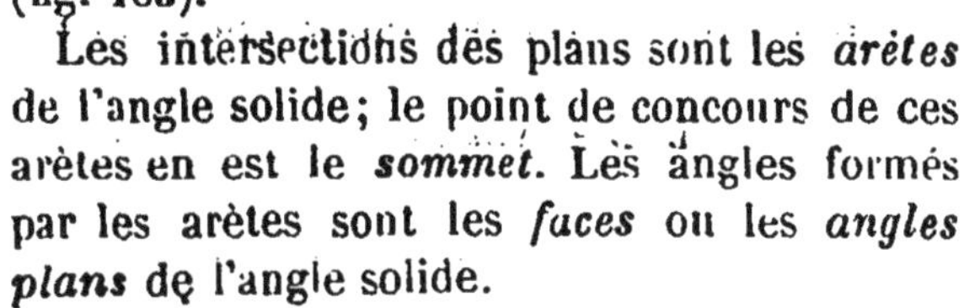

Les intersections des plans sont les *arètes* de l'angle solide; le point de concours de ces arètes en est le *sommet*. Les angles formés par les arètes sont les *faces* ou les *angles plans* de l'angle solide.

Fig. 183.

249 — Si l'on prolonge les arètes d'un angle trièdre SABC au delà du sommet S, on forme un nouvel angle trièdre SA'B'C' composé des mêmes éléments que le premier; car deux angles dièdres SB, SB' sont formés par les mêmes plans, et deux faces ASC, A'SC' sont égales comme angles opposés par le sommet (fig. 184). Cependant les parties égales ne sont pas disposées de la même manière et en général on ne pourra pas superposer ces deux angles trièdres. On voit, en effet, qu'en faisant tourner l'angle trièdre SA'B'C' autour du sommet S' de manière que la droite SB' se confonde avec SA et SA' avec SB, les angles dièdres SA, SB' étant en général différents, la face B'SC' ne prendra pas la direction de la face ASC. — Si on plaçait SA' sur SA, et SB' sur SB, les deux trièdres se trouveraient situés de part et d'autre de la face commune ASB.

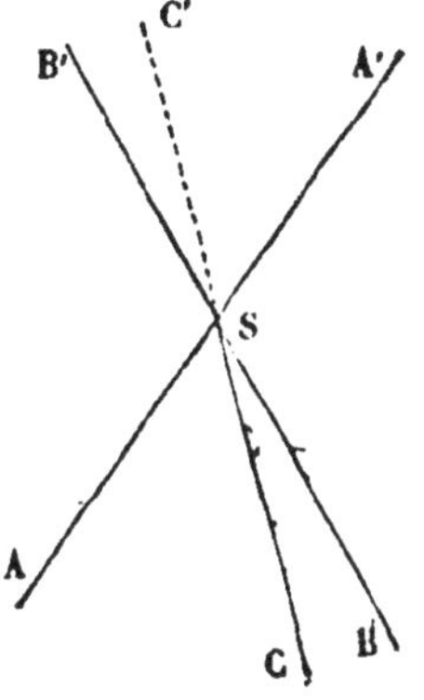

Fig. 184.

THÉORÈME.

250 — *Dans tout angle trièdre* SABC, *un angle plan quelconque est plus petit que la somme des deux autres.*

Il suffit de démontrer que le plus grand des trois angles plans, ASB, par exemple, est plus petit que la somme des deux autres ASC et CSB (fig. 185).

Dans l'angle ASB, formons l'angle ASD = ASC, et menons la droite

ADB qui rencontre les trois lignes SA, SD, SB; puis prenons sur la troisième arète une longueur SC=SD et joignons le point C aux points A, B. — Les deux triangles ASC, ASD ont un angle égal compris entre côtés égaux et sont égaux; donc AD=AC. Mais AB<AC+CB; retranchant de ces deux quantités inégales AD et AC, on a

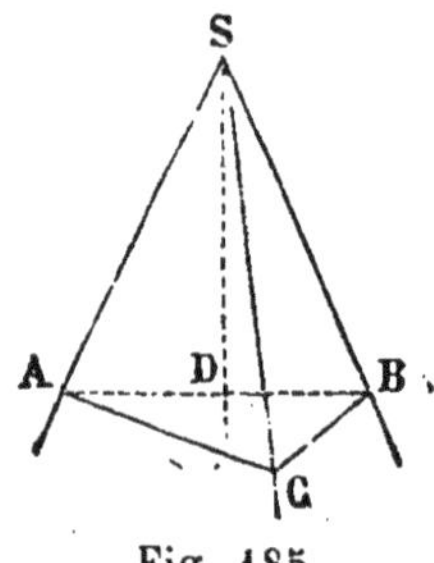

Fig. 185.

AB—AD ou DB, <CB.

Cela étant, les deux triangles BSD, BSC ont le côté SB commun, SD=SC et DB<CB : donc l'angle BSD<BSC, et par conséquent

BSD+ASD, ou bien BSA <BSC+CSA.

N° 36.

(8, 9)

Les polyèdres.

DÉFINITIONS.

251 — On nomme *polyèdre* un solide terminé de toutes parts par des plans; les polygones que forment ces plans par leurs intersections sont les *faces* du polyèdre. Les *angles* d'un polyèdre sont les angles solides formés par ses faces; — ses *sommets* sont les sommets de ses angles; — ses *arêtes* sont les côtés des polygones qui composent ses faces; — ses *diagonales* sont les droites qui joignent deux sommets non situés sur la même face (fig. 186).

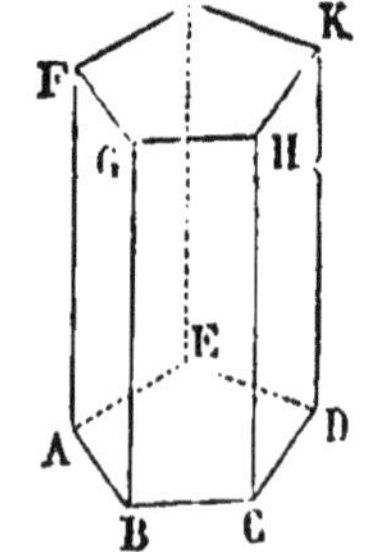

Fig. 186.

Un polyèdre est *convexe* lorsqu'il est situé entièrement d'un même côté du plan de l'une quelconque de ses faces.

Le polyèdre de quatre faces se nomme en particulier *tétraèdre*; celui de cinq, *pentaèdre*; celui de six, *hexaèdre*, etc.

252 — On nomme *prisme* un polyèdre qui a deux faces égales et parallèles, et dont les autres faces sont des parallélogrammes.

Pour construire un prisme, prenons un polygone quelconque ABCDE, et, dans un plan parallèle, formons un second polygone FGHKL dont tous les côtés soient deux à deux égaux, parallèles à ceux du premier et dirigés dans le même sens; puis joignons les sommets homologues par les droites FA, GB, HC, KD, LE. Le solide AK, ainsi formé, sera un prisme, car il aura deux faces égales et parallèles, et toutes ses autres faces, telles que GC, seront des parallélogrammes.

Les deux faces égales et parallèles AD, FK sont les *bases* du prisme; les autres faces constituent la *surface latérale* ou *convexe* de ce solide.

La *hauteur* d'un prisme est la distance de ses deux bases.

Un prisme est *droit* ou *oblique*, selon que ses arêtes latérales sont perpendiculaires ou obliques aux plans des bases.

Un prisme est *triangulaire*, *quadrangulaire*, *pentagonal*, etc., selon que ses bases sont des triangles, des quadrilatères, des pentagones, etc.

Parmi les prismes quadrangulaires, on distingue celui dont les bases sont des parallélogrammes et qui, par conséquent, a pour faces six parallélogrammes; on le nomme *parallélipipède* (fig. 187).

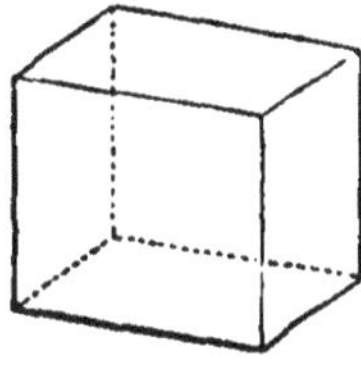

Fig. 187.

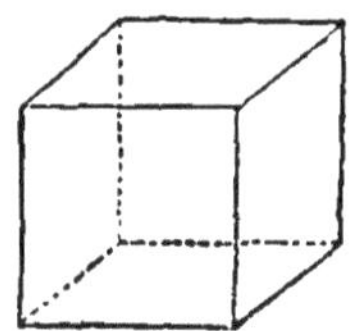

Fig. 188.

Le parallélipipède droit, dont les bases sont des rectangles, est désigné sous le nom de *parallélipipède rectangle*. Toutes ses faces sont des rectangles (fig. 188).

Le *cube* est un parallélipipède dont toutes les faces sont des carrés.

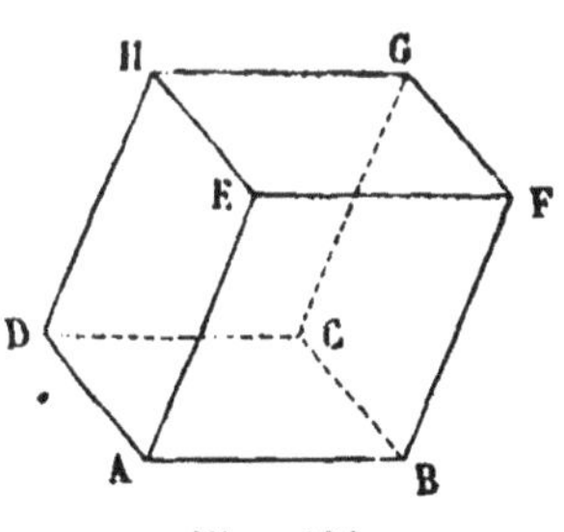

Fig. 189.

THÉORÈME.

253 — *Dans tout parallélipipède, les faces opposées sont égales et parallèles* (fig. 189).

Les deux bases AC, EG sont égales et parallèles par définition; il reste à démontrer qu'il en est de même de deux faces opposées quelconques, telles que FC, ED.

Or, les arêtes FB, EA sont égales et parallèles, comme côtés opposés d'un parallélogramme FA; il en est de même de FG, EH. Donc les angles BFG, AEH sont égaux et leurs plans parallèles (nº 229); de plus, les deux parallélogrammes FC, ED, qui ont un angle égal compris entre côtés égaux, sont égaux.

254 — *Corollaire.* — Il résulte de là que *deux faces opposées quelconques peuvent être prises pour bases du parallélipipède.*

THÉORÈME.

255 — *Deux prismes droits de bases égales et de hauteurs égales sont égaux* (fig. 190).

Plaçons le polygone A'B'C'D'E' sur son égal ABCDE; les arêtes

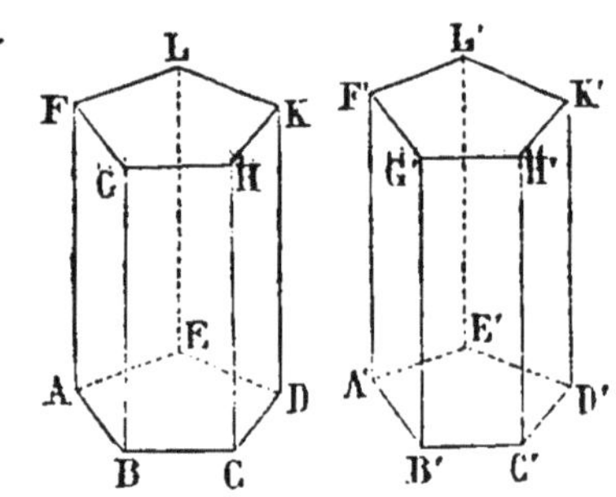

Fig. 190.

F'A', G'B',..... perpendiculaires sur le plan A'D', prendront les directions de FA, GB,..... perpendiculaires sur AD; et comme elles sont toutes égales, les extrémités F', G'..... tomberont sur les points F, G..... Donc les deux prismes coïncideront.

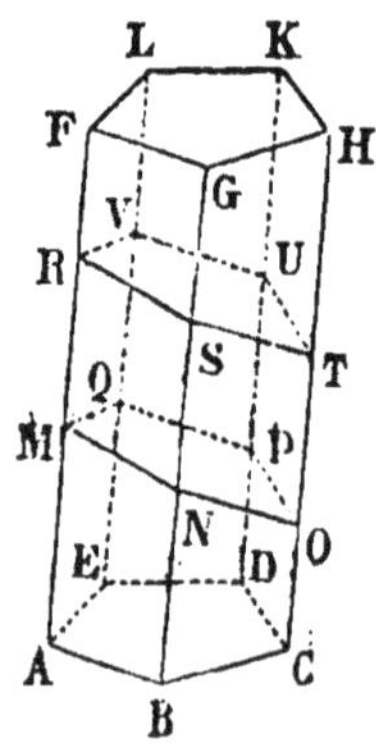

Fig. 191.

THÉORÈME.

256 — *Les sections* MNOPQ, RSTUV *faites dans un prisme* AK *par deux plans parallèles sont des polygones égaux* (fig. 191).

En effet, deux côtés homologues quelconques RS, MN de ces polygones sont parallèles comme intersections de deux plans parallèles RT, MO par un troisième AG, et de plus égaux comme droites parallèles comprises entre parallèles; deux angles homologues quelconques RST, MNO sont égaux comme ayant leurs côtés parallèles et dirigés dans le même sens. Donc ces polygones sont égaux.

257 — *Corollaire* 1. — *Toute section faite dans un prisme, pa-*

rallèlement à la base, est égale à cette base, et toute section faite par un plan dans un parallélipipède est un parallélogramme.

258 — *Corollaire 2.* — Le solide MNOPQRSTUV compris entre deux plans parallèles est un prisme, et le *solide formé dans un parallélipipède entre deux plans parallèles est un parallélipipède.*

DÉFINITION.

259 — On donne le nom de *section droite* d'un prisme à toute section faite par un plan perpendiculaire aux arêtes latérales. — *Dans un parallélipipède, tout plan perpendiculaire à une arête détermine une section droite.*

THÉORÈME.

260 — *Tout prisme oblique* ABCDEFGH *est équivalent au prisme droit qui a pour base la section droite du premier et pour hauteur son arête latérale.*

Je prends OK = AE, et par les points O et K je mène des plans perpendiculaires aux arêtes latérales du prisme oblique ; j'obtiens ainsi un prisme KLMNQPQR et je dis qu'il est équivalent au prisme oblique (fig. 192).

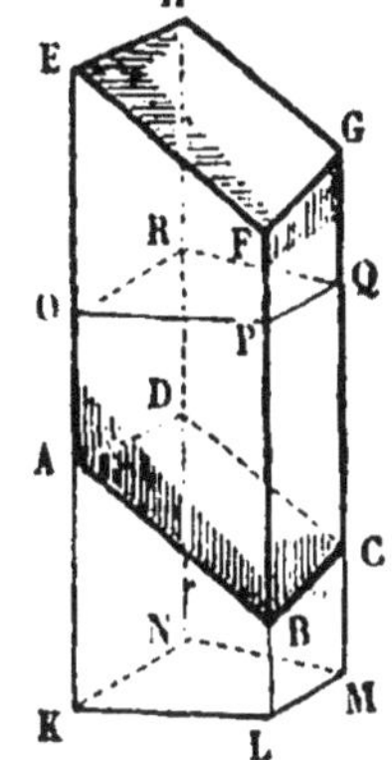

Fig. 192.

Pour le démontrer, je vais faire voir que les deux solides KLMNABCD, OPQREFGH sont égaux. En effet, si je place le polygone KLMN sur son égal (nº 256) OPQR, les arêtes KA, LB, MC, ND, perpendiculaires au plan KM, prendront respectivement les directions de OE, PF, QG, RH, perpendiculaires au plan OQ. D'ailleurs, de ce que OK = EA, il résulte que OK — OA = EA — OA, ou KA = OE ; donc le point A tombera sur le point E. Par une raison semblable, les points B, C, D tomberont respectivement en F, G, H, et les deux solides KC, OG sont égaux.

Si de la figure entière KG, on retranche ces solides égaux KC, OG, les restes qu'on obtient, ou les prismes KQ, AG, sont équivalents.

261 — *Corollaire.* — *Deux prismes qui ont des sections droites égales et les arêtes perpendiculaires à la section droite égales sont équivalents.*

THÉORÈME.

262 — *Tout plan* BFHD *mené par deux arêtes opposées* FB, HD *d'un parallélipipède* AG *le divise en deux prismes triangulaires* ABDEFH, BCDFGH *équivalents entre eux* (fig. 193).

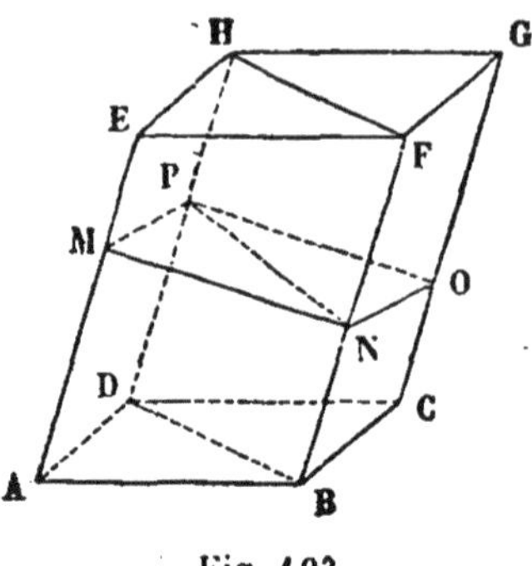

Fig. 193.

Par un point quelconque M de l'arête EA, je mène un plan perpendiculaire à cette arête; la section MNOP sera un parallélogramme et se trouvera partagée par le plan BFHD en deux triangles égaux MNP, PNO. Chacun de ces triangles sera la section droite de l'un des prismes ABDEFH, BCDFGH, et ces deux prismes, ayant des sections droites égales et une arête latérale égale, sont équivalents.

Mesure du parallélipipède.

263 — Mesurer un volume, c'est chercher combien de fois il contient l'unité de volume, ou combien il contient de parties de l'unité de volume; on peut dire généralement que c'est chercher son rapport à l'unité de volume.

THÉORÈME.

264 — *Le volume d'un parallélipipède rectangle a pour mesure le produit de ses trois dimensions ou le produit de sa base par sa hauteur.*

1° Supposons que les trois dimensions du parallélipipède AG contiennent chacune un nombre exact d'unités de longueur, de mètres, par exemple, et que la longueur CD = 5 mètres, la longueur CA = 2 mètres et la longueur CH = 3 mètres (fig. 194).

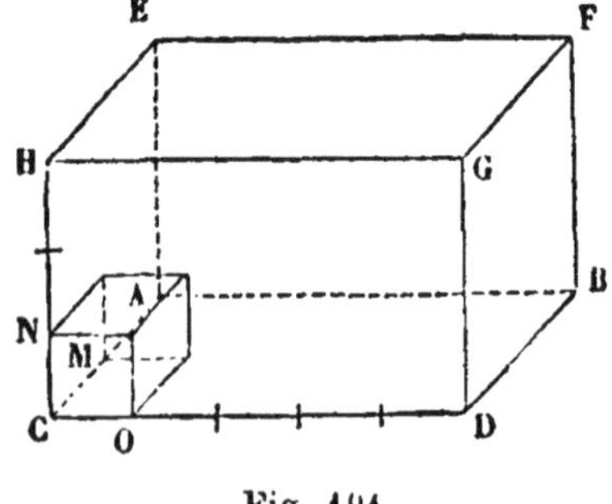

Fig. 194.

Le rectangle ABDC, base du parallélipipède, contient 5 × 2 = 10 mètres carrés (n° 172) ; sur chacun de ces 10 mètres carrés on peut construire un mètre cube, ce qui donnera une tranche de 10 mètres cubes ayant un mètre de hauteur. Le parallélipipède, qui a 3 mètres de hauteur, sera formé de trois tranches contenant chacune 10 mètres cubes, c'est-à-dire de 10 × 3 = 30 mètres cubes. On voit que le nombre de mètres cubes contenus dans ce parallélipipède rectangle est donné par le produit, 5 × 2 × 3, des trois nombres qui expriment les longueurs de ses trois dimensions.

2° Supposons que les trois dimensions du parallélipipède rectangle soient respectivement 7 mètres, 5m 8 et 4m 63. Ces trois nombres pouvant s'énoncer 700 centimètres, 580 centimètres et 463 centimètres, le nombre de centimètres cubes contenus dans ce solide sera

$$700 \times 580 \times 463 = 187978000;$$

mais le centimètre cube est la millionième partie du mètre cube, donc le volume du parallélipipède est représenté par le nombre 187,978, qui est le produit 7 × 5,8 × 4,63 des longueurs de ses trois dimensions.

3° Si les trois dimensions du parallélipipède donné n'avaient pas de commune mesure avec le côté du cube choisi pour unité de volume, on pourrait supposer à ces lignes une commune mesure infiniment petite et le théorème serait encore vrai.

265 — *Remarque.* — Le produit des deux arêtes, côtes du rectangle qui forme la base du parallélipipède, représentant l'aire de ce rectangle (n° 172), on peut dire aussi que *le volume du parallélipipède rectangle a pour mesure le produit de sa base par sa hauteur*, c'est-à-dire que le nombre d'unités de volume contenues dans le parallélipipède est égal au nombre d'unités de surface contenues dans la base, multiplié par le nombre d'unités de longueur contenues dans la hauteur.

THÉORÈME.

266 — *Le volume d'un parallélipipède droit a pour mesure le produit de sa base par sa hauteur* (fig. 195).

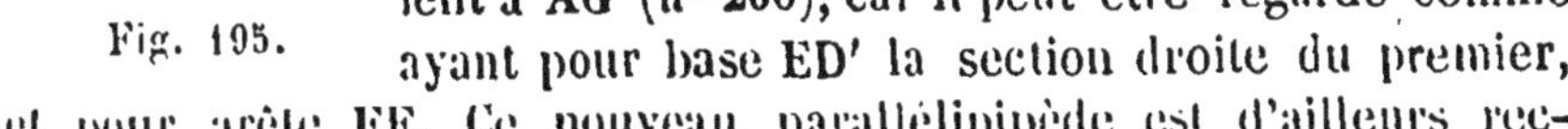

Fig. 195.

Soit le parallélipipède droit AG, qui a pour base le parallélogramme ABCD et pour hauteur AE.

Par les extrémités E, F de l'une des arêtes supérieures, menons deux plans perpendiculaires à cette ligne; ils contiendront respectivement les deux arêtes EA, FB, perpendiculaires sur EF (n° 216), et formeront un second parallélipipède AG', équivalent à AG (n° 260), car il peut être regardé comme ayant pour base ED' la section droite du premier, et pour arête EF. Ce nouveau parallélipipède est d'ailleurs rectangle, car les trois droites EA, EF, EH' sont perpendiculaires deux à deux (n° 244), et il a pour mesure ABC'D' × AE. Donc le parallélipipède droit, équivalent, a même mesure, ou, ce qui revient au même,

ABCD × AE,

c'est-à-dire *sa base parallélogrammique, multipliée par sa hauteur.*

Le parallélipipède rectangle, et par conséquent le parallélipipède droit AG, peuvent aussi être considérés comme ayant pour mesure

ABFE × AD',

c'est-à-dire *une des faces rectangulaires multipliée par la hauteur correspondante.*

THÉORÈME.

267 — *Le volume d'un parallélipipède quelconque a pour mesure le produit de sa base par sa hauteur* (fig. 196).

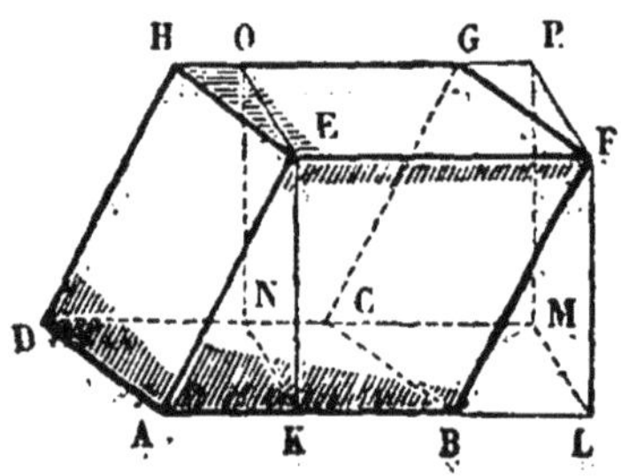

Fig. 196.

Soit le parallélipipède oblique AG.

Par les extrémités de l'une quelconque des arêtes EF, menons deux plans perpendiculaires à cette arête; ils formeront un parallélipipède droit EM, équivalent au parallélipipède oblique (n° 260), ayant même hauteur et une base rectangulaire EFPO équivalente à EFGH (n° 174).

La mesure du parallélipipède droit étant égale au produit de sa base EFPO par sa hauteur, celle du parallélipipède oblique sera la même ou bien le produit de sa base EFGH par sa hauteur.

268 — *Corollaire.* — *Deux parallélipipèdes quelconques sont entre eux dans le même rapport que les produits de leurs bases par leurs hauteurs ou que les produits de leurs trois dimensions.*

Il résulte de là que *deux parallélipipèdes de bases équivalentes sont entre eux dans le même rapport que leurs hauteurs, et que deux parallélipipèdes de hauteurs égales sont entre eux dans le même rapport que leurs bases.*

THÉORÈME.

269 — *Le volume d'un prisme a pour mesure le produit de sa base par sa hauteur.*

1° Soit le prisme triangulaire ABCDEF (fig. 197).

Achevons le parallélipipède AK ayant pour arête latérale AF et pour base le parallélogramme AH, double du triangle ABC il sera double du prisme (n° 262) et aura pour mesure ABHC, ou 2ABC, multipliée par sa hauteur FG. Donc le prisme ABCDEF, moitié du parallélipipède, a pour mesure de son volume

$$ABC \times FG.$$

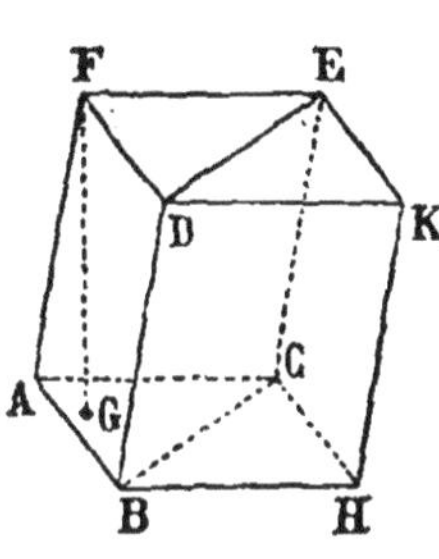

Fig. 197.

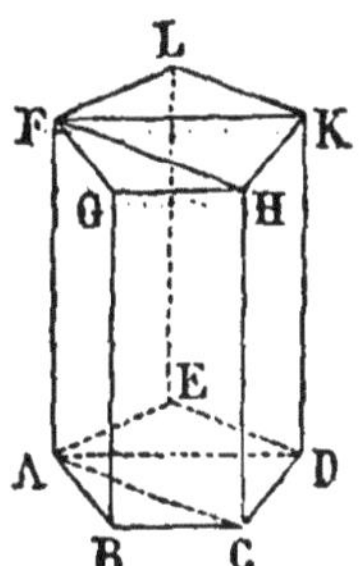

Fig. 198.

2° Considérons le prisme polygonal ABCDEK. Menons des plans par l'arête AF et les arêtes parallèles CH, DK ; nous le décomposerons en prismes triangulaires ayant même hauteur que lui (fig. 198).

Soit H cette hauteur commune ; on aura

Prisme ABCFGH = ABC × H;
Prisme ACDFHK = ACD × H;
Prisme ADEFKL = AED × H;

Donc le prisme polygonal, somme des prismes triangulaires, a pour mesure de son volume

$$(ABC + ACD + AED)\ H, \text{ ou bien } ABCDE \times H.$$

270 — *Remarque.* — Si l'on considérait un prisme non convexe, ABCDEFI, on pourrait le regarder comme la somme des prismes convexes ABCFH, CFEI, CEDL, ayant même hauteur que lui. La somme des bases de ces prismes convexes formant la base ABCDEF du prisme donné, l'expression du volume resterait la même (fig. 199).

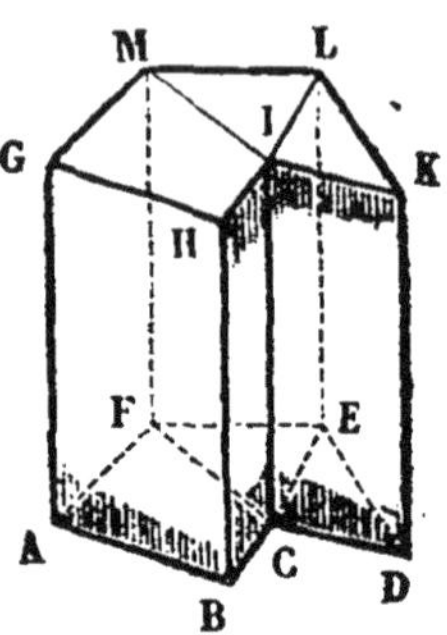

Fig. 199.

271 — *Corollaire.* — ***Deux prismes de bases équivalentes et de hauteurs égales sont équivalents.***

N° 37.

(10, 11)

De la pyramide.

DÉFINITIONS.

272 — La *pyramide* est le solide compris entre un polygone et des triangles ayant pour bases les côtés de ce polygone et pour sommet commun un point situé hors de son plan. — Le point S est le ***sommet*** de la pyramide; le polygone ABCDE en est la ***base***, et l'ensemble des triangles SAB, SBC,..... forme sa ***surface convexe*** ou ***latérale***. — La ***hauteur*** SF d'une pyramide est la perpendiculaire abaissée du sommet sur le plan de la base, prolongé s'il est nécessaire (fig. 200).

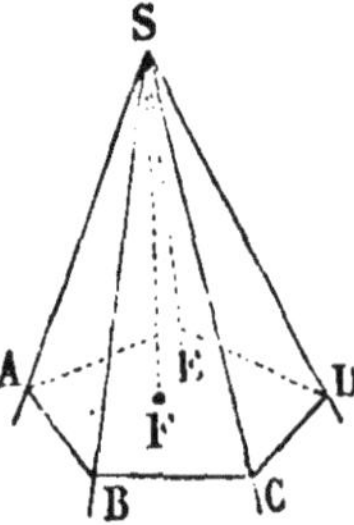

Fig. 200.

Une ***pyramide*** est dite ***régulière*** lorsque sa base est un polygone régulier et qu'en même temps le pied de sa hauteur est le centre de la base. Cette hauteur s'appelle alors l'***axe*** de la pyramide.

Une *pyramide* est *triangulaire, quadrangulaire,.....* selon que la base est un triangle, un quadrilatère, etc.

273 — Si l'on coupe une pyramide par un plan quelconque, la portion de ce solide comprise entre la base et le plan sécant est appelée *pyramide tronquée* ou *tronc de pyramide.*

THÉORÈME.

274 — *Si deux pyramides,* SABC, S'A'B'C'D', *ont des hauteurs égales et qu'on les coupe par des plans parallèles aux bases, et également distants des sommets, les sections sont entre elles dans le même rapport que les bases* (fig. 201).

Le plan *abc* étant parallèle au plan ABC, deux côtés homologues quelconques AB, *ab* de ces deux polygones sont parallèles, comme

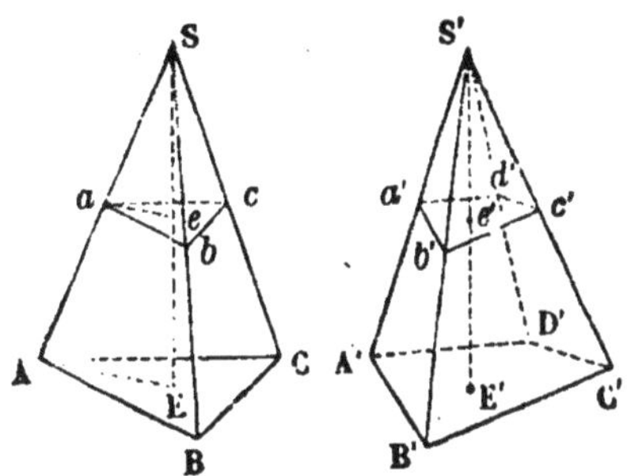

Fig. 201.

intersections de deux plans parallèles par un troisième SAB. Il résulte de là que : 1° deux triangles tels que SAB, *Sab*, sont semblables, et que $\frac{AB}{ab}=\frac{SA}{Sa}$; 2° les deux polygones ABC, *abc*, ont tous leurs angles égaux et leurs côtés proportionnels; donc ils sont semblables et (n° 191) l'on a

$$\frac{ABC}{abc}=\frac{\overline{AB}^2}{\overline{ab}^2}=\frac{\overline{SA}^2}{\overline{Sa}^2}$$

Si je fais passer un plan par l'arète SA et la hauteur SE de la grande pyramide, AE, *ae* seront aussi parallèles; donc les triangles semblables SAE, *Sae*, donneront, en désignant par H et *h* les hauteurs, SE, *Se*,

$$\frac{SA}{Sa}=\frac{H}{h}$$

et par conséquent

$$\frac{ABC}{abc} = \frac{H^2}{h^2}$$

Soit S'A'B'C'D' une nouvelle pyramide, de hauteur H, dans laquelle on mène un plan parallèle à la base, à une distance h du sommet S'; $a'b'c'd'$ est la section, on aura de même

$$\frac{A'B'C'D'}{a'b'c'd'} = \frac{H^2}{h^2}$$

Donc $\frac{A'B'C'D'}{a'b'c'd'} = \frac{ABC}{abc}$, ce qu'il fallait démontrer.

275 — *Corollaire.* — *Lorsque les deux bases* A'B'C'D' et ABC *sont équivalentes, les sections* $a'b'c'd'$ et abc *sont aussi équivalentes.*

THÉORÈME.

276 — *Deux pyramides triangulaires* S, S', *de bases égales* ABC, A'B'C', *et de hauteurs égales, sont équivalentes* (fig. 202).

Je suppose les bases sur un même plan; je divise la hauteur commune, H, en un nombre quelconque de parties égales, et par les

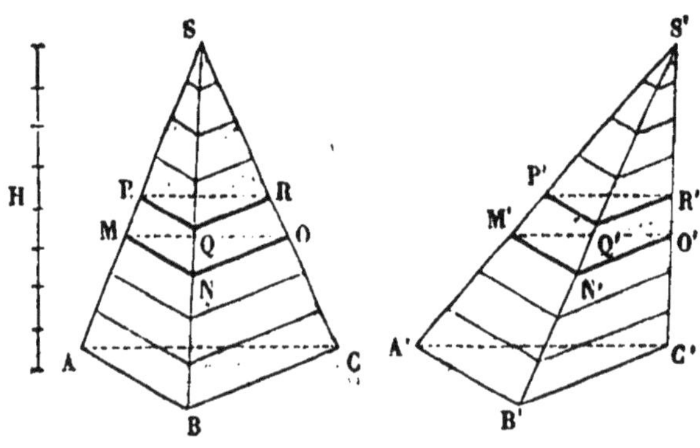

Fig. 202.

points de divisions je mène des plans parallèles aux bases; ils partageront ces deux pyramides en un même nombre de tranches de même épaisseur.

Deux sections correspondantes, MNO, M'N'O', seront semblables aux bases ABC, A'B'C', et dans le même rapport que ces bases, par conséquent égales entre elles. Ainsi deux tranches correspondantes, MNOPQR, M'N'O'P'Q'R', ayant des bases égales et même épaisseur, pourront être regardées comme rigoureusement égales, si on suppose cette épaisseur infiniment petite ou infiniment grand le nombre de parties égales dans lequel on divise H.

Ces deux pyramides, composées d'un même nombre de tranches infiniment minces, égales chacune à chacune, sont donc équivalentes.

THÉORÈME.

277 — *Le volume d'une pyramide est égal au tiers du produit de sa base par sa hauteur.*

1° Soit la pyramide triangulaire SABC; j'achève le prisme ABCSED, de même base ABC que la pyramide, de même hauteur SO et ayant avec elle une arête latérale commune, SB. Si je mène le plan ASE, le prisme se trouvera décomposé en trois pyramides triangulaires SABC, SACE, SADE, équivalentes. En effet, les deux pyramides SABC, SADE, ont des bases égales, ABC, SDE, et pour hauteur la hauteur du prisme; donc (n° 276) elles sont équivalentes; de même les deux pyramides SADE, SACE, pouvant être regardées comme ayant leur sommet au même point S et leurs bases égales ADE, ACE, sur un même plan, sont équivalentes (fig. 203).

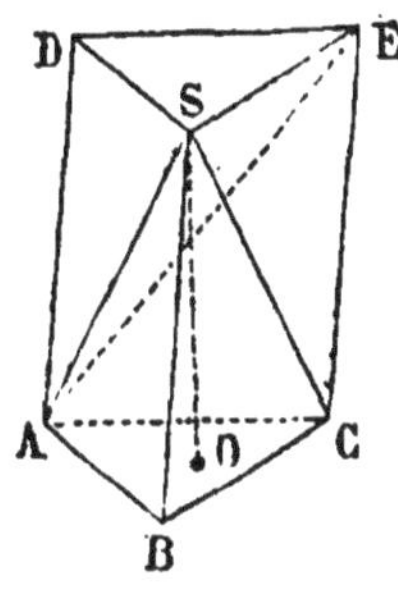

Fig. 203.

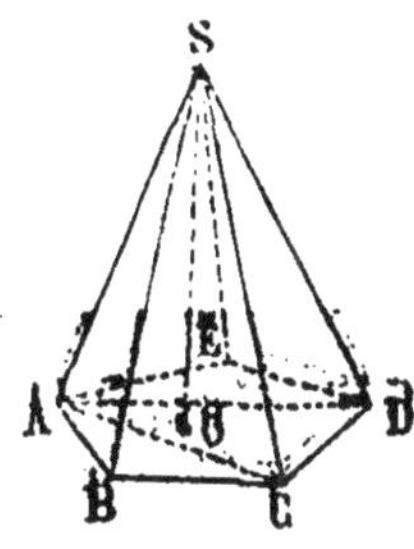

Fig. 204.

Mais le prisme a pour mesure ABC × SO; donc la pyramide SABC, qui en est le tiers, a pour mesure $\frac{1}{3}$ ABC × SO.

2° Soit la pyramide polygonale SABCDE. Je la décompose en pyramides triangulaires SABC, SACD, SADE, ayant même hauteur SO que la pyramide donnée (fig. 204). On aura

$$\text{pyr. SABC} = \frac{1}{3}\ \text{ABC} \times \text{SO}$$

$$\text{pyr. SACD} = \frac{1}{3}\,\text{ACD} \times \text{SO}$$

$$\text{pyr. SADE} = \frac{1}{3}\,\text{ADE} \times \text{SO}$$

Donc, en faisant la somme, on a

$$\text{pyr. SABCDE} = \frac{1}{3}\,\text{ABCDE} \times \text{SO}.$$

2 — *Corollaire 1.* — ***Deux pyramides de bases équivalentes et de hauteurs égales sont équivalentes.***

279 — *Corollaire 2.* — Si l'on décompose un polyèdre en pyramides, en prenant le volume de chacune d'elles et formant la somme des volumes de ces pyramides, on aura le volume du polyèdre.

THÉORÈME.

280 — ***Le volume d'un tronc de pyramide à bases parallèles est égal à la somme des volumes de trois pyramides, ayant pour hauteur commune la hauteur du tronc, et pour bases respectives la base inférieure du tronc, sa base supérieure et une moyenne proportionnelle entre ces deux bases.***

1° Soit le tronc de pyramide triangulaire ABCDEF, dont les bases ABC, DEF sont parallèles. Je mène les deux plans AEC, DEC, qui partagent le tronc en trois pyramides triangulaires EABC, EDFC, EDCA.

La première, EABC, a pour base la base inférieure ABC du tronc, et pour hauteur celle du tronc, puisque son sommet E se trouve sur le plan DEF. La seconde pyramide EDCF peut être considérée comme ayant pour base DEF, ou la base supérieure du tronc, et pour hauteur celle du tronc, puisque son sommet C est sur le plan ABC.

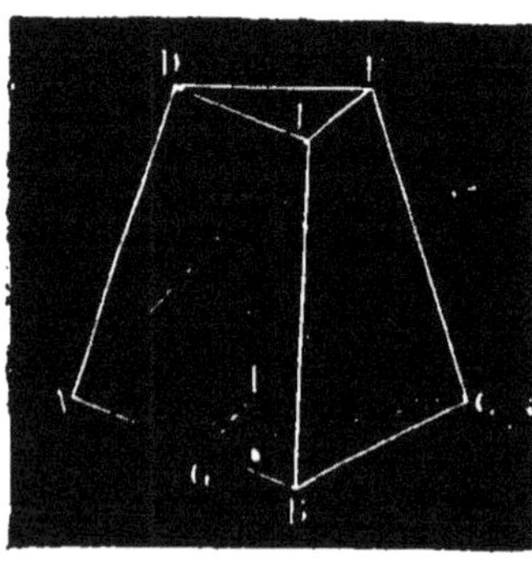

Fig. 205.

Il me reste à considérer la troisième pyramide EDCA (fig. 205). Si je mène EG, parallèle à AD et que je joigne le point G aux points D, C, je forme une nouvelle pyramide GADC, équivalente à EDCA; car elles ont toutes deux pour bases ADC, et leurs sommets E, G, étant placés sur une parallèle au plan de cette base, elles ont même hauteur. Cette pyramide GADC peut être regardée comme ayant son sommet en D et pour base AGC; elle a donc pour hauteur la hauteur du tronc; je dis que sa base AGC est moyenne proportionnelle entre les deux bases du tronc.

Par le point G je mène GI parallèle à BC, le triangle AGI sera égal à la base supérieure DEF. Or les deux triangles AGI, AGC, qui ont même hauteur, sont dans le rapport de leurs bases, AI, AC, donc

$$\frac{AGI}{AGC}=\frac{AI}{AC}$$

De même les deux triangles AGC, ABC, qui ont une hauteur commune, sont dans le même rapport que leurs bases AG, AB, et

$$\frac{AGC}{ABC}=\frac{AG}{AB}$$

Mais, puisque GI est parallèle à BC, les rapports $\frac{AI}{AC}$ et $\frac{AG}{AB}$ sont égaux;

$$\text{donc } \frac{AGI}{AGC}=\frac{AGC}{ABC}$$

GADC est donc la troisième pyramide.

2° Soit le tronc de pyramide polygonale ABCDEFGH, différence des deux pyramides SABCD et SEFGH (fig. 206). Sur le plan de la base ABCD je conçois un triangle A'B'C' équivalent à ce polygone, et je le considère comme la base d'une pyramide S'A'B'C' de même hauteur

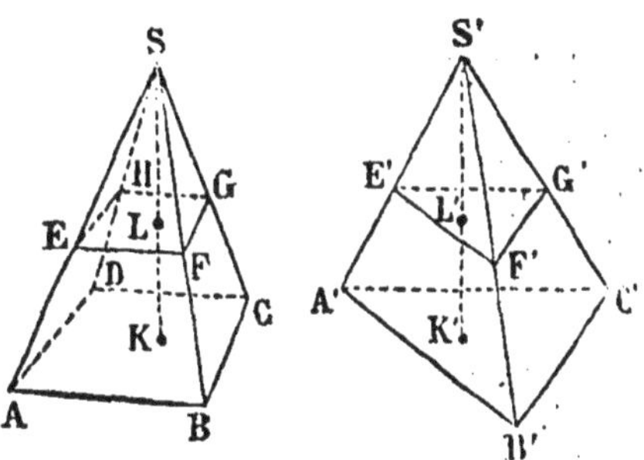

Fig. 206.

que la pyramide SABCD. Les deux pyramides SABCD, S'A'B'C', seront équivalentes (n° 276). Le plan EFGH déterminera dans la seconde pyramide une section E'F'G', équivalente à EFGH (n° 275), et comme les deux petites pyramides SEFGH, S'E'F'G', ont d'ailleurs même hauteur, elles sont équivalentes. Donc le tronc ABCDEFGH, différence des deux pyramides SABCD, SEFGH, est équivalent au tronc A'B'C'E'F'G', différence des deux pyramides S'A'B'C' et S'E'F'G'.

Donc, etc.

281 — *Corollaire.* — Si B et *b* sont les deux bases d'un tronc de pyramide, H sa hauteur, son volume aura pour expression $\frac{1}{3}H.(B+b+\sqrt{Bb})$.

282 — *Application* 1. — *L'obélisque de Luxor est un tronc de pyramide très-allongé, à bases carrées, surmonté sur sa petite base d'une pyramide irrégulière. Le côté de la base inférieure a* 2m42 *de longueur, celui de la base supérieure* 1m54, *la distance des deux bases* 21m60, *et la hauteur de la pyramide* 1m20.

Trouver le poids de l'obélisque, sachant que le mètre cube du granite dont il est formé pèse 2750 *kilogrammes.*

Cherchons d'abord son volume.

Le nombre qui exprime la mesure du tronc de pyramide est

$$\frac{1}{3} \times 21,6\ (\overline{2,42}^2 + \overline{1,54}^2 + 2,42 \times 1,54) = 86,07456$$

Celui qui exprime la mesure de la pyramide est

$$\frac{1}{3} \times 2,3716 \times 1,20 = 0,94864$$

Donc le volume de l'obélisque est

87 mètres cubes 023200.

Son poids est donc

$$2750 \text{ kil.} \times 87,0232 = 239318 \text{ kil. } 800,$$

ou environ 2393 quintaux métriques.

283 — *Application* 2. — *La plus grande des pyramides d'Égypte a une base carrée dont le côté est* 232m747 ; *sa hauteur est* 139m116. *Trouver son volume.*

Les dimensions de cette pyramide sont données à moins d'un millimètre par défaut.

En désignant par V le volume de cette pyramide, on aura

$$V = \frac{1}{3}\ (232,747)^2\ 139,116 = (232,747)^2\ 46,372.$$

Chaque facteur du dernier produit étant approché par défaut à moins d'une unité de son dernier chiffre, l'erreur relative du produit, obtenu exactement, sera moindre[1] que $\frac{2}{200000}+\frac{1}{40000}$ et à plus forte raison moindre que $\frac{1}{10000}$; l'erreur absolue sera donc moindre qu'un mille, puisque le produit contiendra sept chiffres à sa partie entière.

Je forme le produit des deux premiers facteurs, à moins d'une dizaine, par la méthode d'Oughtred :

```
  232,747
  747,232
 ---------
  465,494
   69,822
    4,654
    1,624
       92
       14
 ---------
 54170,0
```

54170 exprime en mètres carrés l'aire de la base, à moins d'une dizaine, par défaut. Le produit de ce nombre par 46,372 donnera le volume cherché avec une erreur absolue moindre qu'un mille. On trouve ainsi que cette pyramide contient 2511971 mètres cubes, 240 ou 2512 décamètres cubes, à moins d'un décamètre cube.

Les matériaux d'une pareille construction, supposée massive, suffiraient pour élever un mur de 2 mètres de hauteur, de 0^m40 d'épaisseur, ayant environ 785 lieues de longueur, c'est-à-dire pouvant entourer la France entière.

N° 38.

(12, 18)

Des polyèdres semblables.

284 — On dit que deux *polyèdres* sont *semblables* lorsqu'ils sont compris sous un même nombre de faces semblables chacune à chacune, et que leurs angles polyèdres homologues sont égaux.

1. Voir l'Arithmétique, nos 142 et suivants.

THÉORÈME.

285 — *En coupant une pyramide* SABCD *par un plan parallèle à sa base, on détermine une pyramide partielle* Sabcd *semblable à la première* (fig. 207).

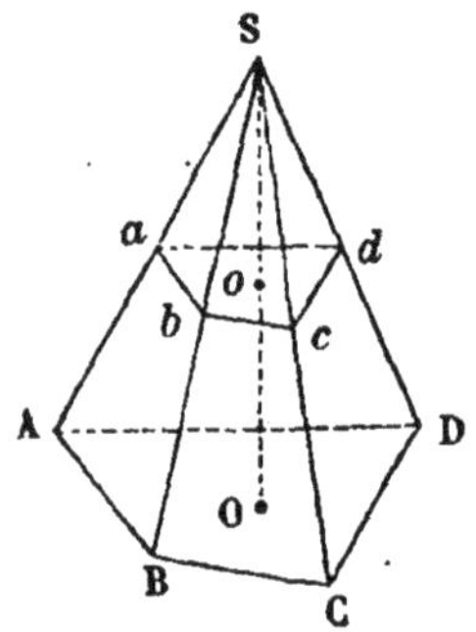

Fig. 207.

Deux faces latérales homologues quelconques SAB, *Sab* sont semblables, car les lignes AB, *ab* sont parallèles comme intersections de deux plans parallèles par un troisième SAB. Les deux bases ABCD, *abcd* sont aussi semblables, parce que deux angles homologues quelconques ABC, *abc* de ces deux polygones sont égaux (nº 229) et que le rapport de deux côtés homologues quelconques AB, *ab* est égal au rapport constant de deux arêtes SB, S*b*. Deux angles trièdres homologues quelconques B, *b* sont aussi égaux comme ayant leurs angles plans et leurs angles dièdres égaux deux à deux et placés de la même manière. Donc les deux pyramides sont semblables.

286 — *Corollaire.* — *Le rapport des arêtes homologues et des hauteurs est constant dans deux pyramides semblables.*

THÉORÈME.

287 — *Deux pyramides triangulaires* SABC, S'A'B'C' *qui ont un angle dièdre égal* SB = S'B' *compris entre deux faces semblables* SAB, S'A'B' *ainsi que* SBC, S'B'C', *et semblablement placées, sont semblables* (fig. 208).

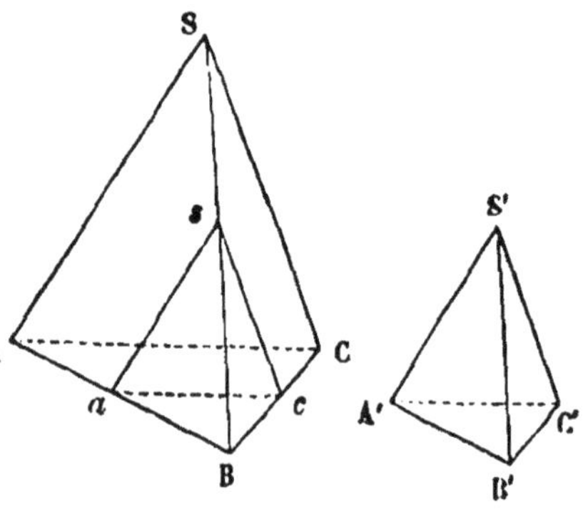

Fig. 208.

Sur les trois arêtes de l'angle trièdre B, je prends trois longueurs B*s*, B*a*, B*c*, respectivement égales à B'S', B'A', B'C', et j'achève la pyramide *sa*B*c*. Les deux pyramides S'A'B'C' et *sa*B*c* sont superposables et égales. Or, la face B*as*, égale à B'A'S', étant semblable, par hypothèse, à BAS, il en résulte que *as* est parallèle à AS. Par une raison semblable, *cs* est parallèle à CS, et par conséquent (nº 229) le plan *asc* parallèle au plan ASC. Donc la pyramide B*asc* et son égale B'A'S'C' sont semblables à BASC.

THÉORÈME.

288 — *Deux polyèdres* ABCDEH, A'B'C'D'E'H' *composés d'un même nombre de tétraèdres semblables chacun à chacun,* GABE *et* G'A'B'E', GBED *et* G'B'E'D',..... *et semblablement placées, sont semblables* (fig. 209).

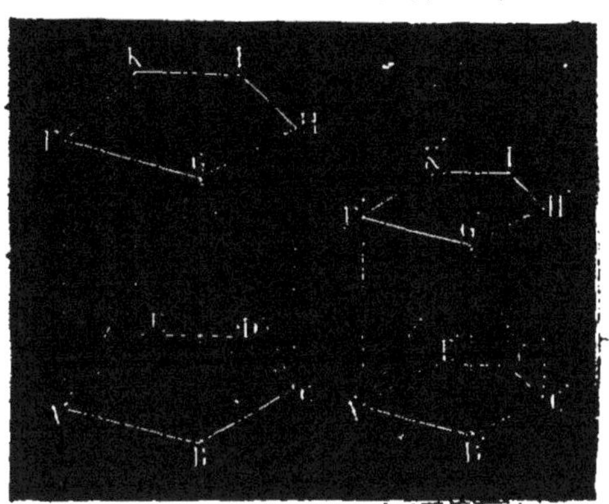

Fig. 209.

En effet, 1° deux faces homologues ABCDE et A'B'C'D'E', quelconques, sont semblables comme composées d'un même nombre de triangles semblables chacun à chacun et situés de la même manière (n° 131). Si ces faces homologues étaient triangulaires elles seraient semblables comme homologues dans des tétraèdres semblables.

2° Deux angles solides homologues B, B' de ces deux polyèdres sont égaux comme somme d'angles solides égaux dans les tétraèdres, respectivement semblables, qui aboutissent en B et B', ou bien comme angles solides égaux dans des tétraèdres semblables.

Donc les polyèdres sont semblables.

Remarque. — Cette démonstration suppose que lorsque deux triangles adjacents ABE, BED de l'un des polyèdres sont dans un même plan, les deux triangles homologues A'B'E', B'E'D' de l'autre polyèdre sont aussi dans un même plan. Or, cela a toujours lieu, car si la somme des dièdres adjacents GBEA, GBED vaut deux angles droits, la somme des dièdres égaux aux premiers G'B'E'A', G'B'E'D' vaudra aussi deux angles droits et par conséquent les deux triangles A'B'E' B'E'D' seront situés dans un même plan (n° 236).

THÉORÈME.

289 — *Réciproquement, deux polyèdres semblables* P, P′ *sont décomposables en un même nombre de tétraèdres semblables chacun à chacun et situés de la même manière* (fig. 210).

Fig. 210.

Soient G, G′ deux sommets homologues; je décompose toutes les faces n'aboutissant pas à ces sommets en triangles que je considère comme les bases de tétraèdres ayant respectivement leurs sommets en G et G′. Les deux polyèdres P, P′ se trouveront ainsi partagés en un même nombre de tétraèdres placés de la même manière.

Considérons d'abord deux tétraèdres GABE, G′A′B′E′ ayant chacun un angle dièdre AB, et A′B′ formé par deux faces des polyèdres P et P′. L'angle dièdre AB = A′B′, puisque les deux solides P, P′ sont semblables; de plus, les deux triangles ABG et ABE sont semblables aux triangles A′B′G′ et A′B′E′, comme appartenant à des faces homologues dans les polyèdres P et P′. Donc ces tétraèdres sont semblables (nº 287).

Soient maintenant deux tétraèdres GKAE, G′K′A′E′, dont aucun des dièdres n'est placé à l'extérieur des solides P, P′; ils ont encore un angle dièdre égal compris entre deux faces semblables. En effet, les deux angles dièdres KAEB du solide P et GAEB du tétraèdre GBAE étant respectivement égaux aux angles dièdres K′A′E′B′ du solide P′ et G′A′E′B′ du tétraèdre G′B′A′E′, la différence des deux premiers, ou l'angle dièdre KAEG, est égale à la différence des deux derniers ou à l'angle dièdre K′A′E′G′. En outre, les triangles KAE, K′A′E′ sont semblables comme homologues dans les polygones semblables AEKF, A′E′K′F′, et les triangles GAE, G′A′E′ le sont également comme faces homologues des tétraèdes semblables GBAE, G'B'A'E'. Donc les tétraèdres GKAE, G'K'A'E' sont semblables.

On prouverait de même que tous les autres tétraèdres sont semblables deux à deux.

290 — *Corollaire.* — ***Dans deux polyèdres semblables, le rapport de deux diagonales*** A, A' ***est le même que celui de deux arêtes homologues des polyèdres.***

Car les droites A, A' sont les arètes homologues de deux tétraèdres semblables, qui contiennent nécessairement deux arêtes homologues B, B' des polyèdres; donc $\frac{A}{A'}=\frac{B}{B'}$ (n° 286). D'ailleurs, le rapport de deux arêtes homologues quelconques dans les deux polyèdres est constant.

THÉORÈME.

291 — ***Le rapport de deux polyèdres semblables est le même que celui des cubes de deux arêtes homologues.***

1° Soient T, t deux tétraèdres semblables; B, b leurs bases; H, h leurs hauteurs; A, a deux arètes homologues.

Chacun des tétraèdres ayant pour mesure de son volume le tiers du produit de sa base par sa hauteur,

$$\frac{T}{t}=\frac{B\times H}{b\times h}$$

Mais le rapport des hauteurs H, h est égal à celui de deux arètes A, a; d'ailleurs les bases B, b, qui sont semblables, sont dans le rapport des carrés A^2, a^2; donc

$$\frac{B}{b}=\frac{A^2}{a^2} \text{ et } \frac{H}{h}=\frac{A}{a};$$

En multipliant, membre à membre, ces derniers rapports égaux, on obtient

$$\frac{B\times H}{b\times h}=\frac{A^3}{a^3} \quad \text{donc} \quad \frac{T}{t}=\frac{A^3}{a^3}$$

2° Soient P, p deux polyèdres semblables; A, a deux arètes homologues; T, T', T'',..... les tétraèdres, dans lesquels peut se décomposer le polyèdre P, et t, t', t'',..... les tétraèdres, semblables aux premiers, qui forment le polyèdre p. On a, d'après ce qui précède,

$$\frac{T}{t} = \frac{A^3}{a^3}$$

$$\frac{T'}{t'} = \frac{A^3}{a^3}$$

$$\frac{T''}{t''} = \frac{A^3}{a^3}$$

et par conséquent $\frac{T + T' + T'' + \ldots\ldots}{t + t' + t'' + \ldots\ldots}$, ou bien $\frac{P}{p'} = \frac{A^3}{a^3}$

292 — *Corollaire.* — ***Les surfaces de deux polyèdres semblables sont entre elles dans le même rapport que les carrés des arêtes homologues.***

293 — *Application.* — Supposons qu'on veuille réduire une figure polyédrique en l'exécutant, par exemple, à l'échelle de 1 millimètre par mètre, le volume sera réduit, d'après le théorème précédent, dans le rapport de 1000^3 à 1^3, ou bien dans le rapport de 1000000000 à 1, ce qui revient à dire que le polyèdre réduit contiendra autant de millimètres cubes que le polyèdre primitif contient de mètres cubes.

N° 39.

(14, 15, 16)

LES TROIS CORPS RONDS.

Du cône.

DÉFINITIONS.

294 — Le *cône droit à base circulaire* (fig. 211) est un solide engendré par un triangle rectangle AOS qui fait une révolution entière autour d'un des côtés de l'angle droit.

Le côté immobile SO est l'*axe* du cône ou sa *hauteur*.

La *base* du cône est le cercle engendré par le côté AO perpendiculaire à l'axe.

Le *côté* du cône, ou sa *génératrice*, est l'hypoténuse du triangle générateur.

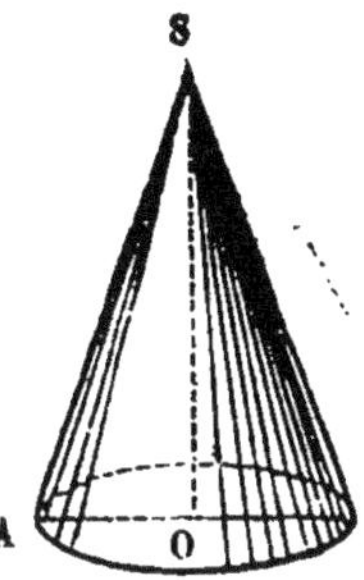

Fig. 211.

Le *sommet* du cône est le point de rencontre de la hauteur et du côté.

La *surface latérale* du cône est la surface décrite par l'hypoténuse SA.

295 — Si l'on inscrit dans la base d'un cône droit à base circulaire un polygone régulier et que l'on considère ce polygone comme la base d'une pyramide ayant son sommet en S, cette pyramide sera régulière (nº **272**) et inscrite dans le cône. On peut regarder le cône comme la limite vers laquelle tend la pyramide inscrite à mesure que ses faces diminuent indéfiniment ; par conséquent, toute propriété de la pyramide régulière, indépendante du nombre et de la grandeur des faces, s'étend au cône lui-même.

THÉORÈME.

296 — *Toute section faite dans un cône par un plan parallèle à la base est un cercle.*

Car si d'un point quelconque B de la génératrice j'abaisse BC perpendiculaire à l'axe, en même temps que AS décrira la surface latérale du cône et AO la base, BC décrira un cercle dont le plan, perpendiculaire à SO, sera parallèle à la base (fig. **212**).

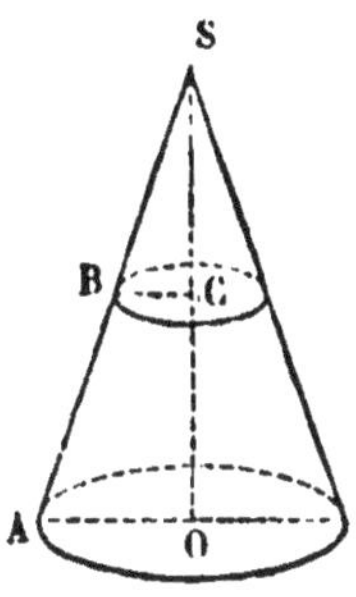

Fig. 212.

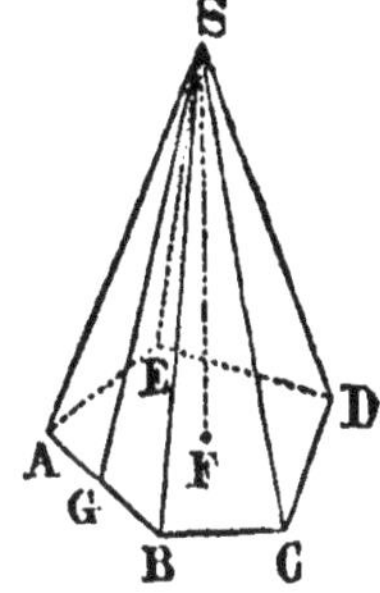

Fig. 213.

THÉORÈME.

297 — *La surface latérale d'une pyramide régulière* SABCDE *a pour mesure la moitié du produit du périmètre de sa base* ABCDE *par la hauteur* SG *de l'une de ses faces latérales* (fig. 213).

Les arêtes latérales SA, SB, SC....., s'écartant également du pied de la perpendiculaire SF au plan de la base, sont égales (nº 218); donc tous les triangles isocèles SAB, SBC, SCD..... sont égaux. Si SG est perpendiculaire sur la droite AB, on a

triangle SAB $= \frac{1}{2}$ AB $\times$ SG; donc si n est le nombre des côtés de la base, on aura

$$\text{Surf. latér. pyram.} = \frac{1}{2} \times n\,\text{AB} \times \text{SG}; \text{ ou bien}$$

$$\text{Surf. latér. pyram.} = \frac{1}{2}\,(\text{AB} + \text{BC} + \text{CD} + \ldots\ldots)\,\text{SG}.$$

THÉORÈME.

298 — *La surface latérale d'un cône droit à base circulaire a pour mesure la moitié du produit de la circonférence de sa base par son côté.*

Cela résulte du théorème précédent et du nº 295.

Si R est le rayon de la base du cône, A son côté,

$$\text{Surf. lat. du cône} = \frac{1}{2}\,\text{circ. R} \times \text{A} = \pi\,\text{RA}.$$

THÉORÈME.

299 — *La surface latérale d'un tronc de cône droit à bases parallèles a pour mesure le produit de la demi-somme des circonférences de ses bases par son côté.*

Soit ABED un tronc de cône, différence de deux cônes droits, à bases parallèles et circulaires, SAB, SDE; par le point A j'élève sur SA une perpendiculaire AG que je prends égale à la longueur de circonférence AG, je joins le point G au point S, et je mène DH parallèle à AG. Je dis que DH = circonf. DF (fig. 214).

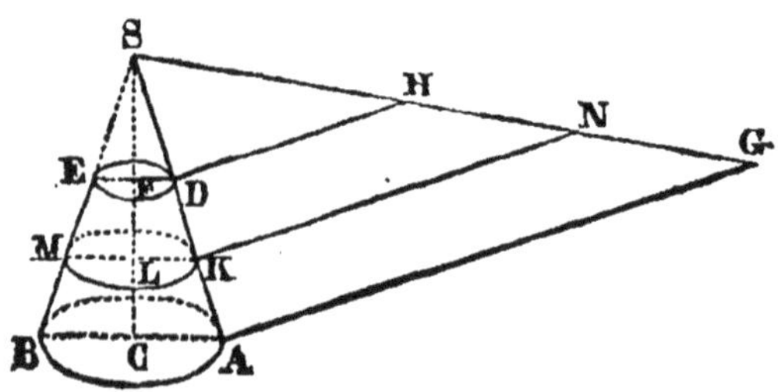

Fig. 214.

En effet, les triangles rectangles semblables SAG, SDH, ainsi que SAC, SDF, donnent la suite de rapports égaux

$$\frac{DH}{AG} = \frac{SD}{SA} = \frac{DF}{AC}$$

D'ailleurs, circonf. DF et circonf. AC sont entre elles dans le même rapport que leurs rayons DF, AC ; donc

$$\frac{DH}{AG} = \frac{\text{circonf. } DF}{\text{circonf. } AC}$$

Mais, par construction, les dénominateurs de ces rapports égaux sont égaux entre eux ; donc les numérateurs sont aussi égaux et

$$DH = \text{circonf. } DF.$$

La surface latérale du cône SAB, ayant pour mesure $\frac{1}{2}$ circonf. AC $\times$ SA, est équivalente à la surface du triangle rectangle SAG, qui a pour mesure $\frac{1}{2}$ AG $\times$ SA ; de même la surface latérale du cône SDE, qui a pour mesure $\frac{1}{2}$ circonf. DF $\times$ SD, est équivalente à la surface du triangle rectangle SDH, qui a pour mesure $\frac{1}{2}$ DH $\times$ SD. Donc la surface latérale du cône tronqué ABED est équivalente à la surface du trapèze AGHD ; mais celle-ci a pour mesure

$$\left(\frac{AG + DH}{2}\right) \times AD ;$$

par conséquent, la surface latérale du tronc de cône a elle-même cette expression pour mesure, ou bien

$$\left(\frac{\text{circonf. } AC + \text{circonf. } DF}{2}\right) \times AD.$$

Remarque. — Si R et r sont les rayons des deux bases d'un tronc de cône, A son côté, S sa surface latérale, on aura

$$S = \pi (R + r) A.$$

300 — *Corollaire.* — Par le milieu K de AD, menons KN parallèle à AG et le plan KL parallèle à la base AC, on aura KN = circonf. KL, et par conséquent circonf. KL $= \frac{\text{circonf. } AC + \text{circonf. } DF}{2}$; donc la surface latérale du tronc de cône a aussi pour mesure

$$\text{Circonf. KL} \times \text{AD},$$

c'est-à-dire *la circonférence d'un cercle mené à égale distance des deux bases, multipliée par son côté.*

THÉORÈME.

301 — *Le volume du cône droit à base circulaire est égal au tiers du produit de sa base par sa hauteur.*

Cela résulte des nos 263 et 280.

Si R est le rayon de la base et H la hauteur du cône, on aura

$$\text{volume du cône} = \frac{1}{3} \text{ cercle R} \times \text{H} = \frac{1}{3}\pi \text{R}^2 \times \text{H}.$$

THÉORÈME.

302 — *Un tronc de cône droit à bases parallèles est équivalent à trois cônes droits qui ont pour hauteur commune la hauteur du tronc et dont les deux bases sont la base inférieure du tronc, sa base supérieure et une moyenne proportionnelle entre ces deux bases.*

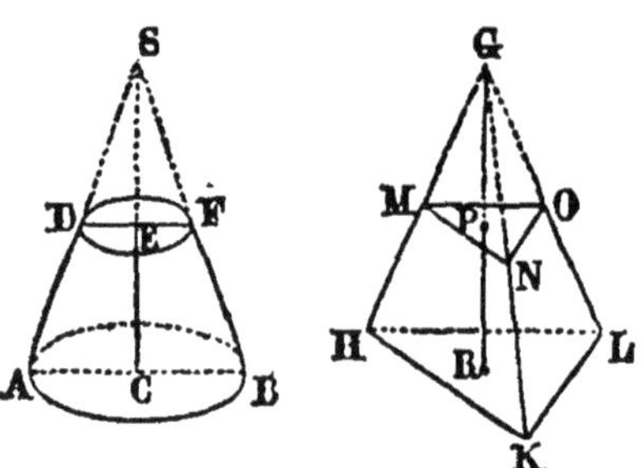

Fig. 215.

Soit ABFD un tronc de cône, différence des deux cônes droits SAB, SDF. Sur le plan de la base inférieure je conçois un triangle HKL équivalent au cercle AC et j'achève la pyramide GHKL ayant une hauteur GR = SC. Le plan DF, prolongé, déterminera dans la pyramide une section MNO équivalente au cercle DE (fig. 215).

En effet, on a $$\frac{\text{cercle DE}}{\text{cercle AC}} = \frac{\overline{\text{DE}}^2}{\overline{\text{AC}}^2} = \frac{\overline{\text{SE}}^2}{\overline{\text{SC}}^2}$$

D'un autre côté, la section MNO donne (no 274)

$$\frac{MNO}{HKL} = \frac{\overline{MN}^2}{\overline{HK}^2} = \frac{\overline{GP}^2}{\overline{GR}^2}$$

Mais on a GR=SC et GP=SE ; donc

$$\frac{\text{cercle DE}}{\text{cercle AC}} = \frac{MNO}{HKL}$$

et comme les dénominateurs sont équivalents, il en est de même des numérateurs cercle DE et MNO.

Il résulte de là que le cône SAB, qui a pour mesure $\frac{1}{3}$cercle AC×SC, est équivalent à la pyramide GHKL, qui a pour mesure $\frac{1}{3}$ HKL×GR, et que le cône SDF est équivalent à la pyramide GMNO.

Donc le tronc de cône ABFD, différence des deux cônes, est équivalent au tronc de pyramide HKLMNO, différence des deux pyramides. Celui-ci ayant pour mesure (n° 280)

$$\frac{1}{3}\,PR\,(HDL + MNO + \sqrt{HKL \times MNO}),$$

le tronc de cône a pour mesure

$$\frac{1}{3}\,CE\,(\text{cercle AC} + \text{cercle DE} + \sqrt{\text{cercle AC} \times \text{cercle DE}})$$

c'est-à-dire qu'il est équivalent à la somme des trois cônes qui ont respectivement pour mesure

1° — $\frac{1}{3}$ CE × cercle AC ; 2° — $\frac{1}{3}$ CE × cercle DE ; 3° — $\frac{1}{3}$ CE $\sqrt{\text{cercle AC} \times \text{cercle DE}}$.

303 — *Remarque.* — R, r étant les rayons des deux bases du tronc de cône, h sa hauteur, on a

$$\text{vol. du tronc de cône} = \frac{1}{3}\pi h\,(R^2 + r^2 + Rr).$$

Du cylindre.

DÉFINITIONS.

304 — Le *cylindre droit à base circulaire* est un solide engendré par un rectangle ABCD qui fait une révolution entière autour d'un de ses côtés (fig. 216).

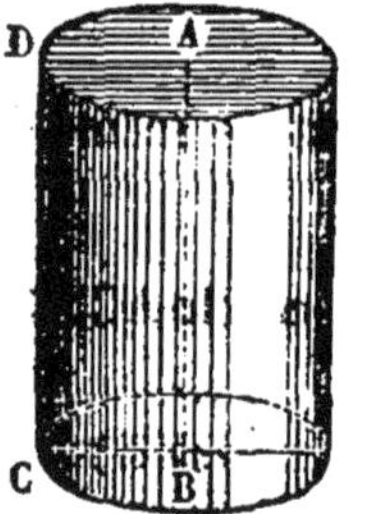

Fig 216.

Le côté immobile AB est l'*axe* du cylindre, ou sa *hauteur*; les deux cercles décrits par BC, AD sont ses *bases*; la surface décrite par CD est sa *surface latérale*.

305 — Si l'on inscrit un polygone dans le cercle BC et que l'on construise sur ce polygone un prisme droit de même hauteur que le cylindre, ce prisme sera *inscrit* dans le cylindre.

Le cylindre droit à base circulaire peut être considéré comme la limite vers laquelle tend un prisme inscrit, à mesure que ses faces diminuent indéfiniment.

306 — On donne plus généralement le nom de *cylindre* à tout prisme dont les bases sont terminées par une infinité de petits côtés, c'est-à-dire par des lignes courbes.

Un cylindre quelconque est *droit* ou *oblique*, suivant que ses génératrices ou les arètes latérales du prisme dont il est la limite sont perpendiculaires ou non aux plans des bases (fig. 217).

Toute propriété du prisme, indépendante du nombre et de la grandeur de ses faces latérales, s'étend au cylindre.

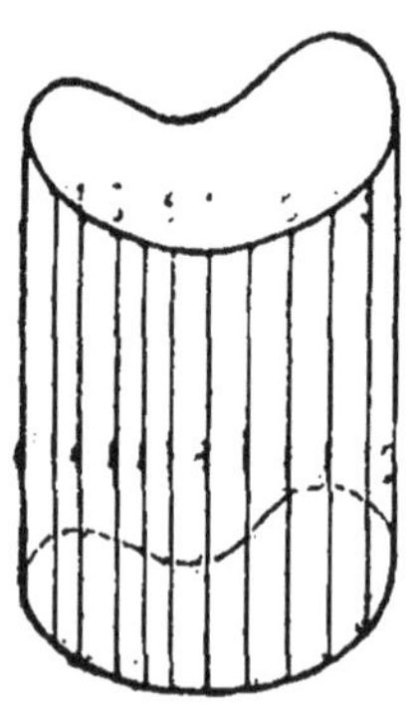

Fig. 217.

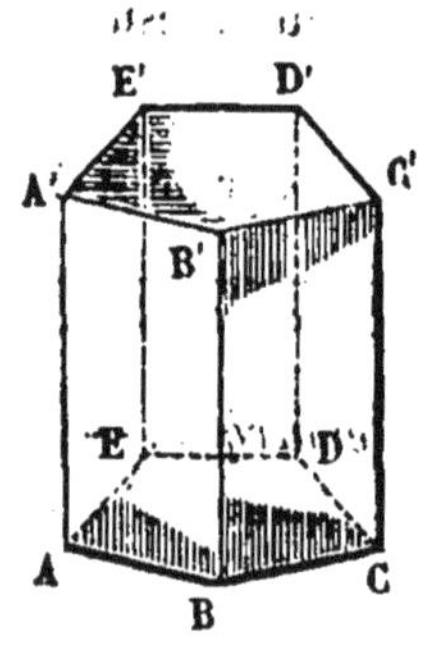

Fig. 218.

THÉORÈME.

307 — *La surface latérale d'un prisme droit est égale au produit du périmètre de sa base par sa hauteur* (fig. 218).

En effet, la surface latérale se compose de rectangles AB′, BC′,..... ayant une hauteur commune AA′, qui est la hauteur du prisme, et pour base les côtés AB, BC,..... dont la somme forme le périmètre de la base du prisme. Donc

$$\text{Surf. lat. du prisme} = (AB + BC + CD + DE + EA)\, AA'.$$

THÉORÈME.

308 — ***La surface latérale d'un cylindre droit à base circulaire a pour mesure le produit de la circonférence de sa base par sa hauteur.***

Cela résulte des n°s 306 et 307.

309 — *Remarque* **1.** — H étant la hauteur du cylindre, R le rayon de sa base, on a

$$\text{Surf. lat. du cyl.} = 2\pi R H.$$

310 — *Remarque* **2.** — ***La surface latérale d'un cylindre droit à base quelconque a pour mesure le produit du périmètre de sa base par sa hauteur.***

THÉORÈME.

311 — ***Le volume d'un cylindre droit à base circulaire est égal au produit de sa base par sa hauteur.***

Cela résulte des n°s 269 et 305.

312 — *Remarque* **1.** — H étant la hauteur du cylindre, R le rayon de sa base, on a

$$\text{vol. cyl.} = \pi R^2 H.$$

313 — *Remarque* **2.** — ***Le volume d'un cylindre droit à base quelconque est égal au produit de sa base par sa hauteur*** (n° 270).

N° 40.

(17, 18, 19)

De la sphère.

DÉFINITIONS.

314 — La *sphère* est un solide engendré par un demi-cercle ACB qui fait une révolution entière autour de son diamètre, ou *axe*, AB

Dans ce mouvement, la demi-circonférence ACB décrit la surface de la sphère, dont tous les points sont également distants du *centre* O.

Le *rayon de la sphère* est une ligne droite menée du centre à un point de la surface. Tous les rayons de la sphère sont égaux. — Le *diamètre* est une ligne droite passant par le centre et terminée de part et d'autre à la surface (fig. 219).

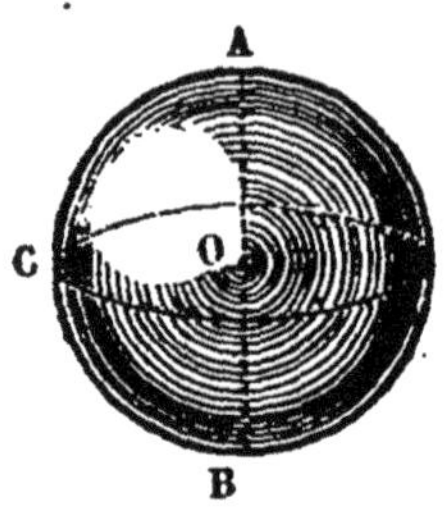

Fig. 219.

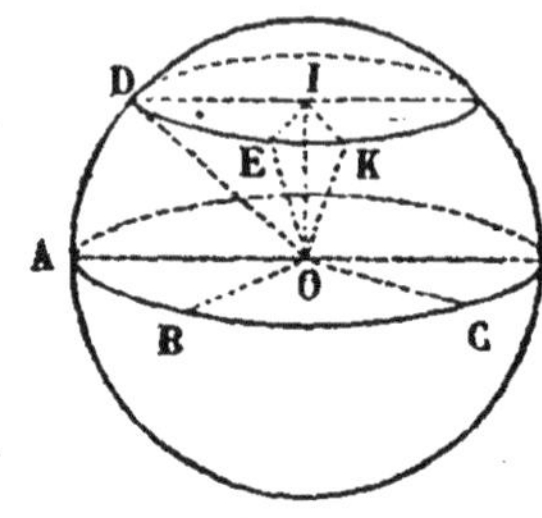

Fig. 220.

THÉORÈME.

315 — *Toute section faite dans la sphère par un plan est un cercle* (fig. 220).

1° Soit ABC une section, passant par le centre O de la sphère. Tous les points A, B, C..... du contour de la section sont également distants du centre O de la sphère (n° 314); donc ils appartiennent à une circonférence qui a pour centre le point O et pour rayon le rayon OA de la sphère.

Remarque 1. — Toute section passant par le centre de la sphère est un *grand cercle*. Tous les grands cercles d'une sphère sont égaux.

2° Soit DEK une section ne passant pas par le centre de la sphère. J'abaisse OI perpendiculaire sur le plan de la section et je mène les rayons de la sphère OD, OE, OK..... à différents points du contour; ces rayons sont des obliques égales : donc (n° 218) ils s'écartent également du point I et ID = IE = IK..... Par conséquent D, E, K..... se trouvent sur une circonférence de cercle qui a le point I pour centre et pour rayon ID < AO.

Remarque 2. — La section faite dans la sphère par un plan qui ne passe pas par le centre est un *petit cercle*.

316 — *Corollaire* 1. — *Par deux points donnés sur la surface de la sphère on peut faire passer un grand cercle et on ne peut*, en général, *en faire passer qu'un seul.* Car ces deux points et le centre de la sphère sont trois points qui déterminent la position d'un plan.

Si cependant ces deux points étaient placés aux extrémités d'un même diamètre, ils seraient en ligne droite avec le centre et on pourrait par ces deux points faire passer une infinité de grands cercles.

317 — *Corollaire* 2 — Trois points sur la surface de la sphère déterminent la position d'un petit cercle.

DÉFINITIONS.

318 — On nomme *pôle* d'un cercle de la sphère l'extrémité du diamètre perpendiculaire au plan de ce cercle

Tout cercle de la sphère a deux pôles.

Tous les cercles dont les plans sont parallèles ont les mêmes pôles.

THÉORÈME.

319 — *Le pôle* P *d'un cercle* ACB *de la sphère est également distant de tous les points de la circonférence de ce cercle* (fig. 221).

Car toutes les obliques PA, PC, PB,..... s'écartant également du pied I de la perpendiculaire au plan ACB, sont égales entre elles.

320 — *Corollaire* 1. — Les cordes PA, PC..... étant égales, les arcs de grands cercles PMA, PNC..... qu'elles soustendent sont égaux.

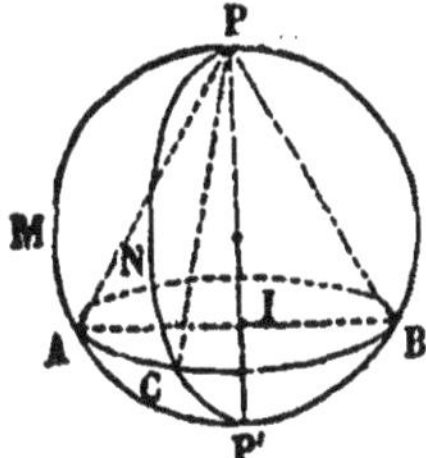

Fig. 221.

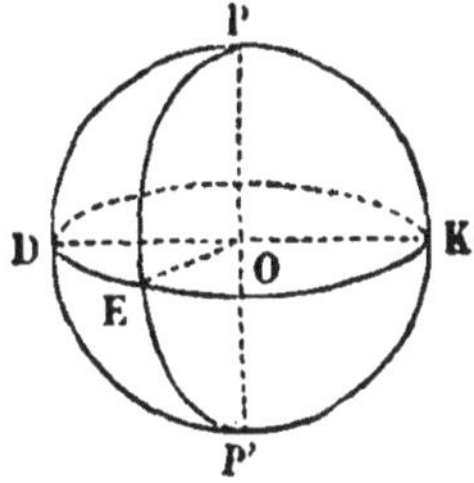

Fig. 222.

De plus, les plans PMA, PNC..... de ces grands cercles, contenant le diamètre PP', sont perpendiculaires sur le plan ACB (nº 243).

321 — *Corollaire* 2. — L'arc de grand cercle PE, mené du pôle P d'un grand cercle DEK à sa circonférence, est le quart de la circonférence d'un grand cercle, ou un *quadrant* (fig. 222).

En effet, l'angle POE, qui a son sommet au centre du cercle PEP', a pour mesure l'arc PE, ou le quart de la circonférence d'un grand cercle, puisque l'angle POE est droit.

322 — Les propriétés des pôles permettent de tracer sur la surface de la sphère des circonférences, à l'aide d'un compas dont les branches sont recourbées et que l'on nomme dans les arts *compas d'épaisseur* (fig. 223).

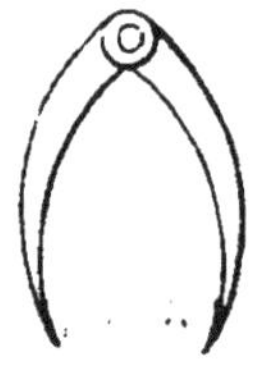

Fig. 223.

Si l'on voulait tracer, du point P comme pôle (fig. 221), le grand cercle DEK, l'ouverture du compas, ou la distance des deux pointes, devrait être égale à la corde qui soustend un quadrant. Il faudrait donc connaître le rayon de la sphère.

PROBLÈME.

323 — *Étant donnée une sphère, trouver son rayon.*

D'un point A (fig. 224), pris sur la surface de la sphère, avec une ouverture de compas quelconque AB, je décris un cercle sur lequel je marque trois points B, C, D. Je mesure au compas les distances rectilignes BC, CD, BD et je forme un triangle ayant ces trois longueurs pour côtés; le cercle circonscrit à ce triangle sera égal au petit cercle BCD.

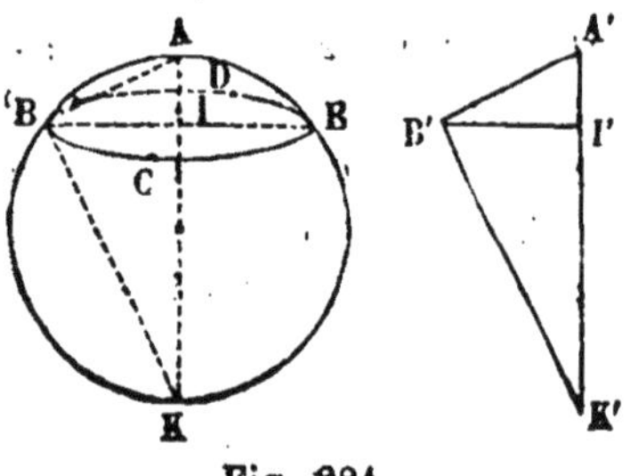

Fig. 224.

Soit ABK un grand cercle, passant par le diamètre AK, perpendiculaire au plan BCD; je conçois les lignes AB, BK. Dans le triangle ABI, rectangle en I, je connais l'hypoténuse AB et le côté BI, rayon du petit cercle BDE; je pourrai donc construire un triangle A'B'I'=ABI. En menant B'K' perpendiculaire sur A'B', la droite A'K' sera égale à AK ou au diamètre de la sphère.

DÉFINITION.

324 — Un plan est *tangent* à la sphère lorsqu'il n'a qu'un point commun avec sa surface.

THÉORÈME.

325 — *Tout plan* BAC *perpendiculaire à l'extrémité d'un rayon* OA *est tangent à la sphère; réciproquement tout plan tangent est perpendiculaire à l'extrémité du rayon qui passe par le point de contact* (fig. 225).

1° Si je joins au centre un point quelconque, D, du plan BAC, autre que le point A, la droite OD sera une oblique par rapport à OA et par suite plus grande que OA. Donc le plan BAC n'a que le point A sur la surface de la sphère et lui est tangent.

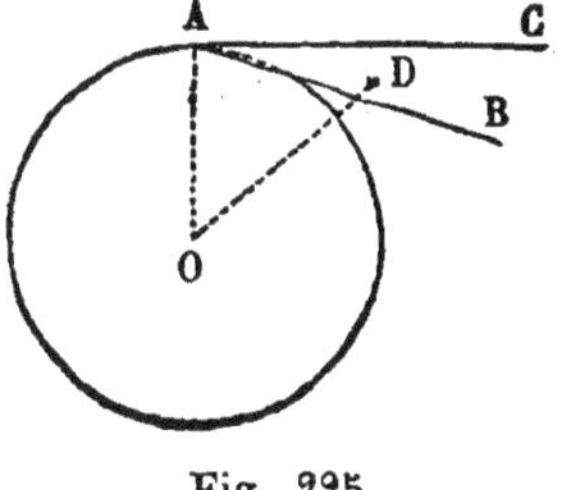

Fig. 225.

2° Soit BAC un plan tangent à la sphère au point A; tout point D de ce plan, autre que le point A, étant hors de la sphère, OA < OD Donc OA, étant la plus courte ligne menée du point O au plan BAC, est perpendiculaire sur ce plan.

326 — *Corollaire.* — Par un point A, pris sur la surface de la sphère, on peut mener un plan tangent à cette sphère et on ne peut en mener qu'un seul.

DÉFINITION.

327 — Une *ligne brisée régulière* est une ligne brisée, plane et convexe, dont les côtés sont égaux et les angles égaux.

THÉORÈME.

328 — *La surface engendrée par une ligne brisée régulière* BCDE, *tournant autour d'un axe* xy *mené dans son plan et par son centre* O, *a pour mesure le produit de la circonférence inscrite par la projection* KP *de la ligne polygonale sur l'axe* (fig. 226).

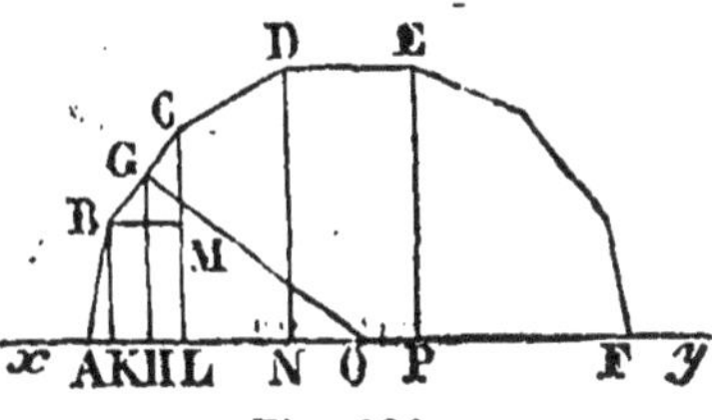

Fig. 226.

Le côté BC décrit la surface d'un tronc de cône, et si GH est la perpendiculaire abaissée sur l'axe du milieu de BC, on a (n° 300).

$$\text{Surf. BC} = \text{BC} \times \text{circonf. GH}.$$

Soient menées BK, CL perpendiculaires sur l'axe, BM parallèle à cet axe et OG le rayon du cercle inscrit; les deux triangles BCM, OGH ont les côtés perpendiculaires deux à deux et sont semblables; donc

$$\frac{BC}{BM} = \frac{OG}{GH} \text{ mais } BM = KL \text{ et } \frac{OG}{GH} = \frac{\text{circonf. OG}}{\text{circonf. GH}}; \text{ donc}$$

$$\frac{BC}{KL} = \frac{\text{circonf. OG}}{\text{circonf. GH}}$$

d'où $$BC \times \text{circonf. } GH = KL \times \text{circonf. } OG,$$

et par conséquent

$$\text{Surf. } BC = KL \times \text{circonf. } OG.$$

L'expression de la surface décrite par un côté reste la même, quelle que soit la position de ce côté relativement à l'axe.

Ainsi on aura également,

$$\text{Surf. } CD = LN \times \text{circonf. } OG;$$
$$\text{Surf. } DE = NP \times \text{circonf. } OG.$$

Donc, en ajoutant,

$$\text{Surf. } BCDE = (KL + LN + NP) \text{ circonf. } OG,$$
$$= KP \times \text{circonf. } OG.$$

DÉFINITION.

329 — Si le demi-cercle EBF tourne autour du diamètre EF pour engendrer la sphère entière, l'arc AB décrira une portion de la surface de cette sphère nommée *zone*. Les circonférences décrites en même temps par les points B et A sont les *bases* de la zone, la distance CD des deux bases en est la *hauteur*. L'arc EB décrit une zone à une seule base, dont la hauteur est CE (fig. 227).

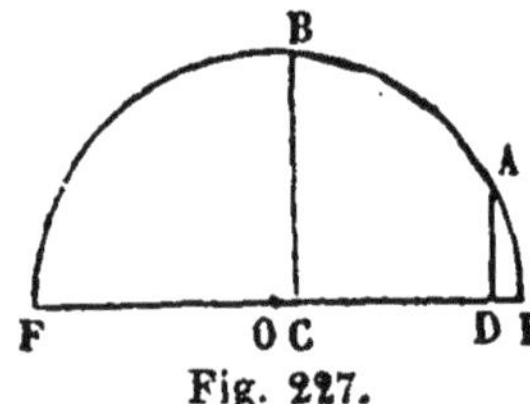

Fig. 227.

330 — Une zone peut être regardée comme la limite vers laquelle tend la surface décrite par une ligne brisée régulière, inscrite dans l'arc générateur, lorsque le nombre des côtés de cette ligne augmente indéfiniment.

La zone à une base se nomme aussi *calotte sphérique*, et sa hauteur *flèche*.

THÉORÈME.

331 — *Une zone a pour mesure le produit de sa hauteur par la circonférence d'un grand cercle de la sphère.*

Cela résulte des nos 326 et 328.

332 — *Remarque.* — H étant la hauteur d'un zone et R le rayon de la sphère,

$$\text{Zone} = 2\pi R \times H.$$

THÉORÈME.

333 — *La surface d'une sphère a pour mesure le produit de son diamètre par la circonférence d'un grand cercle* (fig. 228).

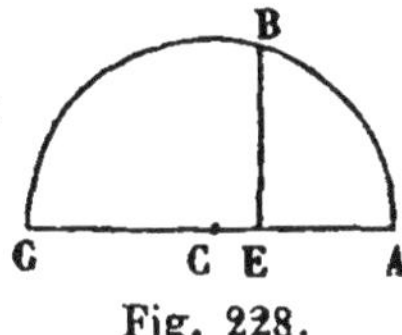

Fig. 228.

En effet, si on coupe la sphère par un plan BE, perpendiculaire sur le diamètre AG, on aura

$$\text{Surf. sphère CA} = \text{zone AB} + \text{zone BG};$$

mais zone AB = circonf. CA × AE et zone BG = circonf. CA × EG.

Donc

$$\text{Surf. sphère CA} = \text{circonf. CA} \times \text{AE} + \text{circonf. CA} \times \text{EG} = \text{circonf. CA} \times \text{AG ou surf. sphère CA} = 4\,\pi\,\overline{\text{CA}}^2.$$

334 — *Corollaire* 1. — La surface de la sphère équivaut à quatre fois la surface d'un grand cercle.

335 — *Corollaire* 2 — Les surfaces de deux sphères sont entre elles dans le même rapport que les carrés de leurs rayons. Car si R et R′ sont ces rayons, on a

$$\text{Surf. sphère R} = 4\,\pi\,R^2 \text{ et surf. sph. R}' = 4\,\pi\,R'^2;$$

donc

$$\frac{\text{surf. sph. R}}{\text{surf. sph. R}'} = \frac{R^2}{R'^2}$$

N° 41.

(20).

Volume de la sphère.

THÉORÈME.

336 — *Le volume engendré par la révolution d'un triangle* ABC *tournant autour d'un axe* xy, *tracé dans son plan par un de ses sommets* A, *a pour mesure le produit de la surface décrite par le* *côté BC, opposé au sommet A, par le tiers de la hauteur correspondante à ce côté.*

1° Supposons le côté AB du triangle ABC placé sur l'axe et abaissons CE perpendiculaire sur xy (fig. 229).

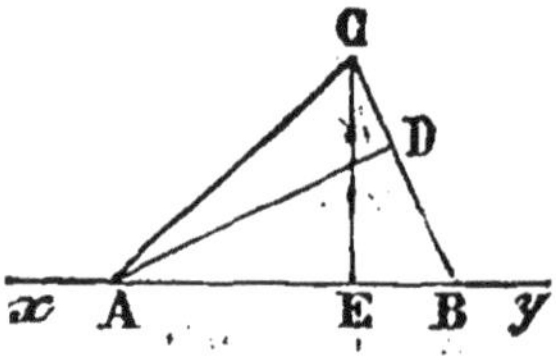

Fig. 229.

Le volume engendré par le triangle ACB est la somme des deux cônes engendrés par les triangles rectangles AEC, CEB; il a donc pour mesure (n° 301)

$$\text{vol. ACB} = \frac{1}{3}\pi\,\overline{CE}^2 \times AE + \frac{1}{3}\pi\,\overline{CE}^2 \times EB = \frac{1}{3}\pi\,\overline{CE}^2 \times AB.$$

Mais $CE \times AB = CB \times AD$, parce que ces deux produits représentent le double de l'aire du triangle ACB (n° 175); donc

$$\text{vol. ACB} = \frac{1}{3}\pi\, CE \times CB \times AD.$$

D'ailleurs, surf. $BC = \pi\, CE \times CB$ (n° 298); donc

$$\text{vol. ACB} = \text{surf. BC} \times \frac{1}{3}\, AD.$$

2° Supposons que l'axe rencontre le prolongement de la base CB (fig. 230). On aura

$$\text{vol. ACB} = \text{vol. AFC} - \text{vol. ABF} =$$

$$\text{surf. CF} \times \frac{1}{3}\, AD - \text{surf. BF} \times \frac{1}{3}\, AD;$$

donc

$$\text{vol. ACB} = \text{surf. CB} \times \frac{1}{3}\, AD.$$

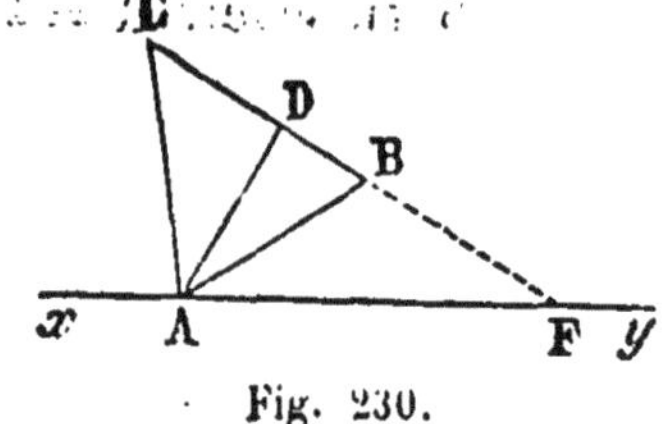

Fig. 230.

3° Supposons l'axe parallèle à la base BC (fig. 231). Le triangle rectangle AGC engendre un cône qui est le tiers du cylindre décrit par le rectangle AGCD; donc le volume engendré par le triangle ACD est les $\frac{2}{3}$ de ce cylindre. De même le volume engendré par le triangle ADB est les $\frac{2}{3}$ du cylindre engendré par le rectangle ADBH. Par conséquent, le volume engendré par le triangle ACB est les deux tiers du cylindre

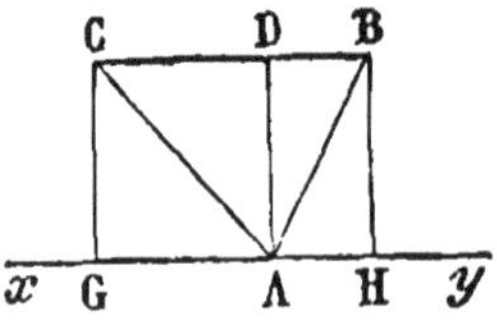

Fig. 231.

engendré par le rectangle total GCBH et a pour mesure (n° 311)

$$\frac{2}{3}\pi \overline{AD}^2 \times BC$$

Mais la surface décrite par BC est égale à $2\pi AD \times BC$; donc

$$\text{vol. ABC} = \text{surf. BC} \times \frac{1}{3} AD.$$

DÉFINITION.

337 — On nomme ***secteur polygonal régulier*** la portion de plan OBCDE (fig. **232**) comprise entre une ligne brisée régulière BCDE et les deux rayons extrêmes OB, OE.

THÉORÈME.

338 — *Le volume engendré par un secteur polygonal régulier* OBCDE, *tournant autour d'un axe* AO *mené dans son plan et par son centre, a pour mesure le produit de la surface décrite par le périmètre du secteur, multiplié par le tiers du rayon du cercle inscrit* (fig. **232**).

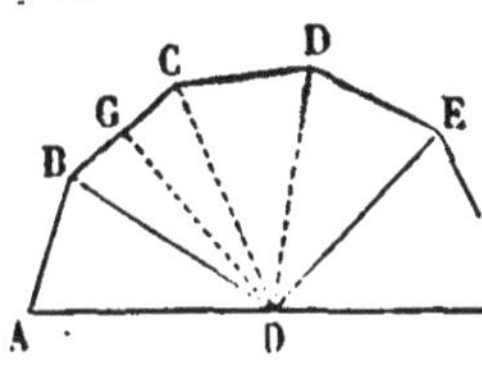

Fig. 232.

Le volume engendré par le secteur polygonal régulier OBCDE est la somme des volumes engendrés par les triangles OBC, OCD, ODE ; or on a

$$\text{vol. OBC} = \text{surf. BC} \times \frac{1}{3} OG$$

$$\text{vol. OCD} = \text{surf. CD} \times \frac{1}{3} OG$$

$$\text{vol. ODE} = \text{surf. DE} \times \frac{1}{3} OG$$

Donc, en ajoutant,

$$\text{vol. OBCDE} = (\text{surf. BC} + \text{surf. CD} + \text{surf. DE}) \frac{1}{3} OG = \text{surf. BCDE} \times \frac{1}{3} OG$$

DÉFINITIONS.

339 — On nomme *secteur sphérique* le solide engendré par un secteur circulaire qui fait une révolution entière autour d'un diamètre mené hors du secteur. — Ainsi, le demi-cercle CBD décrivant la sphère, chacun des secteurs circulaires AOB, AOC engendrera un secteur sphérique, terminé l'un par la zone AB, l'autre par la zone AC (fig. 233).

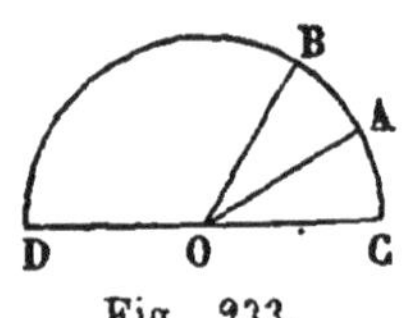

Fig 233.

Remarque. — Un secteur sphérique est la limite vers laquelle tend le volume engendré par un secteur polygonal régulier inscrit, lorsque le nombre de ses côtés augmente indéfiniment.

THÉORÈME.

340 — *Un secteur sphérique a pour mesure la zone qui lui sert de base, multipliée par le tiers du rayon* (fig. 234).

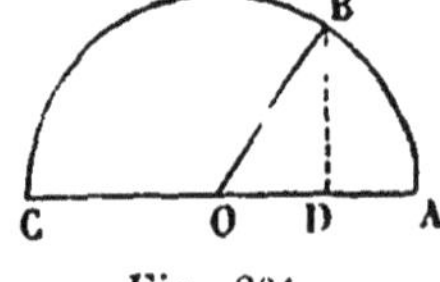

Fig. 234

Cela résulte de la remarque précédente et du n° 336.

$$\text{Secteur sph. AOB} = \text{zône AB} \times \frac{1}{3}\text{AO}.$$

341 — *Remarque.* — R étant le rayon de la sphère et H la hauteur de la zone qui lui sert de base, on a zone $= 2\pi R \times H$; donc

$$\text{sect. sph.} = \frac{2}{3}\pi R^2 \times H$$

THÉORÈME.

342 — *Le volume de la sphère est égal au produit de sa surface par le tiers du rayon.*

Car on a (fig. 234)

$$\text{sphère OA} = \text{sect. sph. AOB} + \text{sect. sph. BOC} = \text{zône AB} \times \frac{1}{3}\text{AO} + \text{zône BC} \times \frac{1}{3}\text{AO} = \text{surf. sph. OA} \times \frac{1}{3}\text{AO}$$

343 — *Remarque* 1. — R était le rayon d'une sphère, on a surf. sph. R $= 4\pi R^2$; donc

$$\text{sphère } R = 4\pi R^2 \times \frac{1}{3} R = \frac{4}{3}\pi R^3.$$

344 — D étant le diamètre de la sphère, $R = \frac{D}{2}$, et par suite

$$\text{sph. } R = \frac{1}{6}\pi D^3.$$

345 — *Corollaire.* — ***Les volumes de deux sphères sont entre eux dans le même rapport que les cubes de leurs rayons ou de leurs diamètres.***

Applications.

346 — *Problème.* — ***Quel volume de maçonnerie entrera-t-il dans la construction d'un puits de*** 9^m 50 ***de profondeur, l'ouverture du puits étant de*** 3^m25 ***et l'épaisseur du mur de*** 0^m45?

Le volume V de la construction est la différence de deux cylindres ayant pour hauteur commune 9^m50 et pour diamètre l'un 3^m25 et l'autre $3^m25 - 0^m45 \times 2 = 2^m35$. On a donc

$$V = \pi\, 9{,}50\,(\overline{1{,}625}^2 - \overline{1{,}175}^2) = \pi \times 11^{mc},970$$

En obtenant ce dernier produit à moins d'une unité et prenant pour cela $\pi = 3{,}141$, on trouve 38 mètres cubes pour le volume demandé.

347 *Problème.* — ***Trouver, à moins d'un centimètre, la hauteur qu'il faut donner à une chaudière cylindrique de*** 2^m 48 ***de diamètre intérieur pour que sa capacité soit de*** 250 ***hectolitres.***

La base du cylindre intérieur formé par la capacité de la chaudière est $\pi\,(12{,}4)^2 = \pi \times 153^{dq}76$, en prenant pour unité de longueur le décimètre. Cette base, multipliée par la hauteur cherchée h, doit donner 250 hectolitres ou 25000 litres; donc, en divisant ce dernier nombre par $\pi \times 153{,}76$, on obtiendra la hauteur.

$$h = \frac{25000}{\pi \times 153{,}76} = \frac{25000}{153{,}75} \times \frac{1}{\pi}.$$

Pour obtenir ce produit à moins d'un centimètre ou d'un dixième d'unité, en appliquant la méthode abrégée, je forme le premier facteur $\frac{25000}{153,76}$ à moins d'un centième, ce qui me donne 162,59 et je multiplie ce nombre par $\frac{1}{\pi}$

$$\begin{array}{r} 162,59 \\ 3813 \\ \hline 48777 \\ 1625 \\ 1296 \\ 48 \\ \hline 51,746 \end{array}$$

la hauteur de la chaudière, à moins d'un centimètre est $5^m,17$.

348 — *Problème.* — *Un cône en bois de noyer, dont la hauteur est* $1^m,45$ *et le diamètre de la base* $0^m,95$, *est plongé dans l'eau par son sommet. Quelle sera la hauteur de la partie immergée et le rayon de la section formée par la surface de niveau? La densité du noyer est* 0,671.

On sait que tout corps plongé dans un liquide perd une partie de son poids égale au poids du liquide déplacé. Représentons généralement par R le rayon de la base du cône, par x celui de la section formée par la surface de niveau, par H la hauteur du cône donné, par y celle du cône d'eau déplacé. Le volume du cône donné est $\frac{1}{3}\pi R^2 H$, et si D est sa densité, son poids est $\frac{1}{3}\pi R^2 HD$; la densité de l'eau étant 1, le volume et le poids du cône d'eau déplacé seront représentés par le nombre $\frac{1}{3}\pi x^2 y$. Lorsque le cône donné sera en équilibre dans l'eau, on aura

$$\frac{1}{3}\pi R^2 HD = \frac{1}{3}\pi x^2 y; \text{ d'où } \frac{y}{H} = \frac{R^2}{x^2} D.$$

La section formée par la surface de niveau étant parallèle à la base du cône donné, on a

$$\frac{R}{x} = \frac{H}{y}$$

Éliminant successivement x et y entre les deux dernières équations, on obtient

$$y^3 = H^3 D;\ \text{d'où}\ y = H \sqrt[3]{D}$$

$$x^3 = R^3 D;\ \text{d'où}\ x = R \sqrt[3]{D}$$

Substituant à H, R, D leurs valeurs particulières, données dans l'énoncé, puis effectuant les calculs indiqués, on obtient approximativement

$y = 1^m 269$ pour la hauteur du cône immergé ;
$x = 0^m 416$ pour le rayon de la section formée par la surface de niveau.

349 *Problème. — Quelle est, à un litre près, la capacité d'un tonneau dont la longueur est* $2^m 31$, *le diamètre des bases* $1^m 3$ *et le diamètre de la circonférence moyenne* $1^m 38$.

Pour évaluer la capacité d'un tonneau, ou pour le *jauger*, on le considère comme formé de deux cônes tronqués égaux, réunis par leur plus grande base. Si donc r est le rayon des bases, R celui de la circonférence moyenne et H la demi-longueur d'un tonneau, sa capacité V sera

$$V = \frac{2}{3} \pi H (R^2 + r^2 + Rr)$$

Mais cette formule donne un résultat trop faible, comme il est facile de s'en rendre compte; pour corriger cette erreur, on substitue au produit Rr le carré R^2, ce qui donne

$$V = \frac{2}{3} \pi H (2 R^2 + r^2)$$

Telle est la formule employée communément pour le jaugeage des tonneaux.

Remplaçant, dans cette expression, H, R, r par leurs valeurs numériques, données dans l'énoncé, on a

$$V = \frac{2}{3} \pi \times 1{,}155 \left\{ 2\,(0{,}69)^2 + (0{,}6)^2 \right\} = \pi \times 1{,}010394$$

ou, en prenant pour unité de capacité le litre,

$$\pi \times 1010 \text{ litres } 394.$$

Formant ce produit à moins d'une unité, on obtient pour la capacité demandée 3175 litres.

350 *Problème. — La hauteur de la zone torride, ou la distance des plans des tropiques, étant d'environ* 1268 *lieues de* 4000^m^, *quelle est la surface de cette zone en lieues carrées?*

La circonférence d'un grand cercle de la sphère terrestre étant de 10000 lieues, la surface de cette zone est

$$12680000 \text{ lieues carrées.}$$

351 *Problème. — Trouver, à un myriamètre carré près, l'étendue habitable de la terre, supposée sphérique, en sachant que les eaux recouvrent environ les* $\frac{11}{14}$ *de sa surface totale.*

R étant le rayon de la terre et S l'étendue de sa surface non recouverte par les eaux, on a

$$S = \frac{3}{14} \times 4 \pi R^2$$

D'ailleurs, d'après la définition du mètre, en prenant le myriamètre pour unité de longueur, on sait que

$$2 \pi R = 4000 \text{ ; d'où } R = \frac{2000}{\pi}$$

Substituant cette valeur à R dans la première formule, on obtient

$$S = \frac{3}{14} \times 4 \pi \left(\frac{2000}{\pi}\right)^2 = \frac{24,000,000}{7} \times \frac{1}{\pi}$$

Pour obtenir ce produit à moins d'une unité je forme d'abord le premier facteur $\frac{24,000,000}{7}$ à moins d'un dixième, et je le multiplie par $\frac{1}{\pi}$ en suivant la méthode d'Oughtred.

On trouve ainsi que l'étendue de la terre dégarnie d'eau est 1091348 myriamètres carrés.

Si l'on avait effectué les calculs à l'aide des logarithmes, on aurait trouvé **1091350**.

352 *Problème. — En prenant pour unité la lieue de* 2000 *toises, le rayon de l'équateur est de* 1635 *lieues* 934, *et celui du pôle de* 1630 *lieues* 717; *calculer le volume de la terre, considérée comme moyenne entre les volumes de deux sphères ayant pour rayons, l'une le rayon de l'équateur, l'autre celui du pôle.*

Le volume de la terre, considérée comme il est dit dans l'énoncé de ce problème, est

$$\frac{2}{3}\pi \left\{ (1635{,}934)^3 + (1630{,}717)^3 \right\}$$

Si l'on calcule, à l'aide des logarithmes, les deux cubes qui entrent dans cette expression, on trouve

$$\text{Log. } (1635{,}934)^3 = 9{,}64128; \text{ d'où } (1635{,}934)^3 = 4{,}378{,}000{,}000;$$
$$\text{Log. } (1630{,}717)^3 = 9{,}63714; \text{ d'où } (1630{,}717)^3 = 4{,}336{,}500{,}000.$$

Donc le volume de la terre est

$$\frac{2}{3}\pi \times 8{,}714{,}500{,}000 \text{ lieues cubes}$$

Effectuant les calculs indiqués et opérant la multiplication à moins d'une unité du septième ordre, on obtient pour le volume de la terre

$$18{,}252{,}000{,}000 \text{ lieues cubes.}$$

353 *Problème. — Calculer le diamètre d'un boulet de fonte de* 12 *kilogrammes, la densité de la fonte étant* 7,207.

Le poids d'un corps, exprimé en kilogrammes, étant le produit de son volume, exprimé en décimètres cubes, par sa densité, on a, en représentant par d le diamètre du boulet,

$$12 = \frac{1}{6}\pi d^3 \times 7{,}207 \text{ ; d'où}$$

$$d^3 = \frac{72}{\pi \times 7{,}207} \text{ et } d = \sqrt[3]{\frac{72}{\pi \times 7{,}207}}$$

En effectuant les calculs par logarithmes, on obtient successivement

$$\log. d = \frac{1}{3}\left\{ \log. 72 - (\log. \pi + \log. 7{,}207) \right\}$$

$$\log. 72 = 1,85733 \qquad \begin{array}{l} \log.\ \pi = 0,49715 \\ \log.\ 7,207 = 0,85775 \\ \hline \qquad\qquad 1,35490 \end{array}$$

$$\text{donc } \log. d = \frac{1}{3}(1,85733 - 1,35490) = 0,16748$$

$$\text{et } d = 1,471$$

Le diamètre de ce boulet est donc 1$^{\text{décim.}}$471.

354 *Problème. — En prenant pour unité le diamètre de la terre, celui de la lune est environ* $\frac{3}{11}$, *et celui du soleil* 111,6; *quels sont les surfaces et les volumes de la lune et du soleil?*

On trouvera facilement que la surface de la lune est à peu près $\frac{1}{13}$ de celle de la terre, et son volume $\frac{1}{49}$ de celui de la terre. La surface du soleil vaut environ 12455 fois celle de la terre, et son volume 1,390,000 fois le volume de la terre.

355 *Problème. — Étant données trois droites parallèles* M, N, P *non situées dans le même plan, on porte sur l'une d'elles une distance* AB *et l'on prend arbitrairement un point* C *sur la seconde et un point* D *sur la troisième* (fig. 234);

Considérant la pyramide triangulaire qui a pour sommets les quatre points A, B, C, D, *on propose de démontrer que :*

1° *Le volume de la pyramide est indépendant de la position des points* C, D *sur les droites où ils se trouvent;*

2° *Ce volume est proportionnel à la longueur* AB;

3° *Il reste le même, quelle que soit celle des parallèles sur laquelle on porte la longueur* AB.[1]

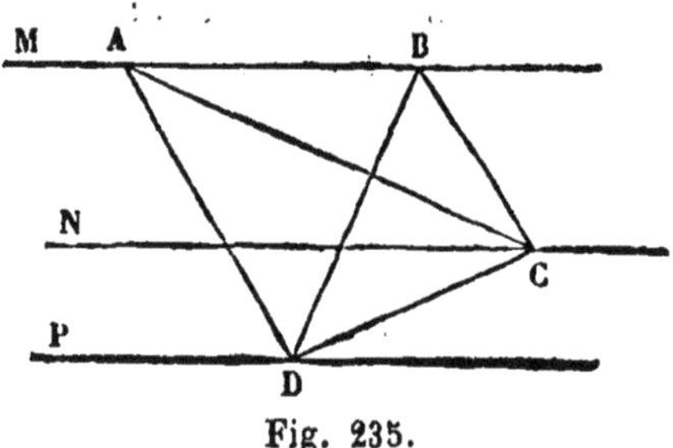

Fig. 235.

1° Le volume de la pyramide ABCD est égal au tiers du produit de sa base ABD par la perpendiculaire abaissée du point C sur le plan

1. Cette question a été donnée au concours général de la classe de logique, section des lettres, année 1853.

des deux parallèles M, P. Or, quelle que soit la position du point D sur la droite P, l'aire du triangle ABD restera la même, et quelle que soit la position du point C sur la droite N, la longueur de la perpendiculaire abaissée de ce point sur le plan des deux parallèles M, P ne variera pas. Donc le volume de la pyramide est indépendant de la position des points C, D.

2° Si l'on prend la longueur AB deux, trois..... fois plus grande ou plus petite, l'aire du triangle ABD, dont la hauteur est constante, deviendra deux, trois..... fois plus grande ou plus petite. Donc le volume de la pyramide est proportionnel à AB.

3° Si l'on portait la longueur AB sur la droite P, l'aire du triangle ABD resterait la même, ainsi que le volume de la pyramide. Si l'on portait AB sur la droite N, l'aire du triangle ABC resterait constante; or, le volume de la pyramide est aussi égal au tiers du produit du triangle ABC par la perpendiculaire abaissée du point D sur le plan des deux parallèles M, N; cette dernière perpendiculaire conservant une grandeur constante, quelle que soit la position de AB sur les droites M ou N, le volume de la pyramide est aussi indépendant de cette position.

FIN DE LA GÉOMÉTRIE.

GÉOMÉTRIE

(APPENDICE)

NOTIONS SUR QUELQUES COURBES USUELLES.

N° 42.

DU PROGRAMME POUR LE BACCALAURÉAT ÈS SCIENCES

(Nos 1, 2, 3 et 4 du programme pour la classe de rhétorique.)

DÉFINITIONS.

356 — Deux points sont dits *symétriques* par rapport à une droite, que l'on nomme *axe de symétrie*, lorsque cette droite est perpendiculaire sur la droite qui joint ces deux points et la partage en deux parties égales. Lorsque deux cercles se groupent, leurs points d'intersection sont symétriques par rapport à la ligne des centres.

357 — Deux *figures* sont *symétriques* par rapport à un axe, lorsque tout point de l'une a son symétrique dans l'autre.

Deux figures symétriques par rapport à un axe doivent coïncider, lorsque l'on fait tourner l'une d'elles autour de cet axe, comme autour d'une charnière, pour la rabattre sur l'autre.

Un rectangle est symétrique par rapport à chaque droite joignant les milieux de deux côtés opposés; un carré a de plus pour axe de symétrie chacune de ses diagonales. Le cercle a pour axe de symétrie un quelconque de ses diamètres.

358 — On appelle *lieu géométrique* une suite de points jouissant d'une propriété commune et étant les seuls à avoir cette propriété. Ainsi, la perpendiculaire élevée sur le milieu d'une droite est le lieu géométrique des points également éloignés des extrémités de cette droite. En effet, tout point pris sur cette perpendiculaire est également éloigné des extrémités de cette droite, et tout point pris hors de cette perpendiculaire est plus rapproché de l'une des extrémités que de l'autre. La bissectrice d'un angle est le lieu géométrique des points également distants des côtés de cet angle.

DE L'ELLIPSE.

359 — ***Définition de l'ellipse par la propriété des foyers.*** — On nomme *ellipse* une *courbe plane telle que la somme des distances* MF, MF′ *de chacun de ses points, à deux points fixes* F, F′, *est constante.* Les deux points fixes F, F′ sont appelés les *foyers* de l'ellipse ; FF′

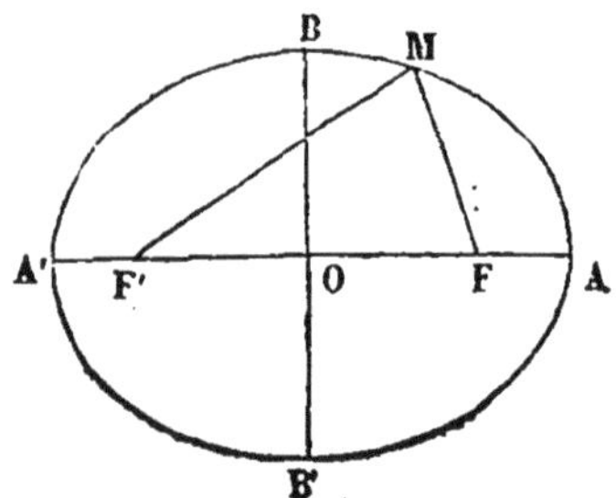

Fig. 236.

est la *distance focale*, et les droites MF, MF′, menées d'un point quelconque de l'ellipse aux foyers, sont les *rayons vecteurs* (fig. 236).

360 — Il résulte de la définition de l'ellipse que cette courbe a pour axes de symétrie la droite XX′ passant par ses foyers (fig. 237), ainsi que la perpendiculaire YY′ à cette droite, menée par le milieu O de la distance focale.

En effet,

1° M étant un point quelconque de l'ellipse, si des foyers F et F′

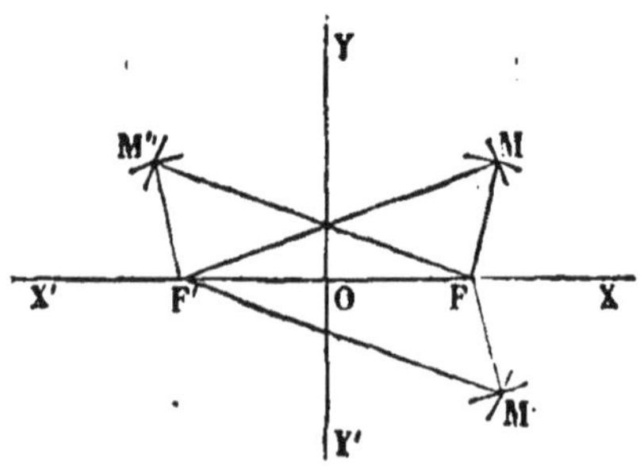

Fig. 237.

comme centres, avec des rayons respectivement égaux à FM et à F′M, je décris deux arcs de cercle se coupant en M′, on aura évidemment

$$FM' + F'M' = FM + F'M$$

et le point M′ appartiendra à l'ellipse.

D'ailleurs, les deux points M, M′, étant les intersections de deux cercles qui ont pour centre F et F′, sont symétriques par rapport à XX′.

2° Si du point F comme centre, avec un rayon $FM'' = F'M$, et du point F′, avec un rayon $F'M'' = FM$, je décris deux arcs de cercle, le point M″ où ils se couperont se trouvera encore sur l'ellipse.

D'ailleurs, les triangles MFF′ et M″FF′ étant égaux, puisqu'ils ont les trois côtés égaux, deux à deux, l'angle MFF′ = angle M″F′F, et si je fais tourner la figure OFM autour de YY′ pour la rabattre sur OF″M″, ces deux figures coïncideront et le point M tombera sur le point M″. Donc, M et M″ sont symétriques par rapport à YY′.

361 — *Tracé de la courbe par points.* — On peut tracer autant de points qu'on veut d'une ellipse dont on connaît les deux foyers et la somme constante des rayons vecteurs.

A partir de l'un des foyers, F′, par exemple, je prends une longueur F′K égale à la somme donnée des rayons vecteurs. Du point F′ comme centre, avec des rayons tels que F′D, je décris une série d'arcs concen-

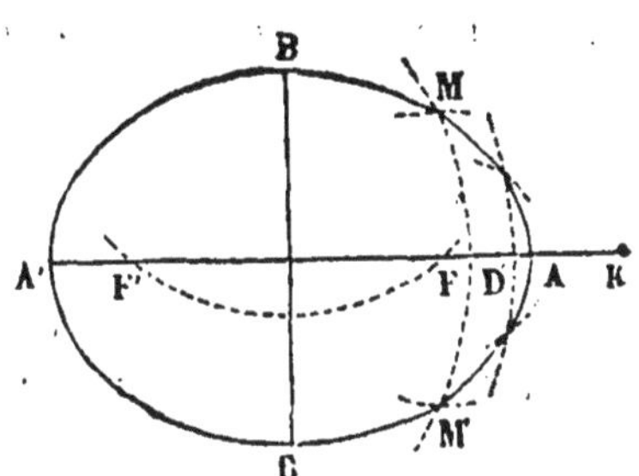

Fig. 238.

triques tels que MDM′; si de l'autre foyer F comme centre, avec un rayon égal à DK, je décris un arc de cercle qui coupe l'arc MDM′ en M,M′, ces deux points appartiendront à l'ellipse (fig. 238).

En effet, $$F'M + FM = F'D + DK = F'K$$

On trouvera ainsi que la courbe coupe la ligne des foyers en un premier point A, situé au milieu de FK, et en un second point A′, placé à gauche de F′ et à une distance de ce point égale à AF.

La construction précédente donnera deux points de l'ellipse toutes les fois que l'un des rayons sera plus petit que F'A, et que par conséquent l'autre sera plus grand que AK. En effet, la différence des rayons sera alors plus petite que celle des lignes F'A et AK, ou bien que F'F, la ligne des centres. Il est d'ailleurs évident que la somme F'K est plus grande que la ligne des centres F'F. Donc, les circonférences se coupent. Elles seraient intérieures l'une à l'autre si l'un des rayons était plus grand que F'A.

Lorsqu'on aura tracé ainsi un certain nombre de points, on les réunira par un trait continu et on aura l'ellipse.

362 — *Tracé de l'ellipse d'un mouvement continu.* — Si l'on fixe aux deux foyers les extrémités d'un fil inextensible, et qu'on fasse glisser sur un plan, le long de ce fil, un style qui le tienne toujours tendu, l'extrémité du style décrira une ellipse. En effet, dans toutes les positions du style, la somme des distances de son extrémité aux deux foyers est égale à la longueur du fil.

On voit que l'ellipse est une courbe fermée et continue.

En faisant varier la position des foyers et la longueur du fil, on pourra décrire d'un mouvement continu toute sorte d'ellipses. Sur le papier, il est préférable de tracer cette courbe par points.

363 — Les quatre points A, A', B, B' où la courbe coupe ses deux axes de symétrie (fig. 236) se nomment les *sommets* de l'ellipse; les droites AA' et BB' sont ses *axes*. L'axe AA' est le *grand axe* ou l'*axe focal*, parce qu'il contient les foyers; BB' est le *petit axe*.

364 — Le grand axe est égal à la somme constante des rayons vecteurs, car (fig. 238) $A'A = F'A + AK$. Nous le désignerons par $2a$.

365 — Si, au lieu de donner les foyers d'une ellipse, on donnait ses deux axes AA', BB' (fig. 238) on commencerait par déterminer les foyers. Pour cela, je remarque que l'extrémité B du petit axe, étant à égale distance des deux foyers, se trouve éloigné de chacun d'eux d'une longueur égale au demi grand axe ou a. Donc, si de l'extrémité B du petit axe, avec le demi grand axe, a, pour rayon, on décrit un arc de cercle, les points F, F' où cet arc coupera le grand axe AA', seront les deux foyers. Le tracé de la figure s'achèverait comme précédemment.

366 — Ainsi, une ellipse est complétement déterminée lorsque l'on connaît ses deux axes ou bien ses deux foyers et la somme constante des rayons vecteurs; elle l'est également lorsqu'on se donne la distance focale FF' et le grand axe AA'.

367 — Le point O étant le milieu de la distance focale, le rapport $\frac{OF}{OA}$ des éléments de l'ellipse se nomme l'*excentricité* (fig. 239). Si, pour une même valeur de OA, on suppose que OF diminue d'une manière continue depuis OA, sa valeur maximum, jusqu'à zéro, l'excentricité diminuera de 1 à zéro, tandis que le demi petit axe, côté d'un triangle

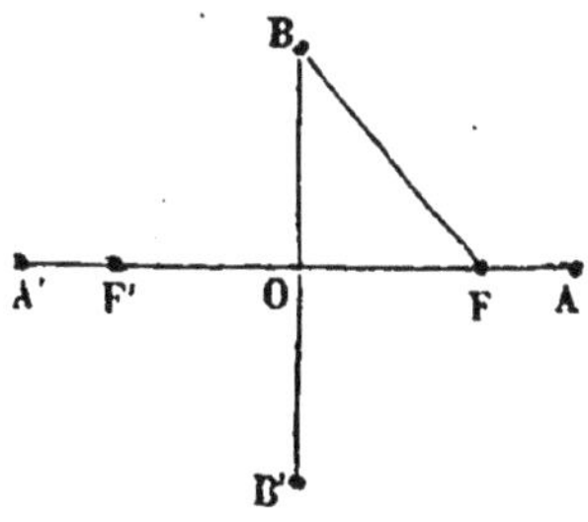

Fig. 239.

rectangle ayant l'hypoténuse BF égale à OA et pour autre côté OF, croîtra de zéro à OA. En même temps, la forme de la courbe s'arrondira dans le sens du petit axe, pour devenir un cercle à la limite lorsque OF sera zéro ou que les deux foyers se confondront. Ainsi, le cercle peut être regardé comme une ellipse dont les deux foyers se réunissent au centre et dont les deux axes sont égaux.

368 — Képler a fait voir que les planètes décrivent des ellipses dont le soleil occupe un des foyers. L'excentricité de celle décrite par la terre est 0,01679.

THÉORÈME.

369 — *L'ellipse est le lieu géométrique des points dont la somme des rayons vecteurs est égale au grand axe.*

Nous savons que tout point de l'ellipse satisfait à cette condition.

Soit N ou P un point pris hors de l'ellipse ou dans l'intérieur de cette courbe (fig. 240); en joignant ce point à un point C, sur la distance focale, la direction de la ligne NC ou PC rencontrera l'ellipse en un point M, et l'on aura :

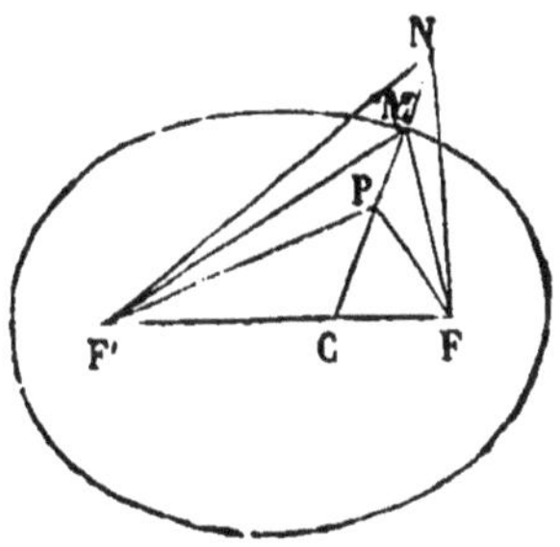

Fig. 240.

pour un point N, extérieur,

$$F'N + NF > F'M + MF \text{ ou que } 2a$$

en nommant $2a$ la longueur du grand axe ou la somme constante des rayons vecteurs;

pour un point P, intérieur,

$$F'P + PF < F'M + MF \text{ ou que } 2a$$

370 — *Définition.* — On nomme *centre* d'une courbe un point qui partage en deux parties égales toutes les cordes passant par ce point.

THÉORÈME.

371 — ***Une ellipse a pour centre le milieu* O *de la ligne* FF′ *qui joint ses deux foyers*** (fig. 241).

Sur une droite quelconque passant par le point O, je prends deux

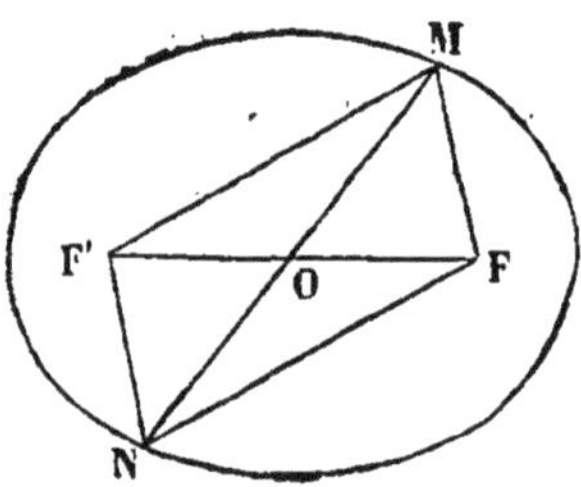

Fig. 241.

longueurs égales OM, ON; le quadrilatère FMF′N, dont les diagonales se coupent en parties égales, est un parallélogramme; donc

$$FM + MF' = F'N + NF$$

Par conséquent, si le point M est sur l'ellipse, le point N s'y trouvera également. Toute corde MN, passant par le point O, est donc divisée par ce point en deux parties égales.

Définition générale de la tangente à une courbe.

372 — On nomme généralement tangente à une courbe, en un point M, la limite des positions successives que prend une sécante MM′, passant par le point M, lorsqu'en faisant tourner cette droite autour du point M, de manière que l'arc intercepté MM′ diminue indéfiniment, le point M′ est venu se confondre avec le point M.

Le point où une droite est tangente à une courbe s'appelle *point de contact* ou de *tangence*.

373 — La perpendiculaire menée à la tangente par le point de contact est dite *normale* à la courbe en ce point. Dans le cercle, toutes les normales passent par le centre.

THÉORÈME.

374 — *Les rayons vecteurs menés par les foyers à un point de l'ellipse font, avec la tangente en ce point et d'un même côté de cette ligne, des angles égaux*[1] (fig. 242).

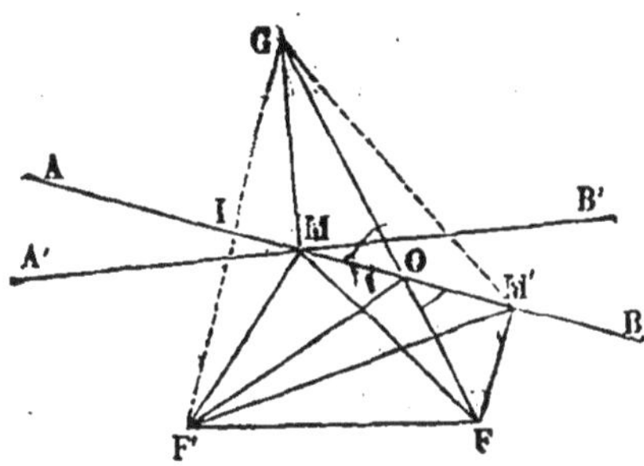

Fig. 242.

Soient F, F′ les deux foyers et AB une sécante passant par deux points M, M′ de l'ellipse, aussi voisins que l'on voudra. Si je prends le point G symétrique du foyer F′ par rapport à la droite AB, que je mène GF, rencontrant AB en un point O, et que je joigne le point O au foyer F′, les lignes FO, F′O formeront au point O des angles égaux avec AB. En effet, la droite AB, joignant le sommet O du triangle isocèle GOF′ au milieu I de la base, est bissectrice de l'angle au sommet; donc, l'angle GOA = F′OA; d'ailleurs, l'angle GOA = BOF: par conséquent,

$$\text{angle } F'OA = \text{angle } FOB$$

Or, quelque voisin que le point M′ soit du point M, le point O est toujours placé entre M et M′. Car les points M, M′ étant également éloignés des points F′ et G et se trouvant d'ailleurs sur l'ellipse,

$$F'M + MF = F'M' + M'F$$

ou bien $$GM + MF = GM' + M'F$$

1. La démonstration qui suit et celle du n° 388, sont dues à M. Serret, examinateur d'admission à l'École polytechnique.

relation qui ne saurait avoir lieu, si le point M′, par exemple, se trouvant entre M et O, les deux droites GM′, FM′ étaient enveloppées par les deux droites GM, MF.

Si l'on conçoit que la sécante AB tourne autour du point M jusqu'à ce que le point M′ se confonde avec le point M, le point O, jusque-là toujours situé entre M et M′, viendra lui-même se confondre avec le point M; d'ailleurs, les rayons vecteurs du point O feront constamment des angles égaux avec AB; donc à la limite, si A′B′ est la position de AB, devenue tangente, on aura encore

$$\text{angle } F'MA' = \text{angle } FMB'$$

375 — *Remarque.* — Cette démonstration suppose que la sécante AB laisse d'un même côté les foyers F, F′, ce qu'on peut toujours supposer en prenant les points M, M′ assez rapprochés l'un de l'autre.

Il résulte de là qu'*une tangente à l'ellipse n'a qu'un point commun avec la courbe.*

THÉORÈME.

376 — *La tangente à l'ellipse menée par l'extrémité de l'un des axes est perpendiculaire à cet axe.*

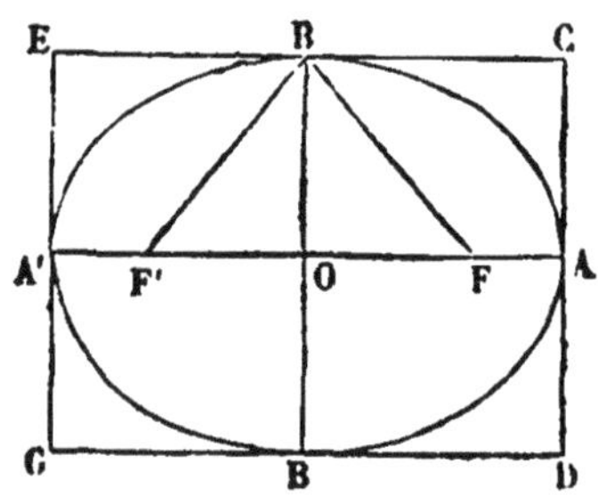

Fig. 243.

Ainsi, la tangente au sommet A est perpendiculaire à l'axe AA′, car les angles F′AC, FAD sont égaux entre eux.

De même, la tangente en B est perpendiculaire à l'axe BB′, car les angles F′BE, FBC sont égaux, et il en est de même des angles F′BO, OBF.

PROBLÈME.

377 — *Mener la tangente à l'ellipse : 1° par un point pris sur la courbe; 2° par un point extérieur; 3° parallèlement à une droite donnée.*

1° et 2° — Par un point pris sur la courbe, ou par un point extérieur.

Supposons le problème résolu et soit AMT la tangente demandée; si l'on mène les rayons vecteurs MF, MF′, les angles TMF, AMF′ seront égaux; donc, en prolongeant F′M d'une longueur MG = MF, la tangente sera bissectrice de l'angle au sommet du triangle isocèle MFG et perpendiculaire sur la base FG, qu'elle divisera en deux parties égales. Ainsi les obliques AF, AG seront égales. Le point G se trouve donc à l'intersection de deux circonférences décrites, l'une du point F′, avec un rayon $F'G = 2a$, en nommant $2a$ la longueur du grand axe, l'autre du point donné A, avec un rayon égal à AF; le point G peut se déterminer de cette manière.

Lorsqu'on aura le point G, on mènera FG, et en abaissant du point A une perpendiculaire AIT sur cette ligne, on aura la tangente demandée (fig. 244).

Lorsque le point donné est extérieur, les circonférences qui ont pour centres F′ et A et pour rayon $2a$ et AF, se coupent en deux

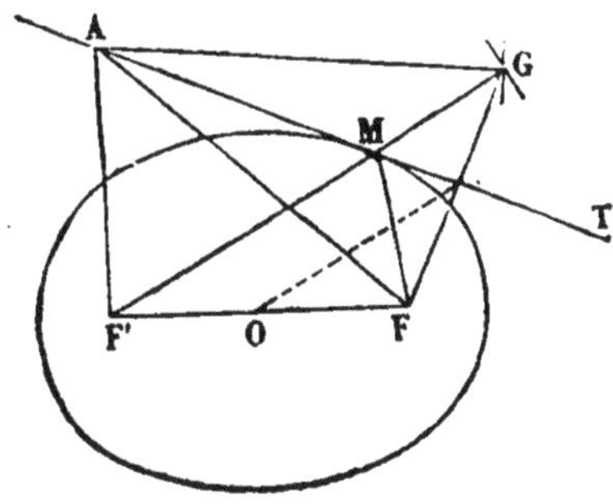

Fig. 244.

points et déterminent deux tangentes. En effet la ligne droite AF′ est plus petite que AF + FF′ et à plus forte raison que $AF + 2a$. Ainsi la ligne des centres est moindre que la somme des rayons. Elle est plus grande que leur différence, car le point A étant extérieur, on a

$$AF' + AF > 2a,$$

ou bien

$$AF' > 2a - AF$$

Lorsque le point donné est sur la courbe, en M, par exemple, on a

$$MF' + MF = 2a$$

et l'un des rayons étant égal à l'autre augmenté de la ligne des centres, les deux circonférences sont tangentes intérieurement. On ne peut alors mener qu'une seule tangente.

On verrait de même que par un point intérieur on ne peut mener aucune tangente.

3° — ***Mener une tangente parallèle à une droite donnée*** **AB** (fig. 245).

Du foyer F on abaisse FK perpendiculaire sur la ligne donnée AB ; de l'autre foyer F′, avec un rayon égal à $2a$, on décrit un arc de

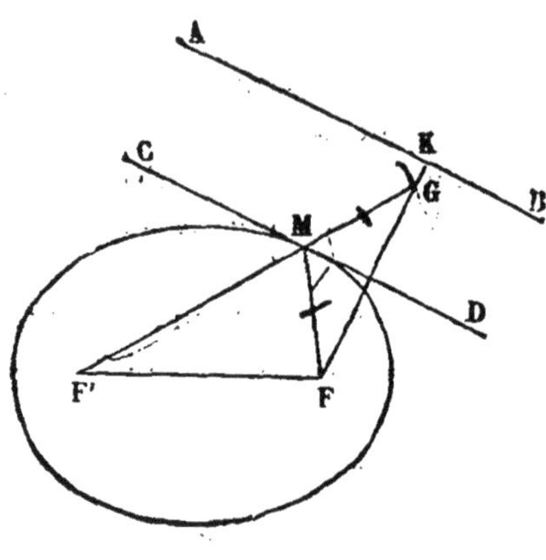

Fig. 245.

cercle qui coupe la perpendiculaire FK en G, et sur le milieu de FG on élève une perpendiculaire CD à cette ligne; c'est la tangente demandée. En effet, CD, bissectrice de l'angle au sommet du triangle isocèle MFG, forme avec les rayons vecteurs des angles égaux; donc elle est tangente.

Comme le rayon $F'G = 2a$ est plus grand que la distance du point F′ à la droite FK, la circonférence coupe FK en deux points et il y a deux tangentes.

378 — *Remarque* 1. — Les constructions précédentes ne supposent connus que les foyers et le grand axe. Quand on construit une ellipse par points, il est utile de tracer les tangentes aux points que l'on a déterminés.

379 — *Remarque* 2. — Dans le triangle F′FG (fig. 244), la ligne OI, joignant les milieux des deux côtés FF′, FG, est égale à la moitié du troisième côté F′G, c'est-à-dire égale au demi grand axe a. Donc *la distance du centre de l'ellipse au pied d'une perpendiculaire abaissée d'un foyer sur une tangente quelconque est* constante et *égale au demi grand axe.*

De la normale.

THÉORÈME.

380 — *La normale à l'ellipse, en un point, partage en deux parties égales l'angle des rayons vecteurs de ce point.*

Soit **AB** la tangente à l'ellipse au point **M** (fig. 246); si j'élève sur

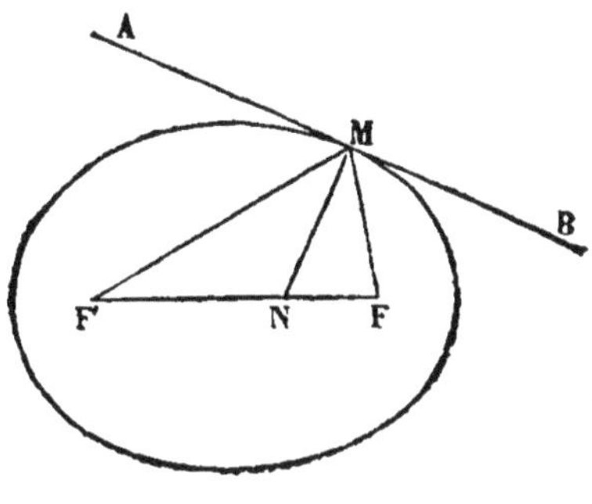

Fig. 246.

la tangente la perpendiculaire **MN**, cette dernière ligne sera la normale à la courbe au point **M**.

Les deux angles **AMN**, **BMN** étant droits et les deux angles **AMF'** BMF égaux entre eux, il est évident que

angle **NMF'** = angle **NMF**.

N° 43

(5, 6.)

DE LA PARABOLE.

381 — *Définition de la parabole par la propriété du foyer et de la directrice.* — La *parabole* est une *courbe plane dont chaque point est également éloigné d'un point fixe*, nommé *foyer* et *d'une droite fixe*, appelée *directrice*.

Soient **F** le foyer, **HH'** la directrice d'une parabole (fig. 247); si du point **F** je mène **DK** perpendiculaire sur **HH'**, cette perpendiculaire

DK sera un axe de la courbe. En effet, M étant un point quelconque de la parabole, il est évident que son symétrique M′, par rapport à DK, appartient également à la courbe.

Le milieu A, de FD, étant également éloigné du foyer et de la di-

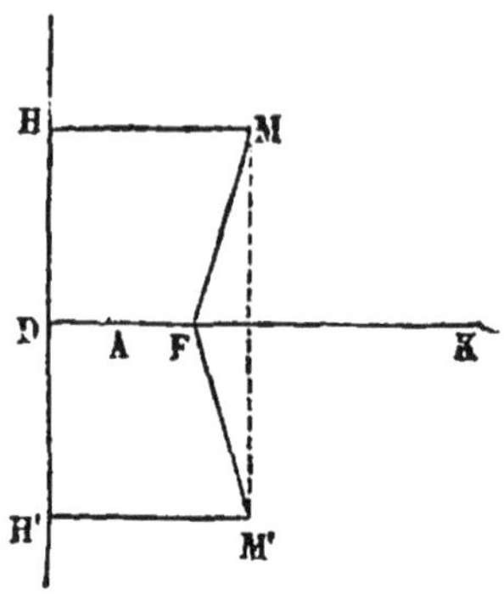

Fig. 247.

rectrice, est un point de la parabole; c'est le seul où cette courbe puisse couper son axe; il se nomme le *sommet* de la parabole.

382 — ***Tracé de la courbe par points.*** Le point M appartenant à une parabole dont F est le foyer et DH la directrice (fig. 148), si de ce point on mène MH perpendiculaire sur DH et MP parallèle à DH, on

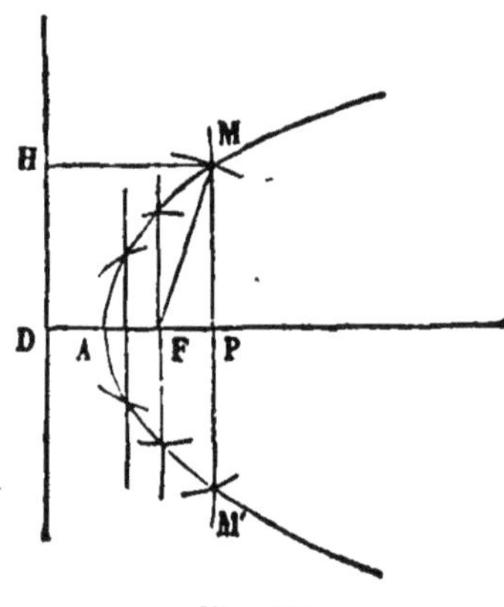

Fig. 248.

aura, d'après la définition de cette courbe, MH = MF, et par suite MF = DP. Donc le point M se trouve sur une parallèle à la directrice menée à une distance DP de cette droite et sur une circonférence de cercle décrite du foyer comme centre, avec un rayon FM = DP.

Ainsi, pour obtenir autant de points qu'on voudra de la parabole, on mènera une série de parallèles à la directrice telles que MM′; du foyer, avec des rayons égaux à la distance de chaque parallèle à la directrice, DP par exemple, on décrira des arcs de cercle, et les points tels que M, M' où ils rencontreront les parallèles correspondantes, appartiendront à la parabole.

Toutes les fois que la distance DP sera plus grande que DA, la parallèle sera plus près du foyer que de la directrice et elle sera coupée en deux points par la circonférence; on obtiendra deux points de la parabole.

Les parallèles, telles que MM', s'éloignant de la directrice indéfiniment, les points M, M' s'éloignent eux-mêmes de l'axe indéfiniment. La parabole est donc illimitée au-dessus et au-dessous de son axe.

383 — La distance FD du foyer à la directrice, le seul élément par lequel deux paraboles diffèrent entre elles, se nomme ***paramètre.***

On appelle ***rayon vecteur*** la distance du foyer à un point de la courbe.

384 — ***Tracé de la parabole d'un mouvement continu.***

On fixe au foyer F et à l'extrémité G d'une équerre GHK (fig. 249), un fil inextensible de même longueur que le côté GH de cette équerre.

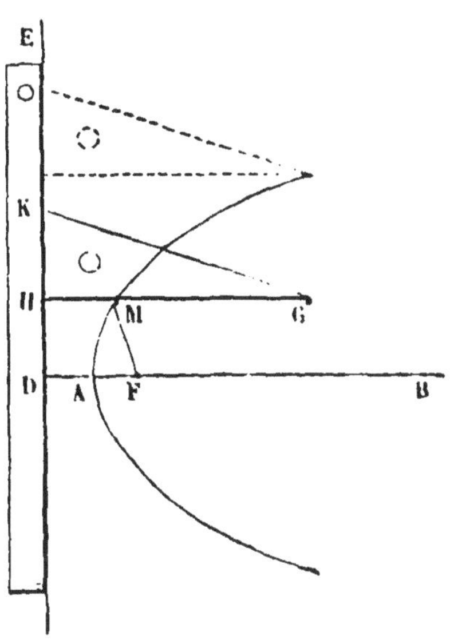

Fig. 249.

Ensuite, en faisant glisser le côté KH de l'équerre sur la directrice DE on tend le fil à l'aide d'un style qui en plie une partie GM le long de l'équerre. Pendant ce mouvement, l'extrémité M du style décrit, dans le plan de l'équerre, un arc de parabole.

En effet, dans toutes les positions de l'équerre, la longueur du fil GM + MF est égale au côté GM + MH de l'équerre; donc

$$MF = MH$$

et le point M est sur une parabole qui a pour foyer le point F et pour directrice DE.

THÉORÈME.

385 — *La parabole est le lieu des points également distants du foyer et de la directrice.*

Tout point de la parabole est également distant du foyer et de la directrice.

Tout point N′, intérieur à la parabole, est plus rapproché du foyer

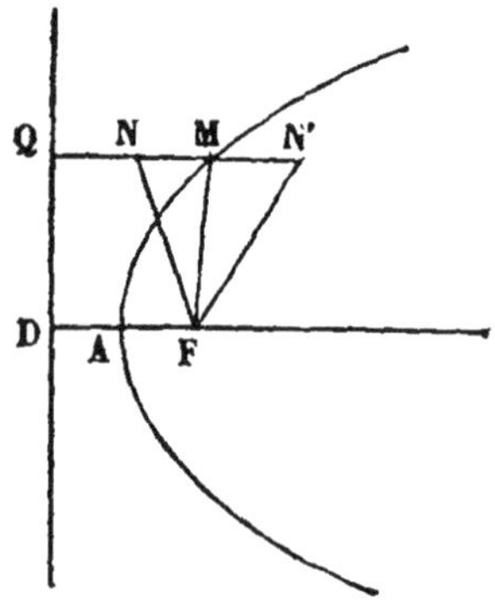

Fig. 250.

que de la directrice; car, N′Q étant une perpendiculaire menée sur la directrice, on a

$$N'F < N'M + MF \text{ ou que } N'M + MQ$$

Enfin, tout point N, extérieur, est plus éloigné du foyer que de la directrice. Car la ligne brisée MN + NF est plus longue que MF ou que son égale MQ; retranchant de part et d'autre MN, on voit que

$$NF > NQ$$

THÉORÈME.

386 — *Toute parallèle,* MQ; *à l'axe* DF, *ne coupe la parabole qu'en un seul point* M (fig. 250).

Car si elle la coupait en un second point N′, on aurait

$$N'F = N'M + MQ \text{ ou bien } N'F = N'M + MF,$$

ce qui est impossible.

387 — *Corollaire.* — *La parabole n'a pas de centre*, car si elle en avait un, N', ce point serait le milieu de la corde N'Q, parallèle à l'axe.

THÉORÈME.

388 — *La tangente à la parabole fait des angles égaux avec la parallèle à l'axe et le rayon vecteur, menés par le point de contact.*

La démonstration de ce théorème, analogue à celle donnée nº 374, repose sur le principe suivant :

Si d'un point quelconque M', *pris dans l'intérieur d'un trapèze* GMQR (fig. 251), *rectangle en* Q *et en* R, *on abaisse une perpendiculaire* M'Q' *sur* QR, *on aura*

$$GM' + M'Q' < GM + MQ.$$

En effet, si l'on forme la figure Q*mg*R, symétrique de GMQR, par

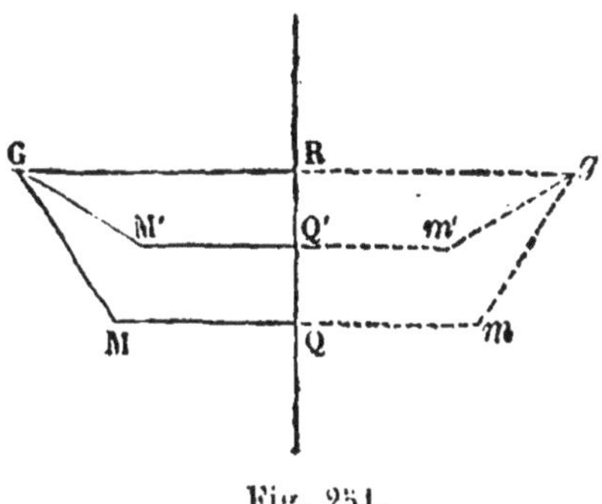

Fig. 251.

rapport à QR, les angles en R, Q', Q, étant tous droits, G*g*, M'*m*', M*m* seront trois lignes droites, et l'on aura

$$GM' + M'm' + m'g < GM + Mm + mg;$$

donc GM' + M'Q', moitié de la première somme, sera moindre que GM + MQ, moitié de la seconde.

Considérons maintenant une sécante AB, passant par deux points M, M' d'une parabole ayant pour foyer le point F et pour directrice la droite CD (fig. 252). Si je prends le point G, symétrique de F par rapport à la droite AB et que je mène GOR parallèle à l'axe FD, ainsi que le rayon vecteur OF du point O, les angles FOA et ROB seront égaux entre eux, car ils sont égaux l'un et l'autre à l'angle GOA. Or le point O est toujours placé entre les deux points M, M'. En effet, je mène EK parallèle à la directrice et à une distance telle que les deux points M, M'

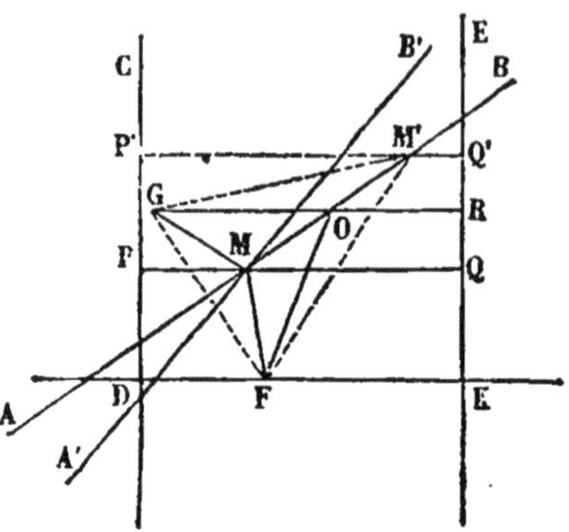

Fig. 252.

soient toujours placés entre ces deux droites, puis je trace les perpendiculaires PMQ, P'M'Q' à la directrice; les obliques GM, MF étant égales entre elles et à la droite MP, puisque le point M est sur la courbe, on a

$$GM + MQ = PM + MQ.$$

Par une raison semblable,

$$GM' + M'Q' = P'M' + M'Q';$$

donc
$$GM + MQ = GM' + M'Q',$$

mais cette dernière égalité ne saurait exister si le point M' était dans l'intérieur du trapèze GMQR, ou entre M et O.

Cela étant, si l'on fait tourner la sécante AB autour du point M, jusqu'à ce que le point M' vienne se confondre avec lui, le point O se réunira lui-même au point M, le rayon vecteur FO deviendra FM; et, comme les angles AOF, BOR, n'auront pas cessé d'être égaux entre eux, si A'B' est la position de la sécante AB, devenue tangente, on aura encore

$$\text{angle } A'MF = \text{angle } B'MQ.$$

389 — *Remarque.* — Cette démonstration suppose que la droite AB ne rencontre pas l'axe dans la portion indéfinie FK ayant son origine au foyer; c'est, en effet, ce qui aura toujours lieu si on prend le point M' assez rapproché du point M.

PROBLÈME.

390 — ***Mener la tangente à la parabole : 1° par un point pris sur la courbe ; 2° par un point extérieur ; 3° parallèlement à une droite donnée*** (fig. 253).

1° et 2° Par un point pris sur la courbe ou extérieur à la courbe.

Soient F le foyer et DP la directrice.

Supposons le problème résolu et considérons une tangente MN, passant par un point donné N. Si du point de contact M on abaisse une perpendiculaire MH sur la directrice, elle sera égale au rayon vecteur MF, et le triangle MFG étant isocèle, la tangente, bissectrice de l'angle au sommet HMF, sera perpendiculaire sur la base HF et la partagera en deux parties égales. Donc, les obliques NF, NH seront égales.

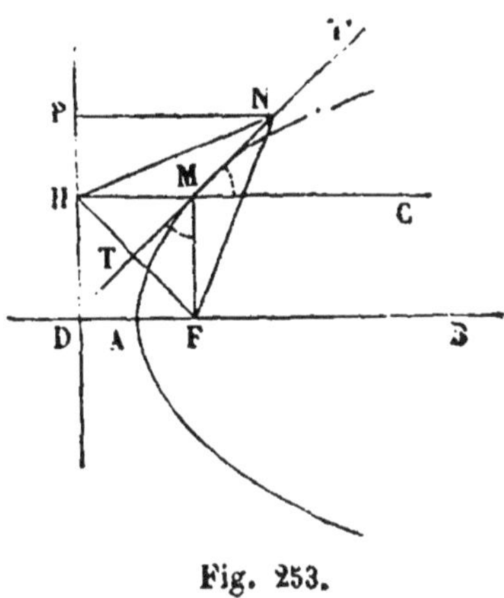

Fig. 253.

Le point H peut donc se déterminer en décrivant un arc de cercle du point donné N, avec un rayon égal à NF ; on joindra le foyer au point d'intersection de cet arc de cercle et de la directrice, puis du point donné N on abaissera une perpendiculaire NT sur FH. On aura ainsi la tangente demandée. Le point de contact s'obtiendra en menant du point H une parallèle à l'axe jusqu'à la rencontre de la tangente.

Lorsque le point donné est extérieur à la parabole, il est plus éloigné du foyer que de la directrice ; la circonférence rencontre alors la directrice en deux points, et il y a deux tangentes. Lorsque le point donné est sur la courbe, il est également distant du foyer et de la directrice ; l'arc de cercle est tangent à cette dernière droite, et il n'y a qu'une seule tangente à la parabole. Enfin, si le point donné était intérieur, il serait plus rapproché du foyer que de la directrice ; celle-ci ne serait pas rencontrée par l'arc de cercle, et il n'y aurait pas de tangente.

3° *Mener une tangente parallèle à une droite donnée.* On abaissera du foyer une perpendiculaire sur la droite donnée, et, par le milieu de la partie de cette perpendiculaire comprise entre le foyer et la directrice, on mènera une parallèle à la droite donnée. Cette dernière droite sera la tangente demandée.

391 — *Remarque* 1. — Cette construction ne suppose pas que la courbe soit tracée et peut être utilement employée à sa détermination.

392 — *Remarque* 2. — Le pied I de la perpendiculaire abaissée du foyer sur la tangente (fig. 254) étant le milieu de la droite FH, et le point A étant le milieu de FD, la droite IA est perpendiculaire sur l'axe et tangente au sommet. Donc, *la tangente au sommet de la parallèle est le lieu géométrique des pieds des perpendiculaires abaissées du foyer sur les tangentes.*

THÉORÈME.

393 — *La normale à la parabole divise en deux parties égales l'angle formé par le rayon vecteur et la parallèle à l'axe, menés par le point de contact.*

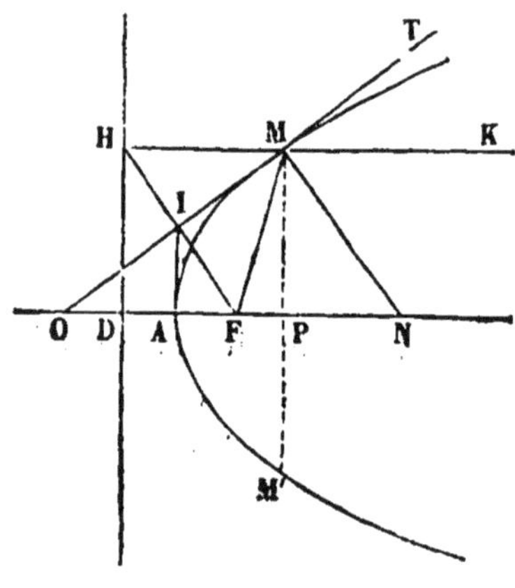

Fig. 254.

En effet, les angles OMN, TMN étant droits et les angles OMF, TMK, égaux entre eux, l'angle FMN est égal à l'angle KMN.

394 — *Corollaire.* — *Dans la parabole, la sous-normale est constante et égale au paramètre* (fig. 254).

On nomme *sous-normale* la partie PN de l'axe comprise entre la normale et le pied P de la perpendiculaire abaissée du point de contact sur l'axe.

Si du point de contact M, j'abaisse MH perpendiculaire sur la directrice, et que je mène FH, cette dernière droite, perpendiculaire sur la tangente, sera parallèle et égale à la normale MN. Donc, les deux triangles MPN, HDF, seront égaux, et

$$PN = DF,$$

ou bien sous-normale = paramètre.

395 — *Définition.* — On nomme ***sous-tangente*** la partie PO de l'axe comprise entre la tangente et la perpendiculaire MP abaissés du point de contact sur l'axe.

Dans le triangle OMP, la droite MP = HD est double de AI ; donc, *la sous-tangente* OP *est double* de OA *ou de* AP. On peut, en s'appuyant sur cette propriété, mener une tangente à la parabole, par un point donné sur cette courbe.

THÉORÈME.

396 — ***Le carré d'une corde perpendiculaire à l'axe est proportionnel à la distance de cette corde au sommet.***

Dans le triangle OMN (fig. 254), rectangle en M, la perpendiculaire MP est moyenne proportionnelle entre PN et OP, c'est-à-dire entre la sous-normale, qui est constante, et la sous-tangente, double de PA.

Donc, le carré de la demi-corde, et, par conséquent, celui de la corde entière, est proportionnel à PA.

397 — *Remarque.* — De cette propriété, on peut déduire un nouveau moyen de construire la parabole par points.

N° 44

(7 et 8.)

DE L'HÉLICE.

Définition de l'hélice, considérée comme résultant de l'enroulement du plan d'un triangle rectangle sur un cylindre droit à base circulaire.

398 — Considérons un cylindre droit à base circulaire ABCD (fig. 255) et un rectangle APQD de même hauteur que le cylindre et ayant une base égale à la longueur de la circonférence du cylindre. Partageons ce rectangle en un certain nombre de rectangles égaux dont les diagonales sont AR, ES, FQ.

Si l'on enroule le rectangle APQD autour du cylindre, les lignes AP, DQ resteront perpendiculaires à la génératrice DA, et viendront

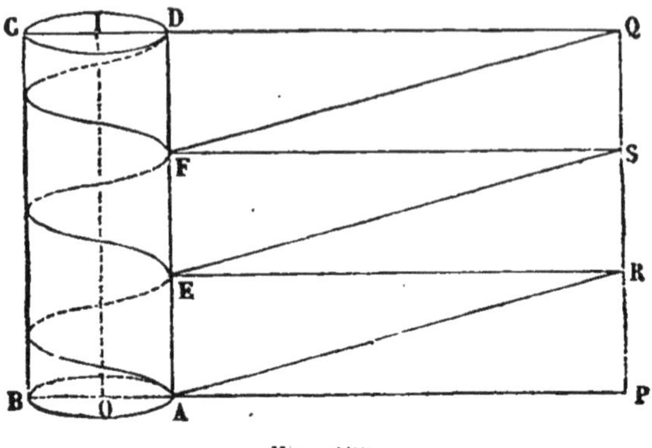

Fig. 255.

coïncider avec les circonférences des deux bases, en sorte que le rectangle enveloppera complétement la surface latérale du cylindre, et que le côté PQ viendra se confondre avec la génératrice AD. La droite AR tracera sur le cylindre une ligne courbe AME, formant un tour complet et dont les extrémités se trouveront placées en A et E sur une même génératrice AD ; cette courbe finie est une *spire*. La droite ES tracera une seconde spire, égale à la première et la continuant ; la droite FQ, une troisième, etc.

On peut supposer le cylindre indéfiniment prolongé, tant au-dessus qu'au-dessous des plans des deux bases, et on aura ainsi une infinité de spires formant une ligne courbe continue, que l'on appelle *hélice*.

L'intervalle AE compris, sur une même génératrice, entre les extrémités d'une spire, se nomme le *pas de l'hélice*.

399 — On peut aussi concevoir l'hélice comme engendrée par la

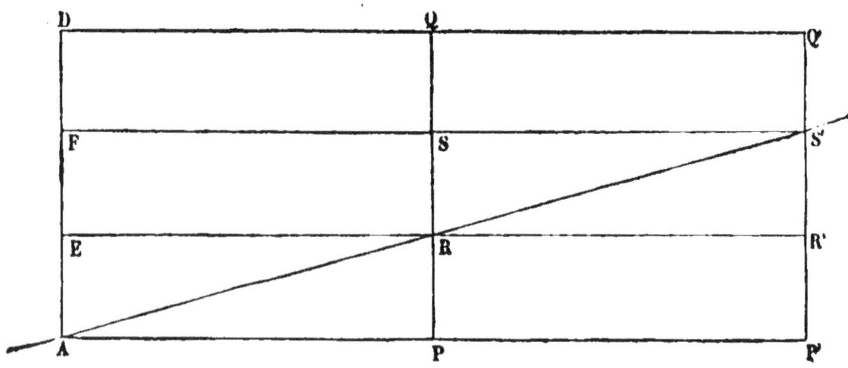

Fig. 2,6.

seule ligne AR indéfinie; il suffit pour cela de supposer le plan du rectangle indéfini et d'admettre qu'on l'enroule un nombre indéfini de fois autour du cylindre. La portion AR décrira alors la première spire; la portion RS′, la seconde, etc.

Les hélices sont donc les courbes dans lesquelles se transforment les lignes droites tracées sur un plan, quand on enroule ce plan sur un cylindre droit à base circulaire.

Propriétés de l'hélice.

THÉORÈME.

401 — *La distance* MN *d'un point quelconque* M *d'une hélice au plan de la base est proportionnelle à la projection* AN *de l'arc de l'hélice* AM *sur le plan de la base* (fig. 255).

En effet, si m est sur la droite AR le point qui est devenu M sur l'hélice et mn une perpendiculaire sur AP, il est évident que $mn =$ MN et que $An =$ arc AN. Mais les triangles semblables Amn, ARP donnent

$$mn = \frac{RP}{AP} \times An;$$

donc

$$MN = \frac{RP}{AP} \times \text{arc AN}$$

et comme $\frac{RP}{AP}$ est constant, MN est proportionnel à l'arc AN.

402 — Si l'on désigne par h le pas de l'hélice, et par R le rayon du cylindre, on aura

$$MN = \frac{h}{2\pi R} \times \text{arc AN}.$$

Pour les spires suivantes, on ajouterait à l'arc AN une ou plusieurs circonférences.

THÉORÈME.

403 — *Dans l'hélice, la sous-tangente au point* M *est égale à la projection* AN *de l'arc* AM *sur la base du cylindre.*

contrent les sécantes M'M et N'N à l'hélice et au cercle, sur le plan de la base. Si l'on conçoit que le plan KM'N' tourne autour de la ligne MN, les deux sécantes KMM', KNN' deviendront en même temps tangentes,

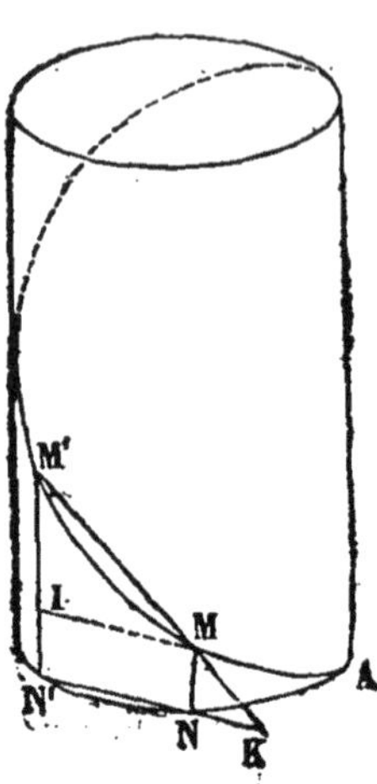

Fig. 257.

l'une à l'hélice, au point M, l'autre au cercle, au point N. A la limite, la droite NK devenue tangente au cercle, est la *sous-tangente* à l'hélice, au point M. Or il faut démontrer que sa longueur est alors égale à celle de l'arc AN.

En effet, si je mène MI parallèle à la corde NN', les deux triangles semblables MIM', MNK donneront

$$\frac{MN}{NK} = \frac{M'I}{MI} \qquad (1)$$

Mais, les points M, M' étant sur l'hélice, on a

$$M'I = M'N' - MN = \frac{h}{2\pi R} \times \text{arc } AN' - \frac{h}{2\pi R} \times \text{arc } AN$$

ou

$$M'I = \frac{h}{2\pi R} \times \text{arc } NN'.$$

D'ailleurs, MI = corde NN'; donc, en substituant à M'I et à MI leurs valeurs dans l'égalité (1), on obtient :

$$\frac{MN}{NK} = \frac{h}{2\pi R} \times \frac{\text{arc } NN'}{\text{corde } NN'}$$

Le rapport d'un arc de cercle à sa corde a pour limite l'unité, lorsque cet arc décroît indéfiniment; donc, à la limite, $\frac{\text{arc NN}'}{\text{corde NN}'} = 1$ et par suite,

$$\frac{MN}{NK} = \frac{h}{2\pi R} \text{ ou } MN = \frac{h}{2\pi R} \times NK$$

Mais on a vu (n° 401) que $MN = \frac{h}{2\pi R} \times \text{arc AN}$;

donc enfin, lim. NK ou sous-tangente = arc AN.

THÉORÈME.

403 — *La tangente à l'hélice fait avec l'arête du cylindre un angle constant.*

Soient AM un arc d'hélice décrit par la droite AR et m le point de

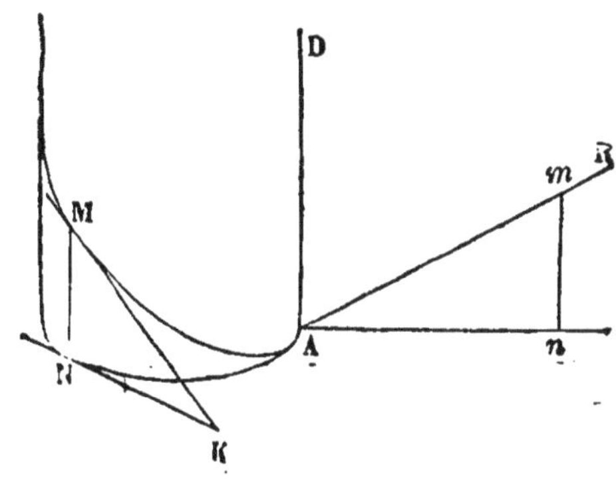

Fig. 258.

cette droite qui tombe en M; les perpendiculaires MN et mn aux bases du cylindre et du rectangle seront égales, et de plus

$$\text{arc AN} = An.$$

Si MK est la tangente à l'hélice en M, et NK la sous-tangente, les deux triangles rectangles MNK et Amn ayant les côtés de l'angle droit égaux, puisque NK = arc AN = An, seront égaux; donc,

$$\text{angle NMK} = \text{angle } Amn.$$

Par conséquent, l'angle d'une tangente quelconque à l'hélice et de l'arête du cylindre est égal à l'angle de la droite AR, génératrice de l'hélice, avec la même arête. Cet angle est donc constant.

PROBLÈME.

404 — ***Construire la projection de l'hélice et de la tangente sur un plan perpendiculaire à la base du cylindre.***

Prenons pour plan horizontal de projection le plan même de la base du cylindre, et pour plan vertical un plan parallèle à celui déterminé par l'axe et par une arête contenant les extrémités d'une spire. Soit *abcd* la base même du cylindre et *a'a''c''c'* le rectangle formant le contour apparent, sur le plan vertical, de la portion du cylindre qui contient la première spire.

Il est évident que la distance *m'n* de la projection verticale d'un point quelconque *m*, *m'* de l'hélice à la ligne de terre est égale à la

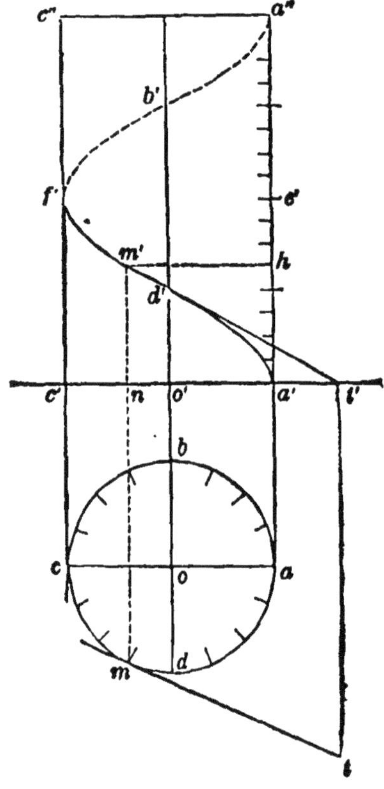

Fig. 259.

hauteur de ce point au-dessus du cercle de la base ; par conséquent, (nº 400) cette distance, *m'n*, est proportionnelle à l'abscisse curviligne *am* de ce point. Donc, si l'on divise la circonférence de la base, à partir du point *a*, en un certain nombre de parties égales, 16, par exemple, qu'on partage en même temps le pas de l'hélice, $a'a''$, en un même nombre de parties égales, que par les premiers points de division, tels que *m*, on mène des perpendiculaires à la ligne de terre, que par les seconds points de division, tels que *h*, on mène des parallèles à la ligne de terre, les points de rencontre, tels que m', de ces lignes menées par les divisions correspondantes, appartiendront à la projection verticale de l'hélice. On pourra obtenir ainsi un nombre quelconque de points appartenant à la projection verticale de l'hélice. On les réunira ensuite par un train continu.

Pour construire la tangente au point (m, m'), on mènera une tangente *mt* au cercle *ac*; on prendra sur cette ligne une longueur *mt* égale à l'abscisse curviligne A*m* du point de contact, et *mt* étant la longueur de la sous-tangente, le point *t* sera la trace horizontale de la tangente. On déterminera la projection verticale, t', du point *t*, et la droite $(mt, m't')$ sera la tangente demandée.

405 — L'hélice est une des courbes les plus employées dans les arts. Les escaliers tournants sont disposés en hélice. Les vis sont formées d'un filet saillant tourné en hélice autour d'un cylindre.

FIN DE L'APPENDICE.

PROBLÈMES

PROPOSÉS

AUX CONCOURS GÉNÉRAUX

DES LYCÉES DE PARIS

PROBLÈME.

407 — *Étant donné un triangle quelconque* ABC, *on diminue le côté* AC *d'une quantité arbitraire* AA′ *et l'on augmente le côté* BC *d'une quantité égale* BB′. *Démontrer que la nouvelle base* A′B′ *sera*

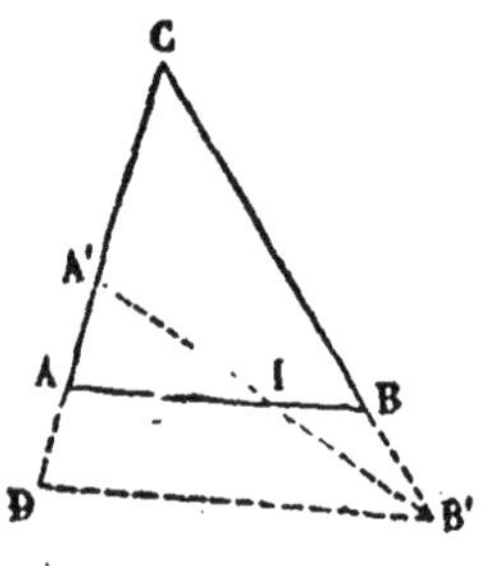

Fig. 260.

coupée par l'ancienne dans le rapport inverse des côtés primitifs AC *et* BC. (Concours de la classe de troisième. — 1854.)

Je mène B′D parallèle à BA et rencontrant en D le prolongement de CA. La droite AI, parallèle au côté B′D du triangle B′A′D, donne

$$\frac{A'I}{IB'} = \frac{AA'}{DA}$$

De même on a

$$\frac{BC}{CA} = \frac{BB'}{DA}.$$

Mais, par construction ;

$$AA' = BB'$$

Donc

$$\frac{A'I}{IB'} = \frac{BC}{CA}$$

PROBLÈME.

408 — *Calculer, à moins d'un millimètre près, et sans le secours des logarithmes, la circonférence qui a pour rayon la diagonale d'un carré de 0m,5 de côté, et faire voir que l'on a obtenu l'approximation demandée.* (Concours de troisième. — 1854.)

a étant le côté du carré donné, la circonférence demandée a pour expression $2\pi a\sqrt{2}$. Remplaçant a par 0m,5 et effectuant les calculs, on trouve pour la longueur de cette circonférence 4m, 443.

PROBLÈME.

409 — *Inscrire dans une sphère de rayon donné un cône dont la surface convexe soit équivalent à celle de la calotte sphérique qui se termine au même cercle.* (Concours de seconde. — 1854.)

En désignant par R le rayon de la sphère et par x la hauteur du cône cherché, on a

$$x = -R \pm \sqrt{R^2 + 4R^2}$$

On rejettera la valeur négative de x, qui ne convient pas à la question, et la valeur positive de x pourra se construire simplement.

PBOBLÈME.

410 — *Dans un tétraèdre on peut considérer pour chaque arête :*

1° — L'angle dièdre des deux faces qui se coupent suivant cette arête ;

2° — Les inclinaisons de cette même arête sur chacune des deux autres faces auxquelles elle se termine.

Ce qui donne pour les six arêtes considérées simultanément 18 angles.

On propose de démontrer que :

1° — La somme de ces 18 angles est constante et égale à 12 droits, dans tout tétraèdre où les arêtes opposées sont perpendiculaires entre elles; c'est-à-dire dans tout tétraèdre où les trois angles qu'on formerait en considérant les trois couples d'arêtes qui ne se rencontrent pas et menant par un point quelconque de l'espace des parallèles aux arêtes de chaque couple, seraient trois angles droits ;

2° — *Dans tout tétraèdre, quand sur les six arêtes il y en a deux qui sont respectivement perpendiculaires aux deux autres qui leur sont opposées, on propose de démontrer que les deux arêtes restantes sont aussi perpendiculaires l'une sur l'autre.*

3° — *Démontrer que dans un tétraèdre où chaque arête est perpendiculaire à son opposée, les quatre hauteurs se rencontrent en un même point.* (Concours de logique, sciences. — 1854.)

1° — Du point S je mène SM perpendiculaire sur AC, et je joins le point M au point B. La droite AC, perpendiculaire sur SM, et, par hypothèse, sur SB, est perpendiculaire sur le plan SBM. Donc ce plan SBM est perpendiculaire sur chacune des faces ACS, ACB, et les projections de l'arête SB sur ces deux faces sont SM, BM ; d'ailleurs l'angle dièdre AC est mesuré par l'angle plan BMS. Donc les trois angles du triangle BSM, dont la somme veut deux droits, sont trois des 18 angles considérés; chacune des six arêtes du tétraèdre en donnera trois, ainsi la somme de ces 18 angles vaut 12 droits.

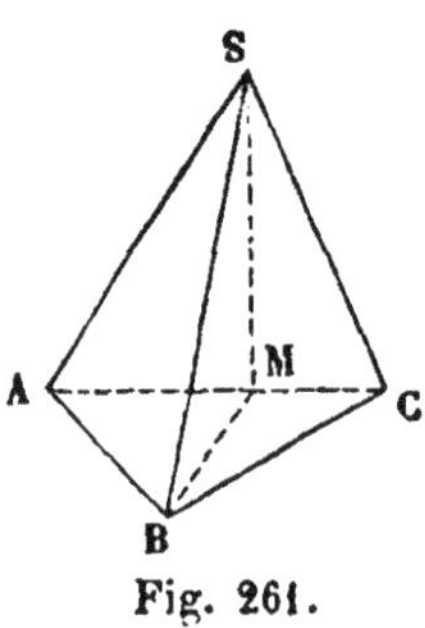

Fig. 261.

2° — Je suppose BS perpendiculaire sur AC (fig. 262) et AS perpendiculaire sur BC, je dis que AB sera aussi perpendiculaire sur SC. Soient BSM, ASM' deux plans respectivement perpendiculaires sur les arêtes AC, BC, les deux droites BM, AM' seront deux des hauteurs du triangle ABC ; donc COM'' sera la troisième, et comme AB, perpendiculaire sur CM'' l'est aussi sur SO, elle l'est sur le plan SCM'' ainsi que sur SC.

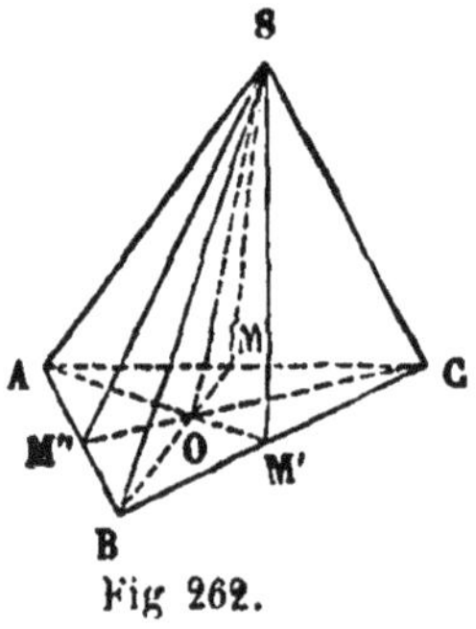

Fig 262.

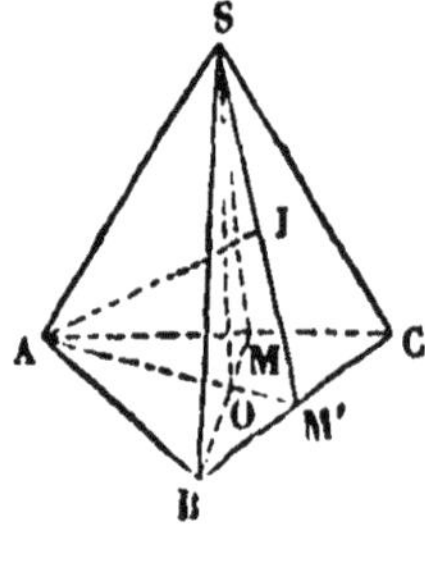

Fig. 263.

3° — Soient encore MSB, M'SA perpendiculaires sur AC et sur BC (fig. 163) leur intersection SO sera l'une des hauteurs du tétraèdre. D'ailleurs le plan M'SA est perpendiculaire sur la face SBC, donc il contiendra la hauteur AI du tétraèdre, menée du sommet A. Ainsi, deux hauteurs quelconques SO, AI du tétraèdre se coupent; d'ailleurs il est évident que trois quelconques de ces hauteurs ne sont pas dans un même plan; donc elles se coupent toutes en un même point.

PROBLÈME.

411 — *Étant donné un hexagone régulier*, ABCDEF, *on joint les sommets de deux en deux par les diagonales* AC, BD, CE, DF, EA, FB *et l'on propose :*

1° — *De démontrer que le polygone abcdef ainsi formé sera régulier ;*

2° — *De trouver le rapport de la surface à celle de l'hexagone donné.*

(Concours de troisième. — 1855. — Question rejetée comme connue de plusieurs élèves.)

En concevant un cercle circonscrit à l'hexagone donné, il est facile de voir, que chacun des triangles A*ab*, B*bc*,... est équilatéral, chaque angle étant égal aux $\frac{2}{3}$ d'un angle droit. D'ailleurs les triangles A*a*F, A*b*B,..... sont isocèles et égaux ; donc :

1° — Le polygone *abcdef* est un hexagone régulier dont le côté

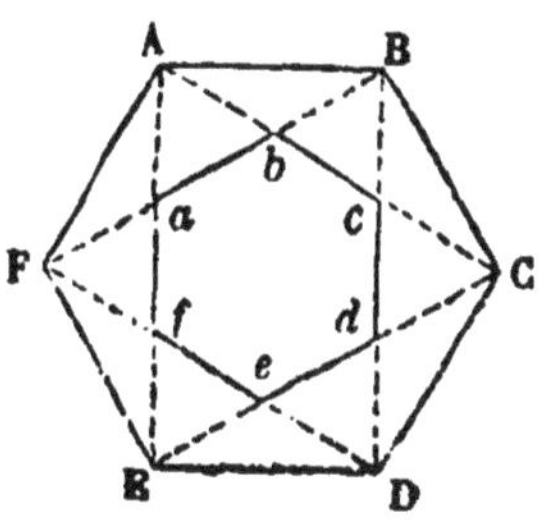

Fig. 264.

est le tiers d'une des diagonales qui ont été menées dans le polygone donné ;

2° — Une diagonale, telle que AE, de l'hexagone donné est le côté du triangle équilatéral inscrit dans le cercle circonscrit à ce polygone ; donc en appelant a le côté de l'hexagone donné, $AE = a\sqrt{3}$ et

$$ab = \frac{1}{3}a\sqrt{3}.$$

Les deux hexagones réguliers ABCDEF, *abcdef* étant semblables, sont entre eux dans le même rapport que les carrés de leurs côtés a et $\frac{1}{3} a \sqrt{3}$; ainsi

$$\frac{abcdef}{\text{ABCDEF}} = \frac{\left(\frac{1}{3} a \sqrt{3}\right)^2}{a^2} = \frac{1}{3}.$$

PROBLÈME.

412 — *Deux cercles dont les rayons ont respectivement* 0m,5 *et* 1m,2 *de longueur, se coupent de telle façon que les tangentes menées par l'un des points d'intersection sont perpendiculaires entre elles. On demande la distance de leurs centres.* (Concours de troisième. — 1855.)

Soient O et C les centres des cercles données, A l'un des points où

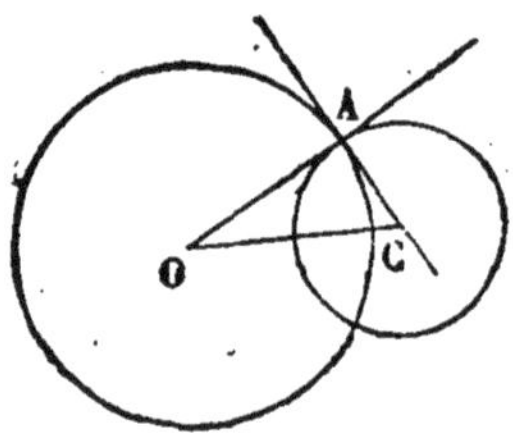

Fig. 265.

ils se coupent. La tangente menée par le point A à l'un des cercles devant être perpendiculaire à la tangente menée par le même point à l'autre cercle, passera par le centre de ce second cercle. Donc OA, CA sont les tangentes respectives aux cercles C et O.

Le triangle OAC, rectangle en A, donne

$$\overline{OC}^2 = \overline{OA}^2 + \overline{CA}^2 = (1,2)^2 + (0,5)^2 = 1,69$$

$$\text{d'où } OC = 1^m,3.$$

PROBLÈME.

413 — *Calculer la surface d'un cercle, sachant qu'une corde de* 0m,4 *de longueur y sous-tend un arc de* 120°. (Concours de troisième. — 1855.)

L'arc de 120° étant le tiers de la circonférence, la corde qui sous-tend cet arc est le côté du triangle équilatéral inscrit; sa longueur, en jonction du rayon du cercle est donc $R\sqrt{3}$ et l'on a

$$R\sqrt{3} = 0{,}4 \text{ d'où } R = \frac{0{,}4}{\sqrt{3}}$$

L'aire du cercle, généralement exprimée par πR^2, est ici

$$\pi \frac{0{,}16}{3} = 0^{mq},1676.$$

PROBLÈME.

414 — 1° *Par l'une des arêtes d'un tétraèdre donné mener un plan qui divise l'arête opposée en deux parties proportionnelles aux aires des faces dont l'arête commune est celle par laquelle on doit mener le plan;*

2° — *Quelle est la droite qui partant du sommet d'un tétraèdre rencontre la base en un point tel qu'en le considérant comme le sommet commun de trois triangles ayant pour bases les trois côtés de cette face, les aires de ces triangles soient proportionnelles aux aires des faces correspondantes du tétraèdre.* (Concours de seconde. — 1855.)

1° — Si le triangle SBM est l'intersection du tétraèdre par le plan, satisfaisant à la question, on devra avoir

$$\frac{AM}{MC} = \frac{SAB}{SBC}$$

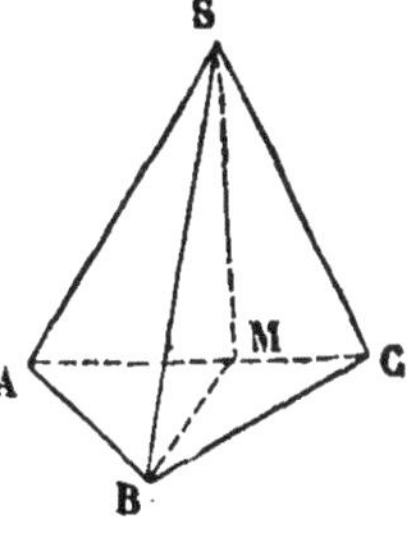

Fig. 266.

Le point S est le sommet commun des deux tétraèdres SABM, SBCM, de même hauteur et ,

$$\frac{AM}{MC} = \frac{AMB}{MCB} = \frac{SABM}{SBCM}$$

Ces mêmes tétraèdres peuvent être considérés comme ayant un sommet commun en M, et leurs volumes sont proportionnels aux produits de leurs bases SAB, SBC par le tiers de leurs hauteurs respectives. Si donc ces hauteurs sont égales, c'est-à-dire si le point M est également éloigné des faces SAB, SBC, on aura

$$\frac{SABM}{SBCM} = \frac{SAB}{SBC}$$

et, par conséquent,

$$\frac{AM}{MC} = \frac{SAB}{SBC}.$$

Le plan bissecteur de l'angle dièdre SB satisfait donc à la question.

2° — Soit SO la droite demandée ; on devra avoir la relation

$$\frac{OAB}{SAB} = \frac{OBC}{SBC} = \frac{OAC}{SAC}$$

Le point O est le sommet de trois tétraèdres ayant respectivement pour bases les faces SAB, SBC, SAC, qui se coupent en S. Donc ces tétraèdres seront entre eux dans le même rapport que les faces si le

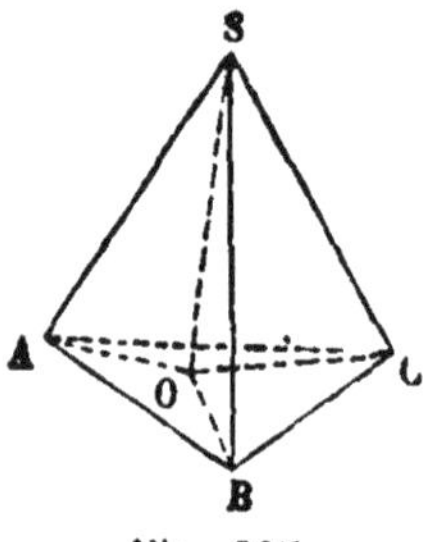

Fig. 267.

point O est à égale distance de chacune d'elles, c'est-à-dire si SO est l'intersection des plans bissecteurs des dièdres qui se rencontrent au point S. D'ailleurs ces trois tétraèdres sont entre eux dans le même rapport que les triangles OAB, ABC, OAC ; donc le point où l'intersection des plans bissecteurs des dièdres SA, SB, SC rencontre la base satisfait à la question.

PROBLÈME.

415 — ***Étant donnée une parabole, démontrer que si l'on joint deux points* M, M' *de la courbe, que l'on prolonge la corde* MM' *jusqu'à la rencontre de la directrice, et qu'on joigne le point de rencontre au foyer, cette ligne partagera en deux parties égales l'angle formé par l'un des rayons vecteurs et par le prolongement de l'autre.*** (Concours de rhétorique, sciences. — 1855.)

Soient F, AP le foyer et la directrice d'une parabole, M, M' deux

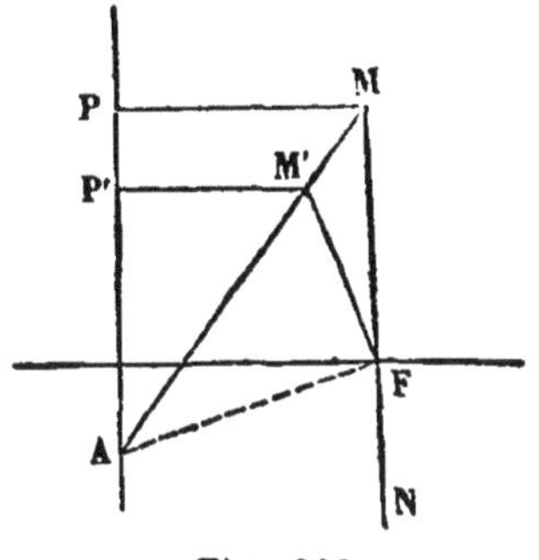

Fig. 268.

points de la courbe; je prolonge MM' jusqu'à la rencontre de la directrice en A, je mène AF et j'abaisse MP, M'P' perpendiculaires sur la directrice. On a évidemment

$$\frac{MP}{M'P'} = \frac{MA}{M'A}$$

Mais, par la définition de la parabole, MP = MF et M'P' = M'F; donc

$$\frac{MF}{M'F} = \frac{MA}{M'A}$$

La droite FA, partageant la base MM' du triangle FMM' en deux segments soustractifs, MA, M'A proportionnels aux côtés adjacents MF, M'F est bissectrice de l'angle M'FN.

SUJETS

DE COMPOSITIONS

DONNÉS

AU BACCALAURÉAT ÈS SCIENCES

PAR LA FACULTÉ DES SCIENCES DE PARIS.

Toutes les solutions numériques sont données à moins d'une unité du dernier ordre décimal.

Pour simplifier les calculs, nous donnons ici les racines carrées de 2 et de 3 dont on fait usage dans plusieurs des questions qui suivent :

$$\sqrt{2} = 1{,}414\ 213\ 562\ 373\ 095.$$

$$\sqrt{3} = 1{,}732\ 050\ 807\ 5 \ldots\ldots$$

Géométrie plane.

PROBLÈME.

416 — *Calculer le côté d'un carré équivalent à un triangle dont la base vaut* 48^m *et la hauteur* 54.

Réponse 36^m.

PROBLÈME.

417 — *Étant donné un cercle* C *dont le rayon égale deux mètres et un point* A *extérieur à ce cercle, et distant de* 3 *mètres de la circonférence, trouver la longueur de la partie extérieure d'une sécante menée du point* A *au cercle, et dont la partie intérieure égale* 1 *mètre.*

x étant la partie extérieure de la sécante, on a $7 \times 3 = x\ (x + 1)$, équation dont la racine positive est $x = 4^m{,}110$.

La racine négative a pour valeur absolue la longueur de la sécante entière.

PROBLÈME.

418 — *Deux cordes d'un cercle*, AB, CD, *se coupent en un point* O; *les deux parties* AO, OB *de la première sont égales respectivement à* 1m,2 *et* 2m,1; *la différence entre les parties* OC, OD *de la seconde est* 1m,84. *Quelle est la longueur de cette corde?*

x étant le plus petit segment de cette corde,

$$1{,}2 \times 2{,}1 = x\,(x + 1{,}84)$$

Cette équation ayant pour racine positive $x = 0{,}91$, la corde entière a pour longueur approchée 3m,66.

La racine négative de l'équation représente en valeur absolue le plus grand segment de la corde.

PROBLÈME.

419 — *La surface d'un rectangle est* 23mq,85 ; *sa base est à sa hauteur dans le rapport de* 5 *à* 3. *Quelle est la longueur de ses côtés ?*

On obtient $b =$ 6m,30 et $h =$ 3,m78.

PROBLÈME.

420 — *On a deux triangles équilatéraux dont les côtés sont, pour le premier* 43m,57 *et pour le second* 68m,35. *Calculer à un centimètre près le côté d'un troisième triangle équilatéral dont la surface serait égale à la somme des surfaces des deux premiers.*

On a $x^2 = (43{,}57)^2 + (68{,}35)^2$; d'où $x =$ 81m,05.

PROBLÈME.

421 — *Trouver le côté et l'aire d'un octagone régulier qui soit la somme de deux octogones réguliers dont les côtés donnés sont* a *et* b.

1° — x étant le côté de l'octogne régulier cherché,

$$x^2 = a^2 + b^2$$

2° — L'aire d'un octagone régulier, en fonction de son côté a étant

$$2\,a^2\left(\sqrt{2} + 1\right)$$

Si l'on désigne par S l'aire de l'octogone demandé,

$$S = 2(a^2 + b^2)(\sqrt{2} + 1)$$

PROBLÈME.

422 — *Calculer en hectares la surface d'un hexagone régulier dont le côté a une longueur de 235 mètres.*

L'aire de l'hexagone régulier, en fonction de son côté a, étant

$$\frac{3}{2} a^2 \sqrt{3}$$

Celle de l'hexagone cherché sera 14^{hect.} 34^{ares} 79^{cent}

PROBLÈME.

423 — *On se propose de carreler une salle ayant 5m,10 de largeur sur 6,m936 de longueur, avec des carreaux hexagones réguliers de 0m,1 de côté, en remplissant les vides, aux angles et sur les côtés rectangles du parquet rectangulaire par des fragments de carreaux convenablement découpés. Quelle est, à une unité près, le nombre de carreaux nécessaire?*

L'étendue de la salle à carreler est 35mq,3736.

L'étendue d'un carreau, généralement représentée par $\frac{3}{2} a^2 \sqrt{3}$, est 0mq,015 $\sqrt{3}$. Le nombre de carreaux nécessaire sera donc

$$\frac{35,3736}{0,015\sqrt{3}} = 786,08\sqrt{3} \text{ ou } 1362 \text{ à moins d'une unité.}$$

PROBLÈME.

424 — *Deux cordes ayant respectivement pour longueur 4m,19 et 3m,25 sont menées d'un même point de la circonférence aux extrémités d'un même diamètre : quelle est l'aire du cercle.*

R étant le rayon de ce cercle,

$$4R^2 = (4,19)^2 + (3,25)^2 = 28,1186.$$

Donc $\pi R^2 = 7,02965 \times \pi =$ 22mq,09, à moins d'un décimètre carré.

PROBLÈME.

425 — *Calculer le côté d'un losange, sachant que ce côté est égal à la plus petite diagonale, et que la surface du losange équivaut à celle d'un cercle de 10 mètres de rayon.*

a étant le côté de ce losange, on a

$$\frac{1}{2}\, a^2 \sqrt{3} = 100\,\pi \quad ;$$

d'où $a^2 = \frac{200}{3} \times \pi \sqrt{3}$ et $a = 19^m$, à moins d'un décimètre.

PROBLÈME.

426 — *Les rayons de deux cercles concentriques sont* 36^m *et* 20^m ; *dans le grand cercle on mène une corde tangente au petit, calculer cette corde.*

En désignant par x la moitié de cette corde, on a

$$x^2 = \overline{36}^2 - \overline{20}^2 = (36 + 20)\,(36 - 20)$$

d'où l'on déduit $2\,x = 59^m{,}87$ à moins d'un décimètre.

PROBLÈME.

427 — *Calculer la surface d'un triangle équilatéral, sachant que le rayon du cercle inscrit dans ce triangle est égal à* $142^m{,}25$. *On évaluera la surface en hectares, ares et centiares.*

On a $S = 3R^2 \sqrt{3} = 10^{\text{hect.}}\ 51^{\text{ares}}\ 44^{\text{centi.}}$

PROBLÈME.

428 — *Étant donné un arc de cercle de* $60°$, *calculer:* 1° *la corde;* 2° *la surface du secteur;* 3° *la surface du segment, le rayon étant de* $2^m{,}25$.

1° La corde est égale à $2^m{,}35$;

2° Le secteur $= \frac{1}{6}\,\pi\, R^2 = 2^{mq}{,}90$;

3° Le segment $= \frac{1}{6}\,\pi\, R^2 - \frac{1}{4}\, R^2 \sqrt{3} = 0^{mq}{,}50$

Géométrie de l'espace. — Polyèdres.

PROBLÈME.

429 — *Le volume d'un parallélipipède droit est* 4762mc.,7 ; *ses arêtes sont entre elles comme les nombres* 3, 5, 7. *Quelle est, en mètres, la longueur de ces arêtes ?*

x, y, z étant ces trois arêtes, on déduira leurs valeurs des équations suivantes :

$$\frac{4762,7}{3\times5\times7}=\frac{x^3}{27}=\frac{y^3}{125}=\frac{z^3}{343}$$

PROBLÈME.

430 — *Un parallélipipède rectangle, de glace, ayant* 10m,50 *de hauteur, plonge dans l'eau de la mer. La densité de la glace est* 0,930, *et celle de l'eau de la mer* 1,026. *Quelle sera la hauteur du parallélipipède au-dessus de la surface de la mer ?*

Cette hauteur sera 0m,98.

PROBLÈME.

431 — *On fabrique avec de l'or, dont la densité est* 19,362, *des feuilles qui ont un dix-millième de millimètre d'épaisseur. Quelle surface pourrait-on couvrir avec* 5 *grammes de ces feuilles?*

On pourrait couvrir une surface de 2mq,5823.

PROBLÈME.

432 — *Un bassin qui a son fond horizontal a la forme d'un prisme droit. Sa base est un octogone régulier dont le côté vaut* 10 *mètres. Calculer, à une unité près, combien il contient de mètres cubes d'eau quand le niveau s'élève à* 0m,75.

L'aire de l'octogone régulier, en fonction de son côté a, étant $2a^2(1+\sqrt{2})$, le nombre de mètres cubes cherché est 362.

PROBLÈME.

433 — *On veut construire une digue en granit, longue de* 750m, *haute de* 3m,5, *et large de* 5m,75 *à la base et de* 4m,20 *au sommet.*

Un mètre cube de granit pèse 2500 kilog., et le prix du kilogramme est 0fr.,03. Quel sera le prix de la digue ?

Cette digue est un prisme droit de 750m de hauteur, ayant pour base un trapèze. Son prix sera de 979453fr.,12.

PROBLÈME.

434 — *Un bloc de basalte a la forme d'un prisme ayant pour base un hexagone régulier dont le rayon est de 0m63 ; sa hauteur est de 3m,45, et la densité du basalte 2,85. Quel est le poids de ce bloc ?*

Il pèse 10139 kilog.

PROBLÈME.

435 — *Un bassin a son fond horizontal ; sa paroi verticale est un prisme ayant pour base un octogone régulier dont le côté est de 10m ; la hauteur d'eau est de 0m,75. Calculer à une unité près le nombre de mètres cubes d'eau que contient ce bassin.*

Ce nombre est 363.

PROBLÈME.

436 — *Un chemin de fer traverse une plaine horizontale sur un remblai ayant 6 mètres de hauteur, 8 mètres de largeur au sommet, et des talus gazonnés dont la pente descend de 3 mètres sur 4, c'est-à-dire dont l'angle à l'horizon a pour tangente trigonométrique $\frac{3}{4}$. On demande combien ce remblai, sur chaque kilomètre de longueur, a exigé de mètres cubes de terre rapportée, et combien de mètres carrés de gazon.*

Sur un kilomètre de longueur, ce remblai contient 96000 mètres cubes de terre et 20000 mètres carrés de gazon sur les deux talus.

PROBLÈME.

437 — *On donne la surface totale d'un prisme droit hexagonal, régulier, égale à 12 décimètres carrés ; la hauteur du prisme est 1 décimètre ; le prisme est en aluminium dont la densité est 25. Quel est son volume et quel est son poids ?*

En prenant pour unité le décimètre et nommant a le côté de la base, on déterminera ce côté en résolvant l'équation

$$3\sqrt{3}\,a^2 + 6a - 12 = o.$$

$$\text{ou}\quad 3a^2 + 2\sqrt{3}\,a - 4\sqrt{3} = o.$$

On déduit de cette équation

$$a^2 = \frac{1}{3}\left(2 + 4\sqrt{3} - 2\sqrt{1 + 4\sqrt{3}}\right)$$

Le volume, V, du prisme est donc exprimé par

$$V = 6 + \sqrt{3} - \sqrt{3 + 12\sqrt{3}}\ ^{\text{décim. cubes}}$$

et son poids, P, a la valeur suivante :

$$P = \left(6 + \sqrt{3} - \sqrt{3 + 12\sqrt{3}}\right) \times 2{,}5\ ^{\text{kilog.}}$$

PROBLÈME.

438 — *La hauteur d'un prisme droit est d'un décimètre. Chaque base est un rectangle dont l'un des côtés est double de l'autre ; les quatre faces latérales jointes aux bases inférieure et supérieure fournissent une aire totale de 28 décimètres carrés. On demande l'aire de chacune des faces latérales et de chacune des bases.*

On demande en outre le poids du mercure que renfermerait ce prisme, s'il était creux, la température étant celle de la glace fondante et la densité du mercure 13,598.

x étant le plus petit côté de la base, si l'on prend pour unité de longueur le décimètre on déterminera x par l'équation suivante :

$$4x^2 + 6x = 28.$$

Dont la racine positive est $x = 1^{\text{décim.}},717$.

Deux faces latérales adjacentes ont pour aire, l'une $1^{\text{décim. q.}},72$, et l'autre $3^{\text{décim. q.}},44$.

Chaque base a pour aire $5^{\text{décim. q.}},90$.

Le poids du mercure remplissant ce prisme serait $80^{\text{kilog.}},208$.

PROBLÈME.

439 — *Trouver l'expression du volume d'un fossé dont les quatre faces latérales sont disposées en talus.*

En désignant par h la profondeur de ce fossé, par a et b deux côtés adjacents de l'un des rectangles formant l'une des bases, par a', b' deux côtés adjacents de l'autre base, par V le volume, on trouve

$$V = \frac{1}{6} h \left\{ b'(a + 2a') + b(a' + 2a) \right\}$$

Remarque. — Si l'on avait $\frac{a}{a'} = \frac{b}{b'}$, c'est-à-dire si les deux bases étaient semblables, ce volume serait celui du tronc de pyramide à bases parallèles.

PROBLÈME.

440 — *Calculer le poids de la quantité de terre qui pourra être placée sur un tombereau dont la caisse présente à l'extérieur les dimensions suivantes : profondeur* $0^m,75$; *longueur au fond* $1^m,35$, *et au bord supérieur* $1^m,52$; *largeur au fond* 0,62, *et au bord supérieur* $0^m,86$. *Cette caisse est à fond plat et remplie de terre à ras de bord; enfin la densité de la terre transportée est égale à* 2,68.

En faisant usage de la formule donnée dans le dernier problème, on trouve pour le poids demandé **2141** kilog.

PROBLÈME.

441 — *Un bassin rectangulaire a* 28^m *de longueur,* $5^m,9$ *de largeur,* $1^m.9$ *de profondeur.*

De chacune de ses extrémités on descend au fond sur des constructions massives terminées supérieurement par des plans inclinés dont la largeur est $1^m,5$, *et la projection horizontale de la longueur* $5^m,7$.

Vers l'une des extrémités le bassin est séparé en deux par un mur vertical ayant $0^m,3$ *d'épaisseur,* $1^m,4$ *de hauteur, et* $4^m,4$ *de longueur.*

Enfin au milieu du bassin est une fosse dont les faces latérales sont disposées en talus. Cette fosse a $0^m,4$ *de profondeur ; ses côtés adjacents sont de* $7^m,8$ *et* $2^m,6$ *aux bords supérieurs, et de* 6^m *et* $1^m,5$ *au fond.*

Quel est le nombre de mètres cubes d'eau que contient ce bassin lorsqu'il est rempli ?

Il contient environ $301^{mc},5$ d'eau.

PROBLÈME.

442 — *Calculer le poids d'un bloc de granit ayant la forme d'un tronc de pyramide dont la base inférieure est* $3^{mq},55$, *la base supérieure* $0^{mq},78$ *et la hauteur* $2^{m},8$. *On sait que le mètre cube de granit pèse* 2780 kilog.

Ce poids est **16028** kilog.

PROBLÈME.

443 — *Trouver la hauteur d'une pyramide régulière à base carrée, sachant que la surface de la base est égale à* $6^{mq},7483$, *et que la longueur des arêtes est* $3^{m},89$.

Cette hauteur vaut $3^{m},43$.

Du cône et du tronc de cône.

PROBLÈME.

444 — *Le côté d'un cône est donné a, ainsi que le rayon* R *de la base; déterminer la surface de la section faite parallèlement à la base, à une distance h du sommet.*

$$\text{Cette section est } \pi \frac{R^2 h^2}{a^2 - R^2}.$$

PROBLÈME.

445 — *Un cône droit est donné dont la hauteur est de* 20^{m}, *et le volume de* 387^{mc}. *A quelle distance du sommet faut-il mener un plan parallèle à la base pour enlever un cône dont le volume soit de* 95^{mc}?

En nommant x cette distance, on a

$$x = 20 \sqrt[3]{\frac{95}{387}} = 12^{m},52$$

PROBLÈME.

446 — *Établir la proposition suivante : lorsque l'apothème d'un tronc de cône égale la somme des rayons des bases, la moyenne géométrique entre ces rayons donne la moitié de la hauteur, et l'on* *obtient le volume en multipliant la surface totale par $\frac{1}{6}$ de cette hauteur.*

PROBLÈME.

447 — *Les rayons des deux bases d'un tronc de cône sont* $3^m,5$ *et* $7^m,3$, *et la hauteur du tronc* 2^m. *On demande la surface et le volume du cône entier.*

La hauteur du cône entier est $\frac{7,3 \times 2}{7,3 - 3,5}$; sa surface et son volume se déduisent facilement de là.

PROBLÈME.

448 — *Un verre à vin de champagne, de forme conique, a intérieurement* $0^m,06$ *de diamètre au bord; il a été rempli complétement de mercure, d'eau et d'huile, dans une proportion telle que la couche formée par chacun de ces liquides a* $0^m,05$ *d'épaisseur. La densité du mercure est* 13,596, *celle de l'huile employée* $0^m,915$, *celle de l'eau étant prise pour unité. Calculer le poids du mercure, de l'eau et de l'huile, en négligeant l'influence de la température sur la densité de ces liquides.*

Poids du mercure $71^{gr.},189$; poids de l'eau $36^{gr.},652$; poids de l'huile $91^{gr.},027$.

PROBLÈME.

449 — *Un cône dont le cercle de base a un rayon de* 4^m, *et dont la hauteur est de* 6^m *étant coupé par un plan parallèle à la base, distant du sommet de* 2^m, *on demande la surface latérale du tronc de cône et son volume.*

Surface latérale $= 80^{mq.},55$; volume $= 96^{mc.},808$.

PROBLÈME.

450 — *On a un cône dont la hauteur égale 10 mètres, et le rayon de la base 5 mètres. A quelle distance de la base faudrait-il mener un plan parallèle à cette base pour que le volume du tronc fût égal à 20 mètres cubes?*

Soit x la distance du plan demandé au sommet; en considérant les deux cônes semblables dont le tronc doit être la différence, on obtient

$$x = \sqrt[3]{1000 - 240 \times \frac{1}{\pi}}.$$

En retranchant x de 10 on a la longueur demandée.

PROBLÈME.

451 — *Un verre à pied de forme conique contient un litre ; il a* 0m,25 *de diamètre à son bord supérieur et est rempli par de l'eau et du mercure. Le poids de ces deux liquides est le même, et la densité du mercure* 13,598. *Quelle doit être l'épaisseur de la couche formée par l'eau ?*

Prenons pour unité de longueur le décimètre. Les volumes du mercure et de l'eau, dont la somme est un décimètre cube, sont inversement proportionnels aux nombres 13,598 et 1. On déduit facilement de là leur expression. En désignant ensuite par x la hauteur du cône de mercure, et par y la hauteur du cône de mercure et d'eau, on trouve

$$x = \frac{3}{\pi \times \overline{1,25}^2 \sqrt[3]{14,598}}$$

$$y = \frac{3}{\pi \times \overline{1,25}^2}$$

La différence de ces valeurs est l'épaisseur de la couche d'eau.

PROBLÈME.

452 — *Un réservoir a la forme d'un tronc de cône dont la base inférieure a 1 mètre de diamètre ; la surface supérieure de l'eau contenue dans ce réservoir a* 1m,6 *de diamètre ; la hauteur est* 1m,5 ; *on y laisse tomber un bloc cubique de marbre dont le côté est* 0m,4. *A quelle hauteur le niveau de l'eau s'élèvera-t-il ?*

Il s'élèvera de 0m,0315.

Du cylindre.

PROBLÈME.

453 — *Un vase cylindrique à fond plat contient un décalitre ; le diamètre de sa base est égal au tiers de sa hauteur. Quelle est la hauteur ?*

Réponse $0^m,48$.

PROBLÈME.

454 — *Un cylindre en fer a $2^m,55$ de long et pèse 41 kilogr. Quel est le diamètre de la section perpendiculaire à l'axe du cylindre ; la densité du fer est 7,788 ?*

Réponse $0^m,052$.

PROBLÈME.

455 — *Quelle est la longueur d'un fil de platine de $\frac{1}{1200}$ de millimètre d'épaisseur et du poids de 1 gramme. Le poids spécifique du platine est 20.*

Réponse. — Environ 23 lieues.

PROBLÈME.

456 — *On verse 12 kilog. de mercure dans un vase cylindrique dont le diamètre intérieur est de $0^m,1$; à quelle hauteur le liquide s'élèvera-t-il, la densité du mercure étant 13,590 ?*

Réponse $0^m,113$.

PROBLÈME.

457 — *Trouver un cylindre de la contenance d'un hectolitre dont la hauteur soit égale au diamètre de la base.*

Rayon du cylindre, $0^m,25$.

PROBLÈME.

458 — *Un rouleau cylindrique de bois de chêne a $0^m,3$ de diamètre et $2^m,5$ de longueur ; le poids spécifique du chêne est 1,17. Quel est le volume et le poids du rouleau ?*

Volume 0mc.,177.
Poids 206 kilogr.

PROBLÈME.

459 — *Le poids de l'air atmosphérique étant $\frac{1}{770}$ du poids de l'eau, déterminer le poids de l'air contenu dans un cylindre dont la circonférence de la base est 0m,3, et la hauteur 0m,8.*

Ce poids est $\frac{1800}{77} \times \frac{1}{\pi} = 7^{gr.},44$.

PROBLÈME.

460 — *Un gramme de mercure occupe dans un tube capillaire, à la température de 0°, une longueur de 0m,137. Quel est le diamètre intérieur de ce tube ; la densité du mercure étant 13,598 ?*

Ce diamètre est 0mm.,82.

PROBLÈME.

461 — *Quel est le prix d'un tuyau de conduite en fonte dont le diamètre intérieur est 0m,245, l'épaisseur moyenne 0m,014, la longueur 2134m ? On prendra pour densité 7,207, et pour valeur de la fonte 0fr.,20 le kilogramme.*

Le prix est de 35039fr.,39.

PROBLÈME.

462 — *Un fil cylindrique en argent, de 0m,0015 de diamètre, pèse 5gr.,2875 ; on veut le recouvrir d'une couche d'or de 0m,0002 d'épaisseur. Quel sera le poids de l'or ainsi employé ; la densité de l'argent est 10,47, et celle de l'or 19,26 ?*

Réponse 1gr.,5046.

PROBLÈME.

463 — *La hauteur d'un tronc de cône est h ; les diamètres de ses deux bases sont 4 décimètres et 22 décimètres. Quel diamètre faudrait-il donner à un cylindre de même hauteur pour que son volume fût équivalent à celui du cône tronqué ?*

Réponse 1m,4.

Surfaces et volumes engendrés par des polygones.

PROBLÈME.

464 — *Un triangle équilatéral dont le côté est de* 2m,75 *tourne autour d'un de ses côtés. Calculer le volume engendré.*

En désignant par a le côté du triangle équilatéral, et par V le volume engendré, on a

$$V = \frac{1}{4}\pi a^3$$

Dans le cas où $a = 2^{m},75$, il vient $V = 16^{mc.},334$.

PROBLÈME.

465 — *Un triangle équilatéral de* 9m,75 *de côté tourne autour d'une parallèle à sa base menée par son sommet. Quel est le volume du solide engendré par ce triangle?*

Réponse $1455^{mc.},908$.

PROBLÈME.

466 — *Un demi-hexagone régulier dont le côté est égal à un mètre tourne autour de la diagonale; calculer: 1° la surface engendrée, à moins d'un centimètre carré; 2° le volume, à moins d'un centimètre cube.*

Surface $10^{mq.},8828$.

Volume $3^{mc.},141592$.

De la sphère.

PROBLÈME.

467 — *Sur une sphère de* 1m,8 *de rayon on donne une zone ayant* 0m,20 *de hauteur; trouver le rayon d'un cercle équivalent à la surface de cette zone.*

Réponse $0^{m},85$.

PROBLÈME.

468 — *On donne une sphère dont le rayon est 13ᵐ et sur laquelle on considère une zone à deux bases dont l'une est à une distance du centre de la sphère égale à 1 mètre; la surface de cette zone est de 100 mq. On demande quelle est la surface du cercle que forme la seconde base de la zone?*

On a deux solutions suivant que l'on considère les deux bases de la zone comme placées d'un même côté du centre de la sphère ou séparées par le centre. La seconde base de la première zone a pour aire 510$^{mq.}$,39 à moins d'un décimètre carré; l'aire de la seconde base de l'autre zone est 530$^{mq.}$,78. L'aire d'un grand cercle de la sphère est 530$^{mq.}$,9292 à moins d'un centimètre carré.

PROBLÈME.

469 — *Le diamètre d'une sphère est de 4ᵐ; une corde parallèle à ce diamètre est de 2 mètres. On demande quelle est la surface engendrée par cette corde en tournant autour du diamètre.*

Réponse 21$^{m.q.}$,77.

PROBLEME.

470 — *Deux observateurs, chacun à bord d'un navire, à 3 mètres au-dessus de l'eau, cessent de s'apercevoir à une distance de 12600 mètres. Conclure de ces observations une valeur approchée du rayon de la terre.*

Réponse 6614998 mètres, ou environ 1653 lieues.

PROBLÈME.

371 — *Un vase a sa paroi intérieure totalement composée de faces planes; ces faces sont disposées de telle sorte qu'une boule sphérique ayant 0ᵐ,3 de diamètre pourrait les toucher toutes à la fois, tandis que le couvercle ou le plan horizontal du bord supérieur serait aussi tangent à la même sphère; les aires de toutes les faces, y compris celle du couvercle, forment une surface totale de 0$^{mq.}$,42. Combien ce vase, rempli jusqu'au bord, contiendrait-il de litres d'eau?*

Réponse 21 litres.

PROBLÈME.

472 — *Un ballon pèse* 254gr.,735 *lorsqu'il est vide, et* 5422gr.,788 *lorsqu'il est plein d'air à la température de* 4°. *On sait que le poids de l'air est à celui de l'eau comme* 129 *est à* 100000. *On demande la capacité du ballon.*

Réponse 4006lit.,243.

PROBLÈME.

473 — *On a un aérostat sphérique de* 4m *de diamètre; on l'emplit d'hydrogène impur qui pèse* 100 *grammes le mètre cube; le taffetas verni dont est formée l'enveloppe pèse* 250 *grammes le mètre carré. On demande combien il faut d'hydrogène pour le remplir et à quel poids il peut faire équilibre, sachant que l'air pèse* 1300 *grammes le mètre cube.*

Poids de l'hydrogène remplissant le ballon. .	3351gr.,03
Poids de l'enveloppe du ballon.	12566gr.,37
Poids total.	15917gr.,41
Poids de l'air déplacé.	43563gr.,41
Le ballon pourra faire équilibre à un poids de	27kilog.,646

PROBLÈME.

474 — *Un ballon vide pèse* 63kil.45, *et un mètre carré de l'étoffe qui le forme pèse* 0kil.,250. *Calculer sa force ascensionnelle, en sachant que* 100 *grammes et* 1kil ,298 *sont respectivement les poids d'un mètre cube d'hydrogène impur et d'air.*

Volume du ballon

$$84^{mc},60\sqrt{\frac{63,45}{\pi}}$$

Poids du ballon plein d'hydrogène

$$8460\text{ gr.}\sqrt{\frac{63,45}{\pi}} + 63450\text{gr.}$$

Poids de l'air déplacé

$$84^{gr.},60 \times 1298\sqrt{\frac{63,45}{\pi}}$$

Force ascensionnelle du ballon

$$\sqrt{\frac{63{,}45}{\pi}} - 63450^{gr.} = 392^{kil.},138.$$

PROBLÈME.

475 — *On donne un ballon sphérique pesant vide* 63kil.,62; *on demande la force ascensionnelle du ballon, sachant que* 0kil.,100 *déplacent un mètre cube d'air, et que le mètre carré de taffetas qui forme le ballon pèse* 0kil.,20; *sachant aussi qu'un mètre cube d'air pèse* 1kil.,330.

Problème analogue au précédent.

PROBLÈME.

476 — *Un morceau de cuivre de forme cubique et du poids de* 1kil.,75 *est placé sur un tour et réduit à une sphère dont le diamètre est égal aux* 0,75 *de la longueur du côté du cube primitif; la densité du cuivre est* 8,85. *Calculer le poids de la tournure de cuivre obtenue.*

Le poids de la tournure de cuivre est

$$\frac{1{,}75}{8{,}85}\left\{1 - \frac{4}{3}\pi\,(0{,}375)^3\right\} \text{kilogr.} = 155 \text{ grammes.}$$

PROBLÈME.

477 — *Un boulet de fonte pèse* 12 *kilogr.; la densité de la fonte étant* 7,35, *trouver son rayon et le poids de l'or nécessaire pour former autour de ce boulet une couche d'or de* 0m,0006 *d'épaisseur, la densité de l'or étant* 19,26.

Le rayon de ce boulet est 7cent.,305.

Le poids de l'or........ 40gr.,6.

PROBLÈME.

478 — *Un creuset en forme de tronc de cône, dont le fond a* 0m,04 *de diamètre, le bord supérieur* 0m,07 *de diamètre, et la hau-*

teur 0m,10, *contient du métal en fusion dont la surface supérieure a* 0m,06 *de diamètre. On veut couler ce métal dans un moule sphérique ; quel devra être le rayon de ce moule, pour que le métal le remplisse exactement.*

Réponse 0m,0316.

PROBLÈME.

479 — *Étant donnée une sphère de cuivre de* 0m,18 *de rayon, creuse, contenant une sphère de platine de* 0m,05 *de rayon, de telle sorte qu'il n'y ait aucun vide entre les deux sphères, calculer la masse ainsi obtenue. La densité du platine est* 21,53, *et celle du cuivre* 8,85.

Réponse 222kilog.,836.

PROBLÈME.

480 — *Le vide intérieur d'un vase conique tronqué a* 0m,6 *de hauteur, l'ouverture* 0m,4 *de diamètre, le fond* 0m,3. *Ce vase contient jusqu'au bord de la poudre destinée à remplir des obus dont le diamètre intérieur est* 0m,1. *On demande combien d'obus pourront être remplis.*

Réponse 111.

PROBLÈME.

481 — *Une sphère, un cylindre et un cône droit ayant été façonnés avec des masses égales d'une terre glaise bien homogène, on admet que ces trois corps ont des volumes équivalents ; de plus la sphère, la base du cylindre et celle du cône ont des diamètres égaux entre eux et à* 3 *décimètres. On demande la hauteur du cylindre et du cône.*

Hauteur du cylindre 0m,2.
Hauteur du cône..... 0m,6.

PROBLÈME.

482 — *Les décimes que l'on fabrique actuellement pèsent* 10 *grammes, et sont composés d'un alliage de* 0,95 *de cuivre*, 0,04 *d'étain et* 0,01 *de zinc ; la densité du cuivre est* 8,85, *celle du zinc* 7,19, *et celle de l'étain* 7,29. *Combien faudrait-il de ces pièces pour fournir le métal nécessaire à la fabrication d'un boulet sphérique de* 0m,25 *de diamètre à la température de* 0° ?

Réponse : 7163.

PROGRAMME DE GÉOMÉTRIE

POUR L'EXAMEN

DU BACCALAURÉAT ÈS-SCIENCES

Figures planes.

1. On admettra qu'on ne peut mener, par un point donné, qu'une seule parallèle à une droite.

1. La proposition, étant démontrée pour le cas où il y a entre les arcs une commune mesure, quelque petite qu'elle soit, sera, par cela même, considérée comme générale.

2. En conservant les énoncés habituels, on devra remplacer, dans les démonstrations, l'algorithme des proportions par l'égalité des rapports.

Numéros du programme. | Pages.

l'hypoténuse, les segments de l'hypoténuse, l'hypoténuse elle-même et les côtés de l'angle droit.

Relations entre le carré du nombre qui exprime la longueur du côté d'un triangle opposé à un angle droit, aigu ou obtus, et les carrés des nombres qui expriment les longueurs des deux autres côtés.

Si d'un point pris dans le plan d'un cercle, on mène des sécantes, le produit des distances de ce point aux deux points d'intersection de chaque sécante avec la circonférence est constant, quelle que soit la direction de la sécante. — Cas où elle devient tangente.. 50

30. — Diviser une droite donnée en parties égales, ou en parties proportionnelles à des lignes données. — Trouver une quatrième proportionnelle à trois lignes; une moyenne proportionnelle entre deux lignes.

Construire, sur une droite donnée, un polygone semblable à un polygone donné................ 53

31. — Polygones réguliers. — Tout polygone régulier peut être inscrit et circonscrit au cercle.

Le rapport des périmètres de deux polygones réguliers, d'un même nombre de côtés, est le même que celui des rayons des cercles circonscrits[1].

Le rapport d'une circonférence à son diamètre est un nombre constant.

Inscrire dans un cercle de rayon donné un carré, un hexagone régulier.

Manière d'évaluer le rapport approché de la circonférence au diamètre, en calculant les périmètres des polygones réguliers de 4, 8, 16, 32..... côtés, inscrits dans un cercle de rayon donné.......... 55

32. — Mesure de l'aire du rectangle; du parallélogramme; du triangle; du trapèze; d'un polygone quelconque. — Méthodes de la décomposition en triangles et en trapèzes rectangles.

Relations entre le carré construit sur le côté d'un

1. La longueur de la circonférence de cercle sera considérée, sans démonstration, comme la limite vers laquelle tend le périmètre d'un polygone inscrit dans cette courbe, à mesure que ses côtés diminuent indéfiniment.

1. On appelle ainsi ceux qui sont compris sous un même nombre de faces semblables chacune à chacune et dont les angles polyèdres homologues sont égaux.

2. L'aire du cône (ou du cylindre) sera considérée, sans démonstration, comme la limite vers laquelle tend l'aire de la pyramide inscrite (ou du prisme inscrit), à mesure que ses faces diminuent indéfiniment.

PARIS. — IMPRIMERIE J. CLAYE ET C^{o}, RUE SAINT-BENOIT, 7.

TABLE DES MATIÈRES

—

PREMIÈRE PARTIE.

DEUXIÈME PARTIE.

APPENDICE.

FIN DE LA TABLE DES MATIÈRES.

PARIS. — IMPRIMERIE J. CLAYE, RUE SAINT-BENOIT, 7.

www.ingramcontent.com/pod-product-compliance
Ingram Content Group UK Ltd.
Pitfield, Milton Keynes, MK11 3LW, UK
UKHW022051190726
13855UKWH00002B/477